“十二五”职业教育国家规划教材
经全国职业教育教材审定委员会审定

制冷压缩机

主　编　匡奕珍
副主编　王　琪
参　编　于志明　戴路玲　姜韶明　王　燕
主　审　朱　立

机械工业出版社

本书主要内容包括：制冷压缩机的种类与分类；与制冷和空调系统有关的钳工工具的结构、使用；往复活塞式制冷压缩机的运行记录、选型计算、零部件结构及拆装操作；螺杆式制冷压缩机的运行记录、选型计算、零部件结构及拆装操作；离心式制冷压缩机的结构等。

本书可供高职高专制冷与空调、制冷与冷藏、暖通专业学生作为专业课教材使用，也可作为制冷与空调行业技工、技师的培训教材或参考书，还可供相关专业的技术人员学习和参考。

本书配有电子课件，**凡使用本书作为教材的教师**可登录机械工业出版社教育服务网 www. cmpedu. com 注册后下载。咨询邮箱：cmpgaozhi@ sina. com。咨询电话：010-88379375。

图书在版编目（CIP）数据

制冷压缩机/匡奕珍主编．—北京：机械工业出版社，2015. 6（2022. 8 重印）
“十二五”职业教育国家规划教材　经全国职业教育教材审定委员会审定
ISBN 978－7－111－50766－6

Ⅰ．①制…　Ⅱ．①匡…　Ⅲ．①制冷压缩机—高等职业教育—教材　Ⅳ．①TB652

中国版本图书馆 CIP 数据核字（2015）第 149533 号

机械工业出版社（北京市百万庄大街 22 号　邮政编码 100037）
策划编辑：张双国　责任编辑：张双国
版式设计：霍永明　责任校对：闫玥红
封面设计：马精明　责任印制：郜　敏
北京富资园科技发展有限公司印刷
2022 年 8 月第 1 版第 3 次印刷
184mm×260mm · 12. 5 印张 · 309 千字
标准书号：ISBN 978-7-111-50766-6
定价：38. 00 元

电话服务	网络服务
客服电话：010-88361066	机　工　官　网：www. cmpbook. com
010-88379833	机　工　官　博：weibo. com/cmp1952
010-68326294	金　　书　　网：www. golden-book. com
封底无防伪标均为盗版	机工教育服务网：www. cmpedu. com

前　言

在众多类别的制冷形式中，蒸气压缩式制冷循环占主要地位。制冷压缩机是蒸气压缩式制冷循环系统的动力和“心脏”，承担抽吸、输送和压缩制冷剂的重任。因为制冷压缩机需要在宽广的制冷量和蒸发温度范围内工作，单一的形式已不能满足丰富的工艺要求，因而出现了多种类型的制冷压缩机。随着科学技术的进步，新的机型还在不断产生。

《制冷压缩机》是为适应制冷压缩机产业的发展、为满足高职高专制冷与空调专业人才培养的要求而编写的。在本书撰写过程中，注意理论与实践的结合，在理论教材的基础上重新进行知识结构的调序和整合，每一个章节都贯穿一个或几个职业能力的培养，并配以适量的图、表，使读者更易掌握和使用。

本书可供高职高专制冷与空调专业学生作为专业课教材使用，也可作为制冷与空调行业技工、技师的培训教材或参考书，还可供相关专业的技术人员学习和参考。

本书由山东商业职业技术学院匡奕珍任主编，王琪任副主编。参加编写的还有：烟台冰轮股份有限公司于志明、姜韶明，南京化工职业技术学院戴路玲，山东华宇工学院王燕。

本书由朱立教授主审。朱立教授在审稿时提出许多宝贵的修改意见，特予致谢。

由于编者水平有限，书中不足之处在所难免，恳请读者批评、指正。

编　者

目　录

项目一　认识制冷压缩机

单元一　制冷压缩机的种类

一、学习目标

● **终极目标**：能够通过外形分辨不同的制冷压缩机并掌握其工作原理。

● **促成目标**：

1）掌握制冷压缩机按工作原理的分类。

2）掌握容积型制冷压缩机的定义及工作原理。

3）了解速度型制冷压缩机的定义及工作原理。

二、相关知识

制冷压缩机是蒸气压缩式制冷系统的动力和心脏，制冷压缩机对制冷剂气体做功，提高其压力和温度，便于它在常温下冷却冷凝成液体。制冷压缩机提高制冷剂压力的方式不是单一的，按其方式的不同将制冷压缩机分为容积型压缩机和速度型压缩机。

1.1　容积型制冷压缩机

1.1.1　容积型制冷压缩机的定义及分类

容积型制冷压缩机是用机械的方法改变密闭容器的容积，使其体积减小，从而升高压力的制冷压缩机。

在容积型压缩机中，一定容积的气体先被吸入到气缸里，在密闭的气缸中其容积被强制缩小，压力升高，当达到一定压力时气体便被强制从气缸排出。由此可见，容积型压缩机的吸、排气过程是间歇进行的，其流动并非连续稳定的。

容积型制冷压缩机按其压缩部件的运动方式可分为两种形式：往复活塞式和回转活塞式。后者可根据压缩机的结构特点分为滚动转子式、滑片式、螺杆式和涡旋式等。

图 1-1 所示为制冷压缩机分类及其结构示意图。

1.1.2　活塞式制冷压缩机

活塞式制冷压缩机又称为往复活塞式制冷压缩机，是容积型压缩机的一种。

容积型压缩机是指用机械的方法改变密闭容器的容积，使密闭容器的容积缩小，从而提高其压力的机器。往复活塞式制冷压缩机中造成容积改变的机件为活塞，活塞在机体内做往

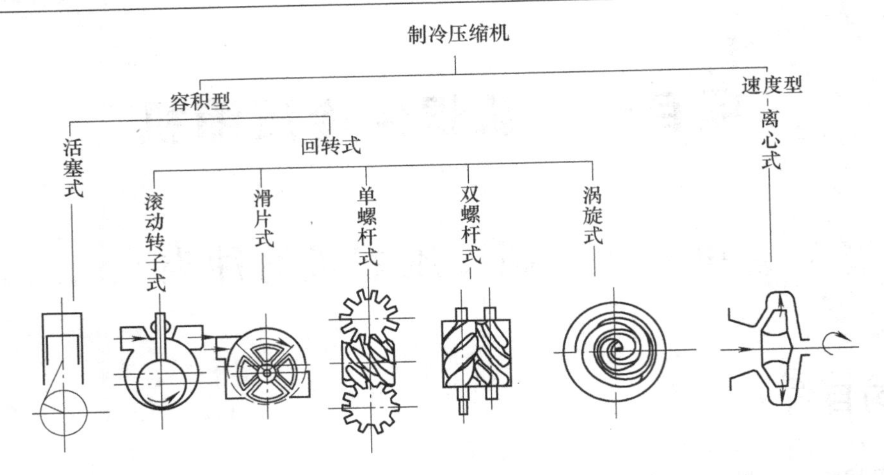

图 1-1 制冷压缩机分类及其结构示意图

复运动，故而得名往复式压缩机。

制冷与空调行业中常用的往复活塞式制冷压缩机多是由曲柄连杆机构带动的，其外形如图 1-2 所示。图 1-3 所示为曲柄连杆机构带动活塞式制冷压缩机的工作过程。

图 1-2 活塞式制冷压缩机外形

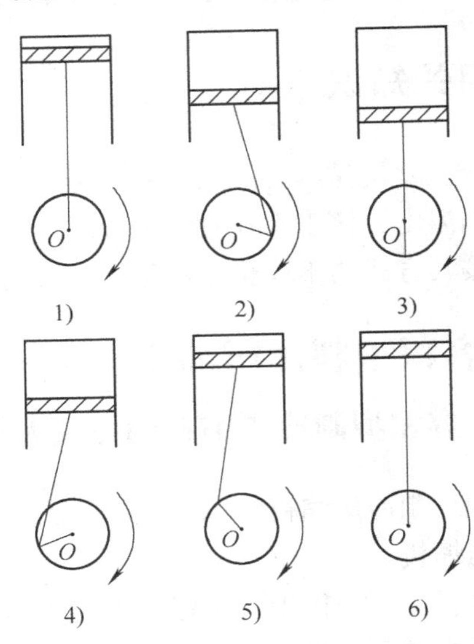

图 1-3 活塞式制冷压缩机的工作过程

1）活塞在曲柄连杆机构的带动下，自上止点开始向下运动，此时气缸内气体的体积增大，压力减小。

2）当气缸内气体的压力小于吸气腔的压力时，吸气阀片被顶开，气体从吸气腔进入气缸，此过程为吸气过程。

3）活塞到达下止点，吸气阀片在自身重力和弹簧力的作用下关闭，吸气过程结束。

4）活塞在曲柄连杆机构的带动下，自下止点开始向上运动，此时吸、排气阀片均处于关闭状态，密闭气缸内气体的体积减小，压力增大，此过程为压缩过程。

5）活塞继续向上运动，密闭气缸内气体的体积继续减小，压力继续增大，当气缸内气体的压力大于排气腔压力时，排气阀片被顶开，开始排气过程。

6）活塞到达上止点，排气阀片在自身重力和弹簧力的作用下关闭，排气过程结束。

1.1.3　螺杆式制冷压缩机

螺杆式制冷压缩机属于回转活塞式制冷压缩机，回转活塞式又称回转式，是指造成可变工作容积变化的机件做旋转运动的制冷压缩机。

螺杆式制冷压缩机有单螺杆式压缩机和双螺杆式压缩机两种。国内制冷行业多采用双螺杆式制冷压缩机，通常简称为螺杆式制冷压缩机，其外形如图1-4所示。

双螺杆式压缩机造成制冷剂蒸气增压的关键零部件为该制冷压缩机中的一对阴、阳螺杆转子，结构如图1-5所示。其中阴转子的齿为凹型，阳转子的齿为凸型，两转子同步反向旋转。若将阳转子的凸齿视为“活塞”，阴转子的凹齿槽视为“气缸”，则其工作过程类似于活塞式制冷压缩机中活塞与气缸的往复压缩。

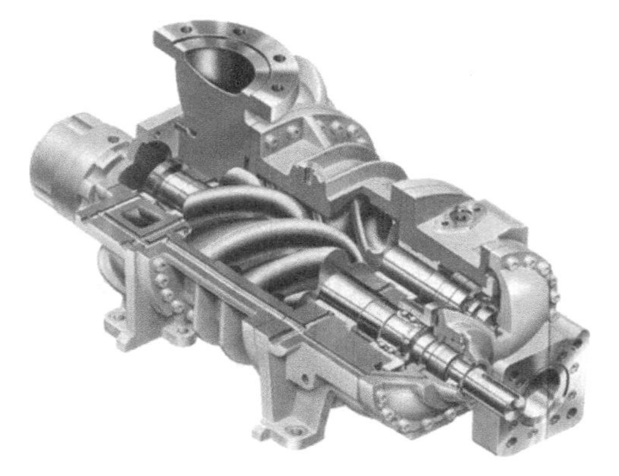

图1-4　螺杆式制冷压缩机

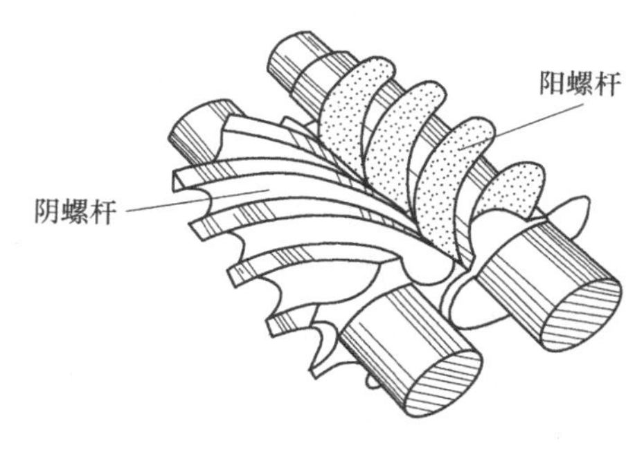

图1-5　螺杆式压缩机的阴阳螺杆转子

随着一对螺杆转子按一定传动比旋转运动时，阴、阳转子的齿相继连续地“侵入”而发生改变，从而完成对制冷剂蒸气的吸入、压缩、排气全过程，其连续的具体工作过程如图1-6所示。

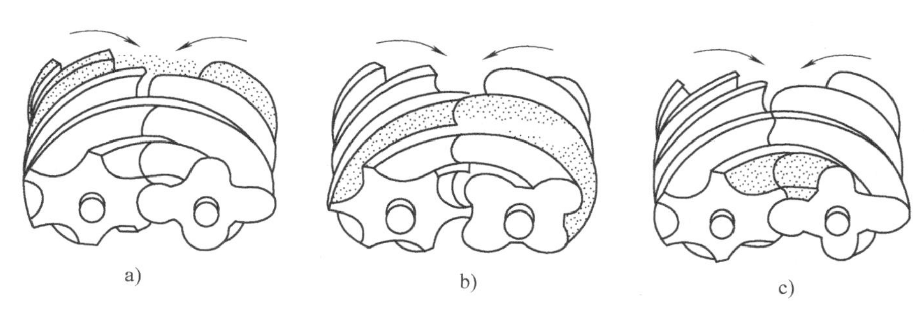

图1-6　螺杆式压缩机的工作原理图

a）吸气　b）压缩　c）排气

1. 吸气

随着转子开始运动，由于齿的一端逐渐脱离啮合而形成了齿间容积，这个齿间容积逐渐扩大，在其内部形成一定的真空，而此齿间容积仅与吸气口连通，因此气体便在压差作用下进入其中，如图 1-6a 所示。在随后的转子旋转过程中，阳转子齿不断从阴转子的齿槽中脱离出来，齿间容积不断扩大，并与吸气孔口保持连通。从某种意义上讲，可以把这个过程看成是活塞（阳转子齿）在气缸（阴转子齿槽）中滑动。

2. 压缩

此时，气体被转子齿和机壳包围在一个封闭的空间中，随着转子的旋转，齿间容积由于转子齿的啮合而不断减小，被密封在齿间容积中的气体所占据的体积也随之减小，导致压力升高，从而实现气体的压缩过程。压缩过程可一直持续到齿间容积即将与排气孔口连通之前。

3. 排气

齿间容积与排气孔口连通后，即开始排气过程。随着齿间容积的不断缩小，具有排气压力的气体逐渐通过排气孔口被排出。这个过程一直持续到齿末端的型线完全啮合，此时，齿间容积内的气体通过排气孔口被完全排出，封闭的齿间容积的体积将变为零。

1.1.4　涡旋式制冷压缩机

涡旋式制冷压缩机属于回转式。图 1-7 所示为涡旋式制冷压缩机的基本结构，主要由动涡旋体、静涡旋体、曲轴、机座及十字连接环等组成。动、静涡旋体的型线均是螺旋形，动涡旋体相对静涡旋体偏心并相差 180°对置安装，理论上它们轴向会在几条直线上接触（在横截面上则为几个点接触），涡旋体型线的端部与相对的涡旋体底部相接触，于是在动、静涡旋体间形成了一系列月牙形空间，即基元容积。在动涡旋体以静涡旋体的中心为旋转中心并以一定的旋转半径做无自转的回转平动时，外圈月牙形空间便会不断向中心移动，使基元容积不断缩小。

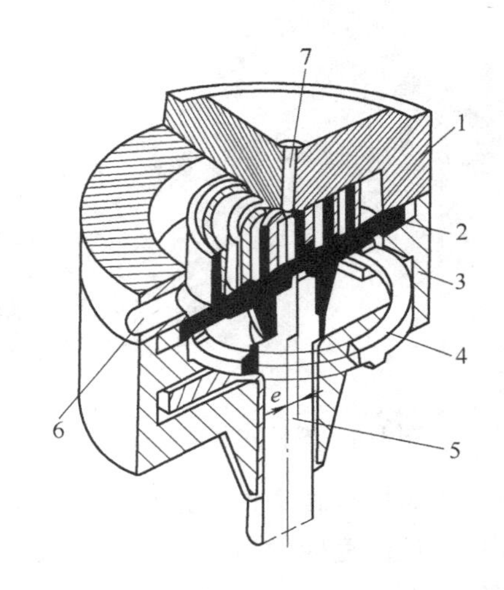

图 1-7　涡旋式制冷压缩机的基本结构
1—动盘　2—静盘　3—机体　4—防自转环
5—偏心轴　6—进气口　7—排气口

静涡旋体的最外侧开有吸气孔，并在顶部端面中心部位开有排气孔，压缩机工作时，气体制冷剂从吸气孔进入动、静涡旋体间最外圈的月牙形空间，随着动涡旋体的运动，气体被逐渐推向中心空间，其容积不断缩小而压力不断升高，直至与中心排气孔相通，高压气体被排出压缩机。

图 1-8 所示为涡旋式压缩机工作原理。

1.2　速度型制冷压缩机

1.2.1　速度型制冷压缩机的定义

速度型制冷压缩机是指外界输入的能量使制冷剂气体获得很高的流速，然后将其送入扩压器内，使其动能转变成为压力能，从而增加其压力的制冷压缩机。

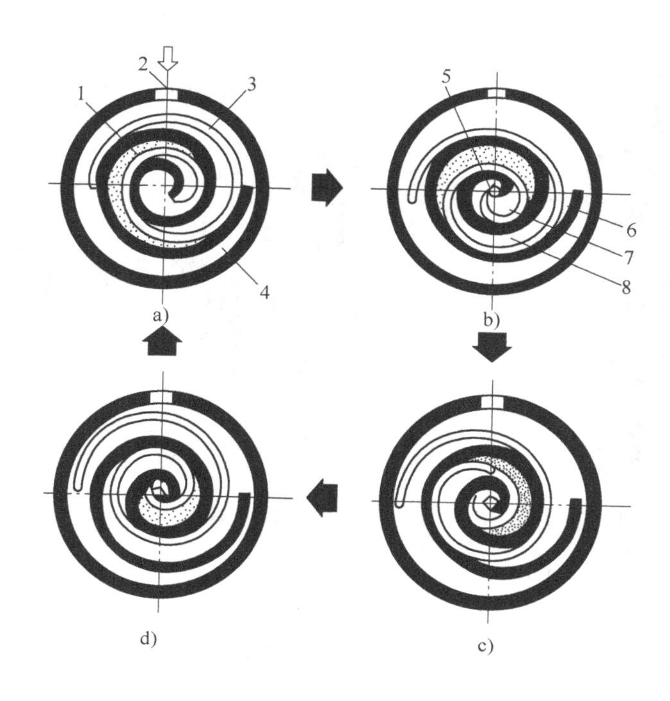

图 1-8　涡旋式压缩机工作原理
a）0°位　b）90°位　c）180°位　d）270°位
1—压缩室　2—进气口　3—动盘　4—静盘
5—排气口　6—吸气室　7—排气室　8—压缩室

在速度型压缩机中，气体压力的增长是由气体的速度转化而来，即先使气流获得一定的高速，然后再使之降下来，让其动能转化为气体的压力升高，而后排出。由此可见，速度型压缩机中的压缩过程可以连续地进行，其流动是稳定的。

速度型制冷压缩机的典型代表是离心式制冷压缩机。

1.2.2　离心式制冷压缩机

单级离心式制冷压缩机的基本结构包括吸气室、叶轮、扩压器、弯道与回流器和蜗室等，如图 1-9 所示。其工作原理为：压缩机叶轮 3 旋转时，制冷剂蒸气由吸气室 2 通过进口可调导流叶片 1 进入叶轮流道，在叶轮叶片的推动下气体随着叶轮一起旋转。由于离心力的作用，气体沿着叶轮流道径向流动并离开叶轮，同时，叶轮进口形成低压，气体由吸气管不断吸入。在此过程中，叶轮对气体做功，使其动能和压力能增加，气体的压力和流速得到提高。接着，气体以高速进入截面逐渐扩大的扩压器 5 和蜗壳 4，流速逐渐下降，大部分气体动能转变成为压力能，压力进一步提高，然后再引出压缩机外。

图 1-10 所示为单级离心式制冷压缩机外形图，从其外形结构中可较清晰地看出一个像蜗壳的结构，这就是离心式制冷压缩机的蜗室，靠此结构可以确定大部分离心式制冷压缩机。

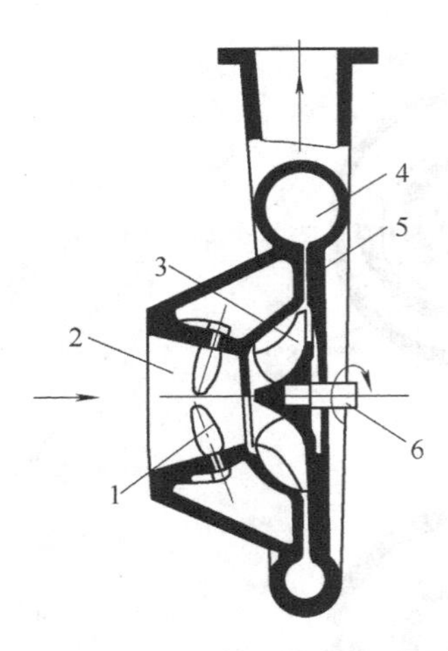

图 1-9 单级离心式制冷压缩机简图
1—进口可调导流叶片 2—吸气室 3—叶轮
4—蜗壳 5—扩压器 6—主轴

图 1-10 单级离心式制冷压缩机外形图

1.3 各种压缩机的应用范围及发展概况

目前在制冷与空调领域常用的制冷压缩机主要有活塞式、螺杆式、离心式、涡旋式和滚动转子式五种。表 1-1 为各类压缩机的应用范围及其制冷量大小。

表 1-1 各类压缩机的应用范围及其制冷量大小

用途 / 压缩器形式	家用冷藏箱、冻结箱	房间空调器	汽车空调设备	住宅用空调器和热泵	商用制冷和空调设备	大型空调设备
活塞式	100W				200kW	
滚动转子式	100W			10kW		
涡旋式		5kW			70kW	
螺杆式					150kW	1400kW
离心式						350kW 及以上

1.3.1 活塞式制冷压缩机的应用及发展

活塞式制冷压缩机迄今为止还是应用最广泛的一种机型。由于螺杆式、涡旋式等压缩机具有比活塞机更好的可靠性、输气系数、压力稳定等性能，活塞式制冷压缩机的市场份额已被其他形式压缩机占去一部分，但活塞式制冷压缩机仍然在不断的采用新技术来力保自身的范围。其方法是应用热力学和流体力学的新成果，采取计算机辅助设计的手段使压缩机的设计、气阀的改进等方面更为合理，对其整体性能的预测更加精确。目前，其性能系数为 2 ~ 2. 5W/W（制冷）和 2. 9 ~ 3. 4W/W（空调）。

1.3.2　螺杆式制冷压缩机的应用及发展

随着近年来螺杆式制冷压缩机工作可靠性的不断改进及噪声的降低，在中等制冷量范围内的制冷空调工程中得到较普遍的应用，并可望取得更广泛的推广。螺杆式制冷压缩机取代了一些较大制冷量的活塞式制冷压缩机和一些中等制冷量的离心式压缩机的使用，主要是因为螺杆机具有尺寸小、重量轻和易于维护保养等优点，比活塞式制冷压缩机和离心式制冷压缩机具有更高的可靠性和效率，未来螺杆式制冷压缩机的发展主要在型线的设计和螺杆加工精度的提高两方面。

螺杆式制冷压缩机有双螺杆式和单螺杆式两种形式，在我国双螺杆式制冷压缩机应用得较为广泛。但在欧洲，使用较多的却是单螺杆式制冷压缩机。

1.3.3　离心式制冷压缩机的应用及发展

离心式制冷压缩机目前在大制冷量范围内（大于1500kW）仍保持优势，主要是因为离心机在这个范围内具有无可比拟的系统总效率。离心式压缩机的运动零件少而简单，且其制造精度要比螺杆式压缩机低得多，这些都带来制造费用相对较低且运行可靠的特点。此外，大型离心式压缩机应用在工作压力变化范围狭小的场合中，可以避开由“喘振”所带来的问题。但是，总合部分负荷值将越来越被重视，从而要求离心式压缩机要在较宽广的应用工况中工作效率高。这对下一代离心式压缩机是一个挑战，要求它不仅在满负荷时的效率保持较高水平，而且要兼顾部分负荷时的效率要求。

离心式压缩机自 1993 年开始根据 CFCs（Chloro Fluoro Carbon，氯氟烃）替代的需要进行重新设计，以使其热力和气体动力性能得到更好的改善。目前，在美国和日本已有很多离心式压缩机用 R123 替代原来的 R11。也有很多离心式压缩机的工质替代转向从 R22 置换为 R134a，其制冷量范围为 90～1250kW。

1.3.4　转子式制冷压缩机的应用及发展

滚动转子压缩机在 20 世纪 70 年代后在国内外有较大的发展，如国内生产的小型全封闭滚动转子式制冷压缩机 GZ2 型、YZ 型、QXW 型、QDX 型等已被选用于家用空调器、电冰箱和商业制冷装置。GZ2 型的制冷工质为 R22，在 2820r/min 的空调工况下制冷量约为 3kW。国外产品有美国的 K 型，德国的 GL 型，日本的 SG 型、SH 型、X 型、A 型及 CRH 型，还有瑞士的 RI 型等。

转子式压缩机的研究集中在降低能耗、采用替代工质（如 R134a）、采用新的润滑油、电动机变速控制和降低噪声等方面。其性能系数可达 2.9W/W（制冷）和 3.4W/W（制热）。

1.3.5　涡旋式制冷压缩机的应用及发展

涡旋式压缩机最早由法国人 Creux 发明并于 1905 年在美国取得专利。涡旋式制冷压缩机是 20 世纪 80 年代才发展起来的一种新型容积式压缩机，它以效率高、体积小、重量轻、噪声低、结构简单且运转平稳等特点，被广泛用于空调和制冷机组中。

在制冷应用中，涡旋式压缩机可以用较小的压缩机工作容积在很低的蒸发温度和较高的压力比下提供足够的制冷剂流量，这样，压缩机用同一台电动机可在更宽广的工况下高效率地工作。同理，在热泵应用中，在环境气温低及压力比高的情况下，压缩机具有较高的供热能力。在空调应用中，也会在宽广的环境气温下减轻电动机的负荷，提高了系统的总效率。

相同制冷量的涡旋式压缩机的尺寸要比活塞式压缩机小，且采用了柔性传动机构后可使其忍受液体压缩和杂质侵入的能力增强，不致产生过大的性能损失或失效。轴承和其他部件的磨损几乎对压缩机的性能影响很小，使压缩机工作可靠性提高。

涡旋式压缩机的发展在于扩大其制冷量范围，特别是做成小制冷量的机型、提高效率、使用替代工质和降低制造成本等方面。

思考题与练习题

1. 制冷压缩机按工作原理分为哪几类？
2. 活塞式制冷压缩机的工作原理及适用范围是怎样的？
3. 螺杆式制冷压缩机的工作原理及适用范围是怎样的？
4. 离心式制冷压缩机的工作原理及适用范围是怎样的？
5. 螺杆式制冷压缩机的主要研究方向是什么？

单元二　制冷压缩机的分类

一、学习目标

- **终极目标**：能够通过名称分辨不同的制冷压缩机，并能解释其代表的含义。
- **促成目标**：

1）掌握制冷压缩机按密封结构方式的分类。
2）掌握制冷压缩机按压缩级数的分类。
3）掌握开启式制冷压缩机按传动方式的分类。
4）了解制冷压缩机按工作蒸发温度范围的分类。
5）了解制冷压缩机按制冷量的分类。

二、相关知识

制冷压缩机除按工作原理分为容积型制冷压缩机和速度型制冷压缩机以外，还有很多种分类方式。通过掌握不同的分类方式，可以从多方面更清楚地了解和掌握制冷压缩机。

2.1　制冷压缩机按密封结构方式的分类

制冷系统中的制冷剂是不容许泄漏的，这意味着系统中凡与制冷剂接触的每个部件对外界都应该是密封的。制冷压缩机作为制冷系统的动力和心脏，需要从外界获得能量，输入能量的部位应加设防泄漏装置。根据制冷压缩机所采取的防泄漏方式和结构不同，可分为开启式制冷压缩机和封闭式制冷压缩机，封闭式制冷压缩机分为半封闭式制冷压缩机和全封闭式制冷压缩机。

2.1.1　开启式制冷压缩机

图 1-11 所示是以活塞式为例的开启式制冷压缩机结构图。开启式制冷压缩机是指曲轴功率的输入端伸出压缩机的机体之外，再通过传动装置与原动机相连接的制冷压缩机。在伸出部位要用轴封装置防止轴段和机体间的泄漏，其特点是：

1）这种结构的原动机独立于制冷系统之外，不与制冷剂和润滑油相接触而无需具备耐制冷剂和耐油的要求。原动机的损坏、修理、更换对制冷系统没有任何影响。

2）压缩机的部分结构暴露在外，便于冷却，减少了吸入制冷剂蒸气的过热度。

3）压缩机容易拆卸、维修方便。

4）可以通过改变传动比的简单方法改变压缩机的转速，调节其制冷量。

5）在无电力供应的场合，可由内燃机驱动，从而使开启式制冷压缩机在冷藏车、汽车空调等交通工具的制冷系统中得到广泛应用。

6）可用作氨制冷压缩机。由于氨含有水分时会腐蚀铜，故不能将电动机包含在制冷系统中，而只能采用开启式压缩机。

7）制冷剂和润滑油比较容易泄漏。

8）质量大、占地面积及噪声大。

因此，开启式压缩机除了用氨作为工质或不用电力驱动的情况下保持其独占地位外，在小型制冷压缩机中的应用已逐渐减少。在低温冷藏库、冻结装置、远洋渔船和化学工业中，中型开启活塞式高速多缸压缩机还是得到普遍的应用。

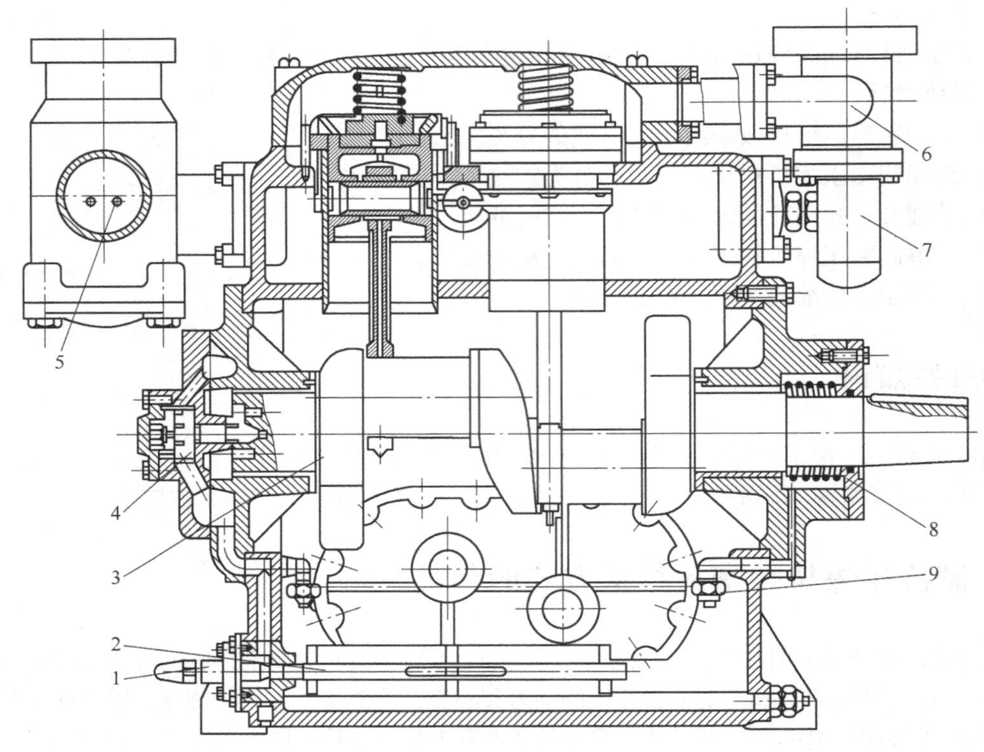

图 1-11　开启式制冷压缩机（活塞式）结构图
1—油三通阀　2—粗过滤器　3—曲轴　4—油泵　5—吸气过滤网
6—排气管　7—安全阀　8—轴封　9—油管

2.1.2　封闭式制冷压缩机

封闭式制冷压缩机结构是把电动机和压缩机连成一整体，装在同一机体内并共用一根主轴。因而可以取消开启式压缩机中的轴封装置，避免了由此引发泄漏的可能性。

1. 半封闭式制冷压缩机

图 1-12 所示为半封闭式制冷压缩机的外形。其密封面以法兰联接，可以拆卸维修。图 1-13 所示为半封闭式制冷压缩机（以活塞式为例）的结

图 1-12　半封闭式制冷压缩机外形

构。从中可见，电动机室内充有制冷剂和润滑油，这种与制冷剂和润滑油相接触的电动机被称为内置电动机，其所用材料必须与制冷剂和润滑油相容共处。半封闭式压缩机的另一特点是在其机体上的各种端盖都是用垫片和螺栓拧牢压紧来防止泄漏，因而压缩机内零部件易于拆卸修理更换。半封闭式压缩机的制冷量一般居中等水平。

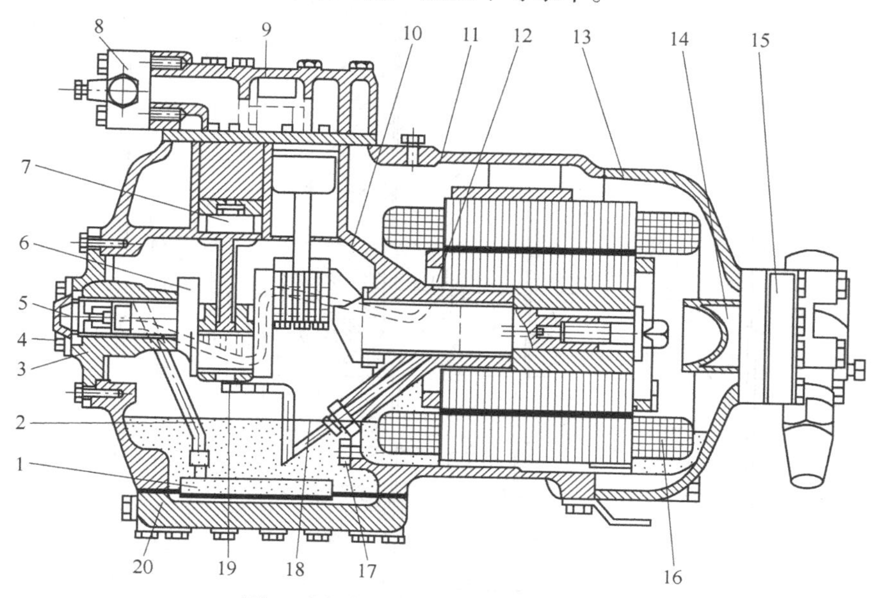

图 1-13　半封闭式制冷压缩机的结构

1—油过滤器　2—吸油管　3—轴承盖　4—油泵轴承　5—油泵　6—曲轴
7—活塞连杆组　8—排气截止阀　9—气缸盖　10—曲轴箱　11—电动机室
12—主轴承　13—电动机室端盖　14—吸气过滤器　15—吸气截止阀
16—内置电动机　17—油孔　18—油面　19—油压调节阀　20—底盖

2. 全封闭式制冷压缩机

全封闭式压缩机也像半封闭式一样，把电动机和压缩机连成一个整体，装在同一个机壳内并共用一根主轴。它与半封闭式的差异在于，连接在一起的压缩机和电动机组安装在一个密闭的薄壁机壳中，机壳由两部分焊接而成，这样既取消了轴封装置，又大大缩小了整个压缩机的尺寸、减轻了重量。露在机壳外表的只焊有一些吸气管、排气管、工艺管以及其他（如喷液管）必要的管道、输入电源接线柱和压缩机支架等。图 1-14 所示为全封闭式制冷压缩机（以活塞式为例）的结构。由于整个压缩机电动机组是装在一个不能拆开的密封机壳中，不易打开进行内部修理，因而要求这类压缩机的使用可靠性高、使用寿命长，对整个制冷系统的安装要求也高。这种全封闭结构形式一般用于小冷量制冷系统中。

无论是半封闭式还是全封闭式制冷压缩机，由于氨含有水分时会腐蚀铜，因而都不能用于以氨为工质的制冷系统中。但是，基于替代 CFC_S、$HCFC_S$ 和扩大天然制冷剂氨的使用的需要，采用能与氨制冷剂隔离的屏蔽式电动机的半封闭式压缩机已研制成功并获得应用。

2.2　制冷压缩机按压缩级数的分类

由制冷原理知识可知，随着蒸发温度的降低，单级制冷循环的效率将快速地下降。而为

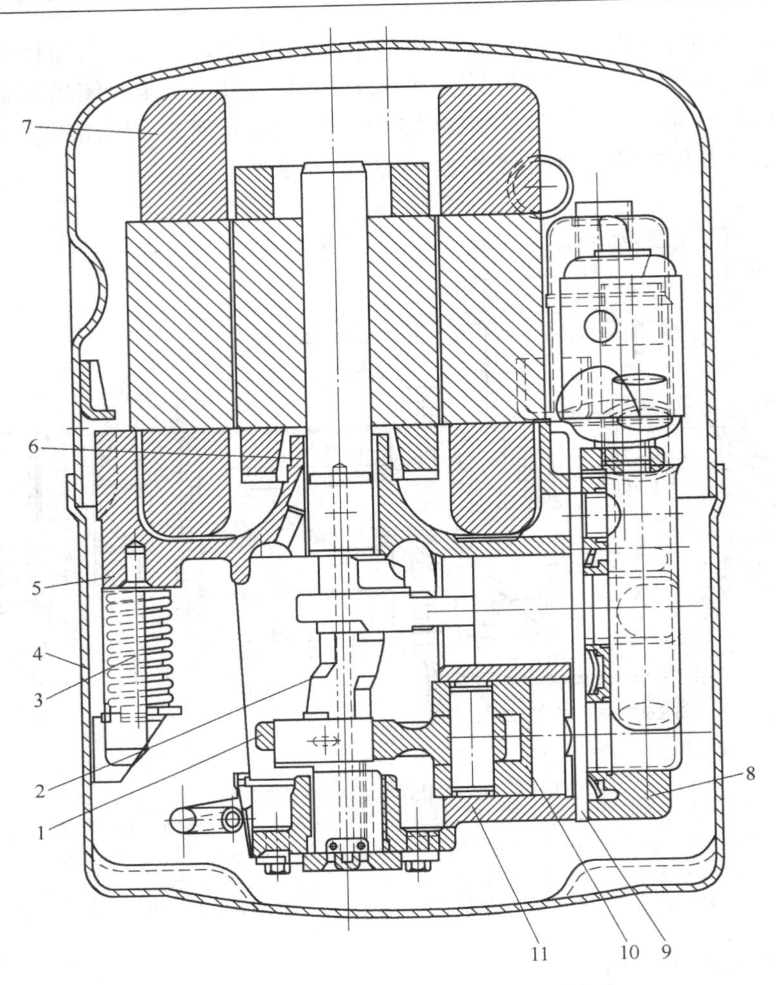

图 1-14 全封闭式制冷压缩机的结构
1—连杆 2—偏心轴 3—内部支承弹簧 4—机壳 5—电动机座
6—上轴承座 7—内置电动机 8—气缸盖 9—阀板 10—活塞 11—气缸体

了满足生产工艺的要求，往往需要制冷循环能获得较低的蒸发温度。因而，为了获得更低的蒸发温度，同时保证制冷循环的效率不至于下降，就需要采用双级或多级压缩式制冷循环。

所谓压缩级数，是指制冷剂蒸气从蒸发器（低压）到冷凝器（高压）在机体内经过压缩的次数。

2.2.1 单级制冷压缩机

单级制冷压缩机是制冷剂蒸气从蒸发器（低压）到冷凝器（高压）在机体内只经过一次压缩的制冷压缩机。

2.2.2 双级制冷压缩机

双级制冷压缩机是制冷剂蒸气从蒸发器（低压）到冷凝器（高压）在机体内经过两次压缩的制冷压缩机。

双级制冷压缩机有配组双级机和单机双级机之分。所谓配组双级机，其高、低压级分别由两台单级压缩机组成，所以其结构与单级压缩机相同。单机双级机的高、低压级均设置在同一台压缩机内。

单机双级式制冷压缩机如图 1-15 所示，图 1-11 所示为单级制冷压缩机。从外形上看，单机双级机与单级机的显著区别是：单级机的机体只有两个管道接口，一根吸气管、一根排气管；单机双级机的机体上有四个管道接口，两根吸气管、两根排气管。还可看到，单机双级机的安全阀、吸排气温度计、压力表等都为两套，而单级制冷压缩机各为一套。

图 1-15　单机双级式制冷压缩机

2.2.3　多级制冷压缩机

多级制冷压缩机是制冷剂蒸气从蒸发器（低压）到冷凝器（高压）在机体内经过三次以上压缩的制冷压缩机。多级制冷压缩机大多用于离心式制冷压缩机。

2.3　制冷压缩机按传动方式的分类

开启式制冷压缩机的主轴需要从电动机获得能量，因而应将压缩机的主轴与电动机的主轴联接在一起，使电动机带动压缩机的主轴转动。按此传动方式的不同，压缩机可分为直接传动式与间接传动式。

2.3.1　直接传动式制冷压缩机

直接传动又称为联轴器传动，指制冷压缩机的主轴和电动机的主轴位于同一条线上，中间用联轴器联接。电动机消耗电能而使其主轴旋转，电动机的主轴通过联轴器带动压缩机的主轴旋转。如图 1-16 左部所示，电动机轴上装半只联轴器，压缩机轴上装另半只联轴器，中间靠橡胶弹性圈或中间接筒联接。

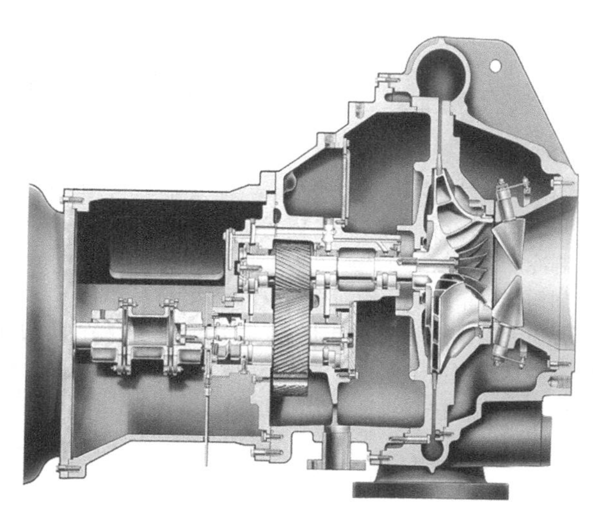

图 1-16　联轴器传动

2.3.2　间接传动式制冷压缩机

间接传动又称为带轮传动，指压缩机与电动机的主轴平行放置，中间用带轮和传动带连接。电动机轴带动带轮转动，带轮带动传动带，传动带再带动压缩机的带轮转动，从而使压缩机的主轴旋转。

2.4　制冷压缩机按工作蒸发温度范围的分类

对于单级制冷压缩机，一般可按其工作蒸发温度的范围分为高温、中温和低温压缩机三种，但在具体蒸发温度区域的划分上并不统一。下面列举某些著名压缩机产品沿用的大致工作蒸发温度的分类范围。

1）高温制冷压缩机：(−10 ~0)℃。

2）中温制冷压缩机：(−15 ~0)℃。

3）低温制冷压缩机：(−40 ~ −15)℃。

2.5　制冷压缩机按制冷量的分类

制冷压缩机按其标准工况下的制冷量的大小可以分为大型、中型和小型三种。

1）大型制冷压缩机：(580 ~ 　) kW。

2）中型制冷压缩机：(58 ~580) kW。

3）小型制冷压缩机：(　~58) kW。

在有些情况下将标准工况制冷量在 5.8kW 以下的制冷压缩机称为微型制冷压缩机。大型制冷压缩机多用于石油化工流程和大型空调系统。中型制冷压缩机广泛应用于冷库、冷藏运输以及一般工业和民用事业的制冷及空调装置。小型制冷压缩机多用于商业零售、公共饮食、科研、卫生和一般工业企业的小型制冷和空调装置中。

思考题与练习题

1. 制冷压缩机按密封结构方式分为哪几类?
2. 如何区分开启式、半封闭式、全封闭式制冷压缩机?
3. 开启式制冷压缩机有什么优缺点?
4. 制冷压缩机按压缩级数分为哪几类?
5. 如何区分单级制冷压缩机和单机双级制冷压缩机?
6. 开启式制冷压缩机按传动方式分为哪几类? 哪种传动方式用途比较广泛?
7. 制冷压缩机按工作蒸发温度分为哪几类?
8. 制冷压缩机按制冷量分为哪几类?

项目二　容积型制冷压缩机的运行管理与选型

单元三　活塞式制冷压缩机的运行管理

一、学习目标

- **终极目标**：能够正确规范地填写活塞式制冷压缩机的运行记录表。
- **促成目标**：

1）掌握活塞式制冷压缩机的型号表示。
2）掌握活塞式制冷压缩机的常用参数。
3）了解活塞式制冷压缩机的专用术语。

二、相关知识

活塞式制冷压缩机是大中型制冷与空调系统中常用的制冷压缩机，在运转过程中要经常对其相关参数进行读数及比较，以确保运行的安全和高效。

为了能够正确读数及填写运行记录表格，需要掌握活塞式制冷压缩机的专用名词、型号表示及常用参数。

3.1　活塞式制冷压缩机的专用术语

3.1.1　外止点

外止点又称为上止点，是指活塞在气缸中做往复运动时，离曲轴旋转中心最远的位置，如图 2-1a 所示。

3.1.2　内止点

内止点又称为下止点，是指活塞在气缸中做往复运动时，离曲轴旋转中心最近的位置，如图 2-1b 所示。

3.1.3　活塞行程

活塞行程是指活塞在气缸中做往复运动时，其上止点与下止点之间的距离。活塞行程用 S 表示，单位为 mm 或 m，如图 2-1 所示。由结构图可知，活塞行程等于曲柄半径的两倍，即 $S=2R$。

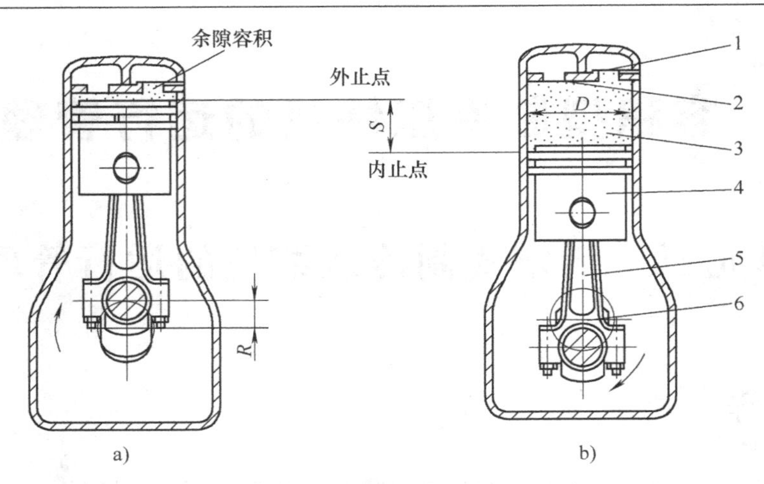

图 2-1 活塞式制冷压缩机的有关专用术语
1—排气阀 2—吸气阀 3—气缸 4—活塞 5—连杆 6—曲轴旋转中心

3.1.4 气缸直径

气缸直径简称缸径，即指气缸的内径，通常用 D 表示，单位为 mm 或 cm，如图 2-1 所示。常见缸径见表 2-1。我国中小型单级活塞机按气缸直径（mm）可分为五大系列：50、70、100、125、170。125 系列即指气缸直径为 125mm 的活塞机。

表 2-1 活塞式制冷压缩机基本参数

类别	缸径/mm	行程/mm	转速范围/（r/min）	缸数/个	容积排量（8 缸）			
					最高转速/（r/min）	排量/（m^3/h）	最低转速/（r/min）	排量/（m^3/h）
半封闭式	48、55、62		1440	2				
	30、40、50、60			2、3、4				
	70	70	1000~1800	2、3、4、6、8	1800	232.6	1000	129.2
		55				182.6		101.5
开启式	100	100	750~1500	2、4 6、8	1500	565.2	750	282.6
		70				395.6		197.8
	125	110	60~1200	4、6、8	1200	777.2	600	388.6
		100				706.5		353.3
	170	140	500~1000		1000	1524.5	500	762.3
	250	200	500~600	8	600	2826	500	2355

3.1.5 气缸工作容积

气缸工作容积指气缸在外止点与内止点之间的工作室的容积，即活塞移动一个行程所扫过的气缸容积，用 V_p 表示，单位为 m^3。其表达式为

$$V_p = \frac{\pi}{4}D^2S \tag{2-1}$$

3.1.6　余隙容积

由于考虑到活塞热膨胀量不同，以及压缩机加工和装配误差的存在，活塞运行到上止点时，活塞顶部与气阀组底部之间仍应留有一定的间隙，称为余隙容积，即活塞运动到上止点，气缸排气结束时，气缸中仍剩余一部分气体。余隙容积用 V_c 表示，单位为 m^3。

余隙容积包括三部分：①活塞顶面与气阀组底面之间的直线余隙；②气阀通道容积；③第一道活塞环以上的环形容积。

余隙容积的大小是影响活塞式压缩机输气量的最主要因素。

3.1.7　相对余隙容积

余隙容积的数值只能反映剩余气体容积的大小，但不便于衡量其在整个气缸容积中所占的比重，因此引入一个相对余隙容积的概念。相对余隙容积指余隙容积与气缸工作容积的比值，用 C 表示。国产活塞机的相对余隙容积值一般为 2% ~6%。

$$C = \frac{V_c}{V_p} \times 100\% \qquad (2\text{-}2)$$

3.1.8　输气量

输气量是指制冷压缩机单位时间内从低压端输送到高压端的制冷剂气体的量。通常按其衡量方式不同分为容积输气量和质量输气量。

容积输气量指制冷压缩机在单位时间内从低压端输送到高压端的制冷剂气体折算到吸气状态下的容积，用 V 表示，单位为 m^3/h。

质量输气量又称为质量流量，指制冷压缩机在单位时间内从低压端输送到高压端的制冷剂气体的质量，用 q_m 表示，单位为 kg/s。

3.2　活塞式制冷压缩机的型号表示

型号是制冷压缩机的代号，一般由汉语拼音和阿拉伯数字组成，它反映了压缩机的一些结构上的特征。

3.2.1　单级活塞式制冷压缩机的型号表示

我国于 2001 年出台活塞式单级制冷压缩机国家标准（GB/T 10079—2001《活塞式单级制冷压缩机》），其中规定了单级活塞式制冷压缩机和机组的型号表示。单级活塞式制冷压缩机的型号表示如图 2-2 所示。

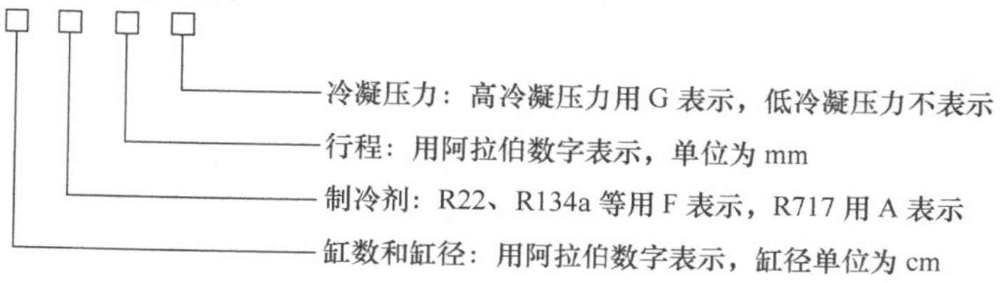

图 2-2　单级活塞式制冷压缩机的型号表示

目前部分国内生产厂家在样本等资料上仍习惯于沿用老的压缩机型号表示方法，如图2-3所示。

3.2.2　单机双级活塞式制冷压缩机的型号表示

活塞式单机双级机是单级制冷压缩机的派生产品，是在对应单级制冷压缩机的结构上做改变而来的，其型号包括两部分，第一位S表示单机双级机，后面为对应单级制冷压缩机的型号，如S812.5A100，即表示125系列8缸的单机双级机。

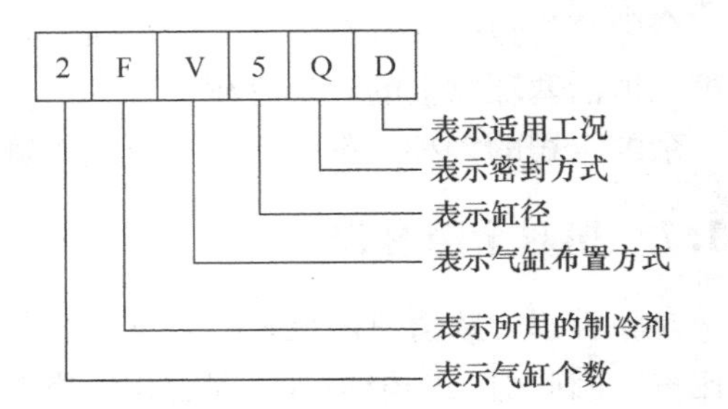

图2-3　单级活塞式制冷压缩机的旧型号表示

3.2.3　活塞式制冷压缩机组的型号表示

活塞式制冷压缩机组的型号表示如图2-4所示，短横线前为压缩机参数，短横线后为配用电动机功率及机组适用温度范围。

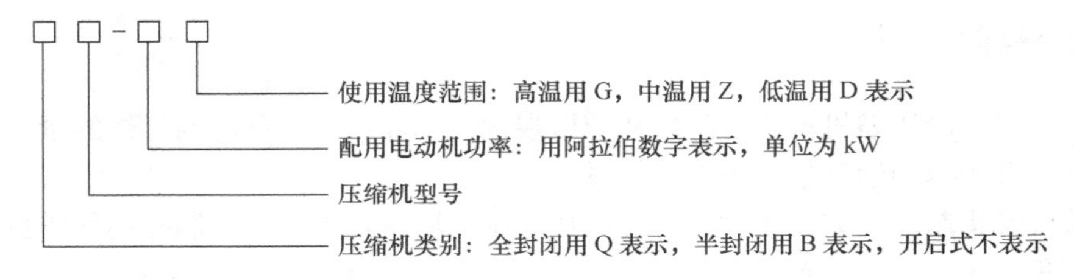

图2-4　活塞式制冷压缩机组的型号表示

例如：

1）812.5A110G：表示8缸扇型角度式布置，气缸直径为125mm，制冷剂为R717，行程为110mm的高冷凝压力压缩机。

2）Q24.8F50－2.2D：表示2缸V型角度式布置，气缸直径为48mm，制冷剂为氟利昂，行程为50mm，配用电动机功率为2.2kW，低温用全封闭压缩机。

3）B47F55－13Z：表示4缸扇型（或V型）角度式布置，气缸缸径为70mm，使用工质为氟利昂，行程为55mm，配用电动机功率为13kW，中温用低冷凝压力半封闭式压缩机。

4）610F80G－75G：表示6缸W型角度式布置，气缸直径为100mm，制冷剂为氟利昂，行程为80mm，配用电动机功率为75kW，高温用高冷凝压力的开启式压缩机。

3.3　活塞式制冷压缩机的运行记录

3.3.1　活塞式制冷压缩机的运行记录表格

表2-2为一台单机双级活塞式制冷压缩机的运行记录表，其主要记录参数包括吸、排气压力，吸、排气温度，润滑油压力、出水温度、轴承温度及电流等参数，基本都可以从控制柜或仪表盘中读取。

作为运行管理人员，应预先掌握所运行压缩机的指定参数范围，定时对相关参数进行读取、比对和记录，如果发现有参数超过限定值，及时停机检修，避免发生恶性事故。

表 2-2　单机双级活塞式制冷压缩机运行记录表

<table>
<tr><td colspan="13">五号压缩机（S8－170）</td></tr>
<tr><td colspan="4">高压缸</td><td colspan="4">低压缸</td><td rowspan="2">润滑油压力</td><td rowspan="2">出水温度</td><td rowspan="2">轴承温度</td><td rowspan="2">电流</td></tr>
<tr><td>排出压力</td><td>排出温度</td><td>吸入压力</td><td>吸入温度</td><td>排出压力</td><td>排出温度</td><td>吸入压力</td><td>吸入温度</td></tr>
<tr><td></td><td></td><td></td><td></td><td></td><td></td><td></td><td></td><td></td><td></td><td></td><td></td></tr>
<tr><td></td><td></td><td></td><td></td><td></td><td></td><td></td><td></td><td></td><td></td><td></td><td></td></tr>
<tr><td></td><td></td><td></td><td></td><td></td><td></td><td></td><td></td><td></td><td></td><td></td><td></td></tr>
<tr><td></td><td></td><td></td><td></td><td></td><td></td><td></td><td></td><td></td><td></td><td></td><td></td></tr>
<tr><td colspan="4">加入冷冻油</td><td rowspan="2">日计</td><td colspan="3">kg</td><td rowspan="2">月计</td><td colspan="3">kg</td></tr>
<tr><td colspan="4">开动小时</td><td colspan="3">h</td><td colspan="3">h</td></tr>
</table>

3.3.2　活塞式制冷压缩机的限定工作条件

作为运行管理人员在使用压缩机时，应注意运行工况不能超出限定工作条件，否则其经济性和安全性都难以得到保证。活塞式制冷压缩机国家标准（GB/T 10079—2001）中规定了活塞式制冷压缩机的使用范围及一些参数的允许数值，参见表 2-3、2-4。

制冷压缩机的温度高低在很大程度上是影响其使用寿命的重要因素。这是因为化学反应速度随温度的升高而加剧。电气绝缘材料的工作温度上升 10℃，其使用寿命要减少一半。因此完全有必要对压缩机的排气温度加以限制。对于 R717（NH_3）和 R22 排气温度应低于 150℃，对于 R134a 应低于 130℃。

表 2-3　有机制冷剂压缩机使用范围

类　型	吸入压力饱和温度/℃	排出压力饱和温度/℃		压缩比
		高冷凝压力	低冷凝压力	
高温	－15～12.5	25～60	25～50	≤6
中温	－25～0	25～55	25～50	≤60
低温	－40～－12.5	25～50	25～45	≤18

表 2-4　无机制冷剂压缩机使用范围

类　型	吸入压力饱和温度/℃	排出压力饱和温度/℃	压缩比
中低温	－30～5	25～45	≤8

曲轴箱（或机壳）内的油温不宜过高，否则会因油过稀而破坏正常的润滑。据 GB/T 10079—2001 规定，当环境温度高达 43℃，冷却水温度达 33℃时，曲轴箱中润滑油的温度应不高于 80℃。开启式压缩机不得高于 70℃。

单元四　螺杆式制冷压缩机的运行管理

一、学习目标

- **终极目标**：能够正确规范地填写螺杆式制冷压缩机的运行记录表。
- **促成目标**：

1）掌握螺杆式制冷压缩机的型号表示。

2）掌握螺杆式制冷压缩机的专用术语。

3）了解螺杆式制冷压缩机的常用参数。

二、相关知识

螺杆式制冷压缩机是大中型制冷与空调系统中常用的制冷压缩机，在运转过程中要经常对其相关参数进行读数及比较，以确保运行的安全和高效。

为了能够正确读数及填写运行记录表，需要掌握螺杆式制冷压缩机的工作过程、专用名词、型号表示及常用参数。

4.1　螺杆式制冷压缩机的工作过程

4.1.1　螺杆式制冷压缩机的组成

螺杆式制冷压缩机的基本结构如图 2-5 和图 2-6 所示，主要部件包括阳转子、阴转子、机壳、轴承、轴封、平衡活塞及能量调节装置等。机壳为剖分式，包括机体、吸气端座、排气端座和两端端盖组成。

螺杆式制冷压缩机的可变工作容积由转子齿槽与机壳、吸气端座、排气端座构成。螺杆式压缩机大多由阴、阳两个转子组成，主动转子表面上的齿形为凸形（即阳转子），从动转子表面上的齿形是凹的（即阴转子），两者在气缸内啮合并做反向回转运动，转子齿槽与气缸体之间形成 V 形密封空间，随着转子的旋转，空间容积不断变化。吸气端座和气缸体的壁上也开有吸气孔（分轴向吸气口和径向吸气口）。排气端和气缸体内壁上开有排气口，随着转子的旋转，吸、排气口可按需要准确地使转子的齿槽和吸、排气腔连通或隔断，周期性地完成进气、压缩、排气过程。

4.1.2　螺杆式制冷压缩机的工作原理

螺杆式压缩机的工作是依靠啮合运动着的一个阳转子与一个阴转子，并借助于包围这一对转子四周的机壳内壁的空间完成的。当转子转动时，转子的齿、齿槽与机壳内壁所构成的呈“V”字形的一对齿间容积称为基元容积（见图 2-7），其容积大小会发生周期性的变化，同时它还会沿着转子的轴向由吸气口侧向排气口侧移动，将制冷剂气体吸入并压缩至一定的压力后排出。

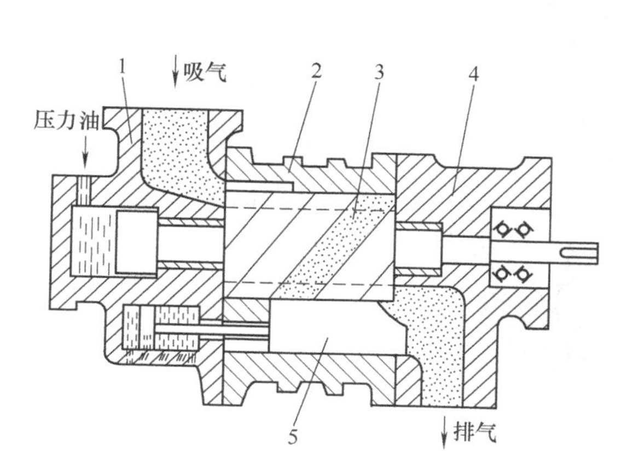

图 2-5　螺杆式制冷压缩机结构简图
1—吸气端座　2—机体　3—螺杆
4—排气端座　5—能量调节滑阀

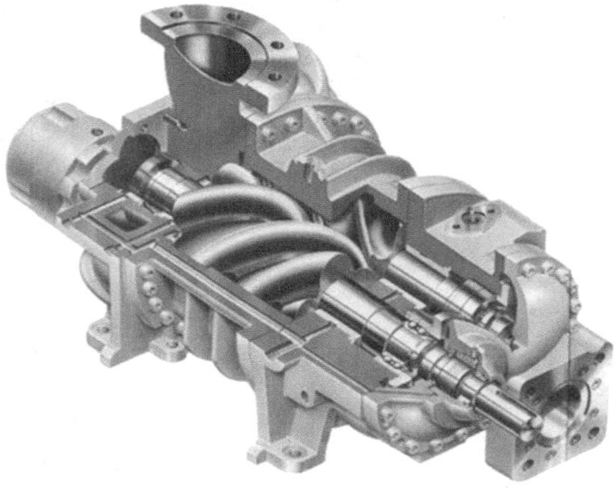

图 2-6　螺杆式制冷压缩机结构立体图

4.1.3　螺杆式制冷压缩机的工作过程

图 2-7 所示为螺杆式压缩机的工作过程示意图。其中，图 2-7a、b 为一对转子的俯视图，图 2-7c、d、e、f 为一对转子由下而上的仰视图。当基元容积由最小向最大变化时，它与径向和轴向吸气口相通，进行吸气过程（图 2-7a、b）。当基元容积达到最大并与吸气口隔开时，吸气结束（图 2-7c）。此后，基元容积由最大逐渐变小，开始气体的压缩过程（图 2-7d、e）。当基元容积开始与轴向和径向排气口接通时，进行排气过程（图 2-7f），直到基元容积变为零为止。

1. 吸气过程

齿间基元工作容积随着转子旋转而逐渐扩大，并和吸入孔口连通，气体通过吸入孔口进入齿间基元容积，称为吸气过程。当转子旋转一定角度后，齿间基元容积超过吸入孔口位置并与吸入孔口断开，吸气过程结束。

2. 压缩过程

随着转子继续旋转，主动转子和从动转子的齿槽构成一对新的基元工作容积，并且由于两转子的啮合运动，基元工作容积不断缩小直到一对齿间基元容积与排出孔口相连通的瞬间为止，此过程称为压缩过程。

3. 排气过程

由于转子继续回转，使基元容积继续减小，气体的压力不断增加，当阳转子齿与阴转子齿沟及机体上的排气口相通（即基元容积与排气孔口相通）时，即排出高压气体，从基元容积和排出孔口相连通起，直到两个齿槽完全啮合，基元容积约等于零为止，是将压缩后具有一定压力的气体从基元容积排至管道的过程，即排气过程。

以上讨论了两啮合螺杆一个基元工作容积在一个工作周期中的全部过程，而整个压缩机其他基元容积的工作过程是与之相同的，只是它们的吸气、压缩、排气过程的先后不同。

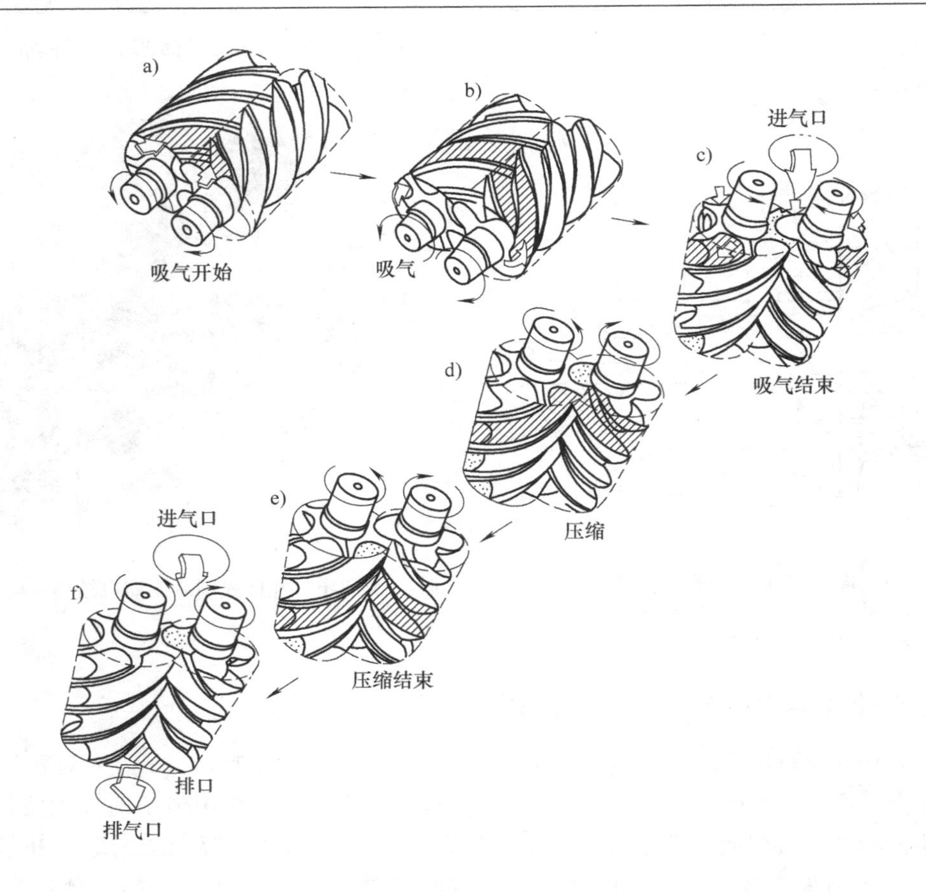

图 2-7 螺杆式制冷压缩机的工作过程示意

由于螺杆式制冷压缩机转子的导程比转子的长度长，并且一对阴、阳转子的旋转速度高（阴螺杆转子的齿数即为参加“吸气—压缩—排气”过程的容积对数），因此螺杆式制冷压缩机的工作过程可视为连续而脉动小的工作过程。

4.2 螺杆式制冷压缩机的专用术语

4.2.1 内容积比

螺杆的齿间容积随着螺杆的旋转容积的缩小而被压缩，直至工作容积与排气孔口边缘相通为止，这一过程称为内压缩过程。压缩终了时工作容积内的气体压力，称为内压缩终了压力。工作容积吸气终了的最大容积为 V_1，相应的气体压力为 p_1，内压缩终了的容积为 V_2，相应的气体压力为 p_2。工作容积吸气终了的最大容积 V_1 与内压缩终了的容积 V_2 的比值，称为螺杆式制冷压缩机的内容积比 ε_V，即

$$\varepsilon_V = \frac{V_1}{V_2} \tag{2-3}$$

内容积比推荐值有 2.6、3.6 和 5 三种，供不同场合选用。

螺杆工作容积中，气体的内压缩过程为多变过程。根据多变过程方程式，则

$$p_1V_1^n = p_2V_2^n$$

$$\varepsilon_p = \frac{p_2}{p_1} = \left(\frac{V_1}{V_2}\right)^n \tag{2-4}$$

式中　p_1——工作容积吸气压力。

p_2——工作容积内压缩终了压力。

n——制冷剂的平均多变压缩指数。对于 R717，$n=1.25$；对于 R12，$n=1.15$。

螺杆工作容积内压缩终了压力 p_2 与吸气压力 p_1 的比值，称为压缩机的内压力比。其值在 5～20 范围内，与压缩机的结构和制冷剂种类有关，而与运行工况无关。

4.2.2　附加功损失

排气腔内的气体压力（背压力或称外压力）p_d 与吸气压力 p_1 的比值，称为外压力比。

活塞式制冷压缩机压缩终了的气体压力 p_2，取决于排气腔内的气体压力、排气阀的弹力以及气体流动阻力。如果略去气阀的弹簧力及气体流动阻力，可近似地认为活塞式制冷压缩机压缩终了压力 p_2，等于排气腔内气体压力 p_d，即 $p_2=p_d$。

螺杆式制冷压缩机内压缩终了压力 p_2，取决于压缩机的内容积比和吸气压力。因此，螺杆式制冷压缩机内压缩终了压力 p_2 不一定等于排气腔的气体压力 p_d。若螺杆式制冷压缩机内压缩终了压力 p_2 与排气腔内气体压力 p_d 不相等，工作容积与排气孔口连通时，工作容积中的气体将进行定容压缩或定容膨胀，使气体压力与排气腔压力趋于平衡，从而产生附加损失。下面分三种情况进行讨论：

1）$p_d>p_2$（欠压缩，图 2-8a）。在排气管内气体压力 p_d 高于内压缩终了压力 p_2 的情况下，气体在齿间容积内由吸气压力 p_1 压缩到压缩终了压力 p_2，此时，工作容积与排气孔口相连通，排气管中的气体倒流，使工作容积中的气体由 p_2 定容压缩到排气管内气体压力 p_d（由 C 到 G），然后进行排气过程。这就比气体由压力 p_1 直接压缩到 p_d（由 B 到 E）时多耗的功（即附加功损失）相当于图中阴影面积 ECG。

2）$p_d=p_2$（图 2-8b）。在排气管内的气体压力 p_d 等于内压缩终了压力 p_2 的情况下，没有附加功损失。

3）$p_d<p_2$（过压缩，图 2-8c）。在排气腔内的气体压力 p_d 低于内压缩终了压力 p_2 的情况下，气体在工作容积内由吸气压力 p_1 压缩到压缩终了 p_2（由 B 到 C），再由压力 p_2 定容膨胀到排气管内气体压力 p_d（由 C 到 G），然后再进行排气过程。此时，多耗的功相当于面积 FCG。

由此，当压缩机内压缩终了压力与排气腔内气体的压力不相等，即内压力比与外压力比不等时，将产生附加功损失，从而降低压缩机的指示效率。所以，应力求压缩机的实际运行工况与设计工况相等或接近，以使螺杆式制冷压缩机获得运行的高效率。

4.2.3　型面与接触线

主动转子和从动转子的齿面均为型面，是空间曲面。型面与垂直于转子轴线平面（如端平面）的截交线称为转子的型线，如图 2-9 所示。

主动转子与从动转子两型面之间相互接触，所形成的空间曲线称为型面的接触线。当转子相互啮合时，其型面的接触线为空间曲线，随着转子旋转，接触线由吸气端向排气端推

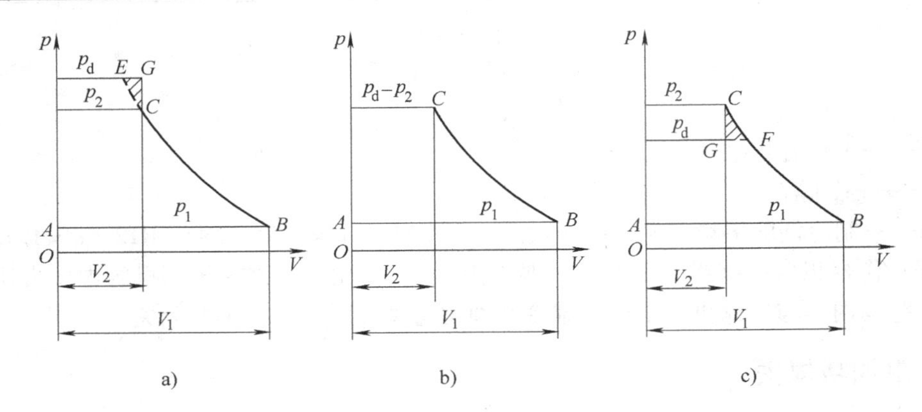

图 2-8 螺杆式压缩机压缩过程 $p-V$ 图

a) $p_d>p_2$ b) $p_d=p_2$ c) $p_d<p_2$

移，完成基元容积的吸气、压缩和排气三个工作过程。所以接触线是基元容积的活动边界，它把齿间容积分成为两个不同的压力区，起到隔离基元容积的作用。

型面在垂直于转子轴线平面（端面）上的投影称为转子的齿形，是一条平面曲线。阴、阳转子齿形在端平面上啮合运动的啮合点轨迹，称为齿形的啮合线，它也是平面曲线。显然，啮合线是接触线在端平面上的投影。

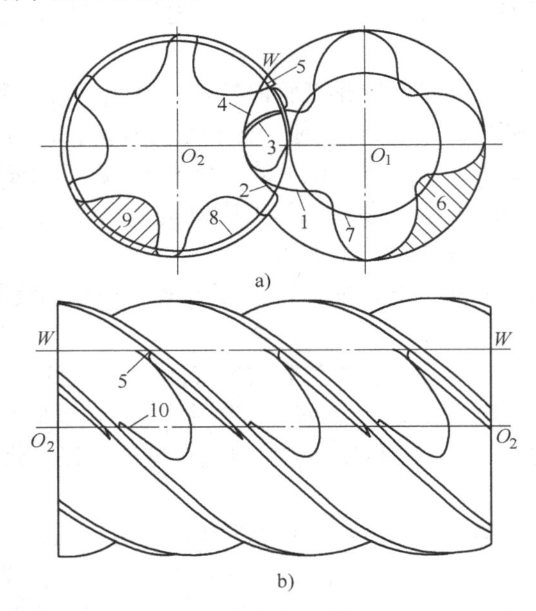

图 2-9 转子型线、啮合线、齿间面积、封闭容积、泄漏三角形和接触线

1—阳转子型线 2—阴转子型线 3—封闭容积 4—啮合线 5—泄漏三角形

6—阳转子齿间面积 7—阳转子节圆 8—阴转子节圆 9—阴转子齿间面积 10—接触线

4.2.4 齿形

转子的齿形影响着转子有效工作容积的比率和啮合状况，因而影响着压缩机的输气量、功率消耗、磨损和噪声，并对转子的刚度和加工工艺性能有很大的影响。齿形一般由圆弧、

摆线、椭圆、抛物线、径向直线等组成。组成转子齿形的曲线称为型线，如图 2-9 所示。阴、阳转子的齿形型线是段数相等又互为共轭的曲线。两转子啮合旋转时，其齿形曲线在啮合处始终相切，并保持一定的瞬时传动比，相当于两相切的圆做纯滚动。假想的做纯滚动的圆称为节圆。

1. 齿形的基本要求

为保障螺杆式制冷压缩机的性能，螺杆齿形除应满足一般啮合运动的要求，保证转子连续稳定地运转外，还应满足以下基本要求。

（1）较好的气密性　根据螺杆式压缩机的工作原理，基元容积内的气体在压缩和排气过程中会发生泄漏，即较高压力基元容积内气体向较低压力基元容积或吸气压力区泄漏，其泄漏途径如图 2-10 所示，有的气体沿转子外圆与机体内壁间的 A 方向泄漏，有的气体沿转子端面与端盖间的 B 方向泄漏，有的气体沿转子接触线的 C 方向泄漏。A、B 均为转子相对于机体间的泄漏，在设计中选择恰当的配合间隙以保证气密性。接触线 C 方向的泄漏是型线设计中的一个核心问题。

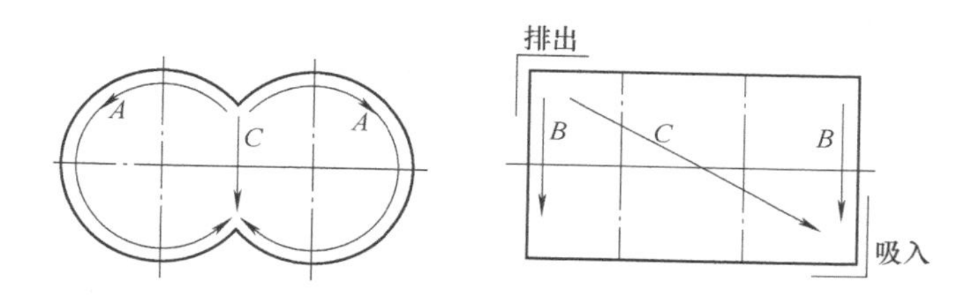

图 2-10　气体泄漏方向

接触线方向的泄漏如图 2-11 所示，图中 H、M 为机体内壁圆周交点，H'、M'为共轭型线啮合点，又称啮合顶点。若啮合顶点 H'与机体内壁圆周交点 H 不重合，将会产生高压基元容积内气体向较低压力基元容积泄漏，其泄漏面形状接近空间曲边三角形，如图 2-12 所示，称为泄漏三角形（MM'虽然也是三角形通道，但由于 MM'处于吸气侧，不存在泄漏问题）。由于它是沿转子轴线方向泄漏，故又称为轴向泄漏。转子的齿形应具有较小的泄漏三角形。

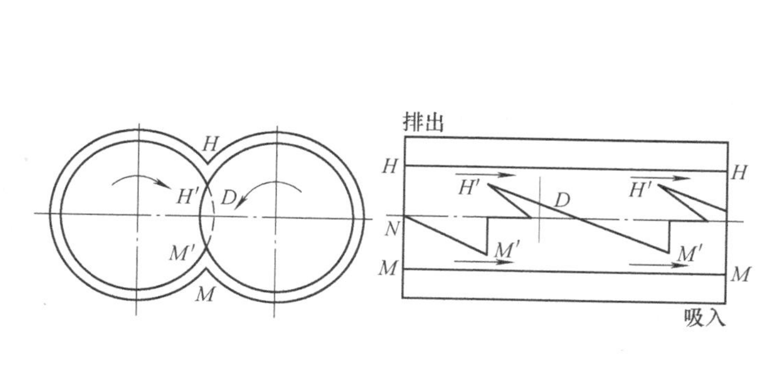

图 2-11　轴向泄漏与径向泄漏

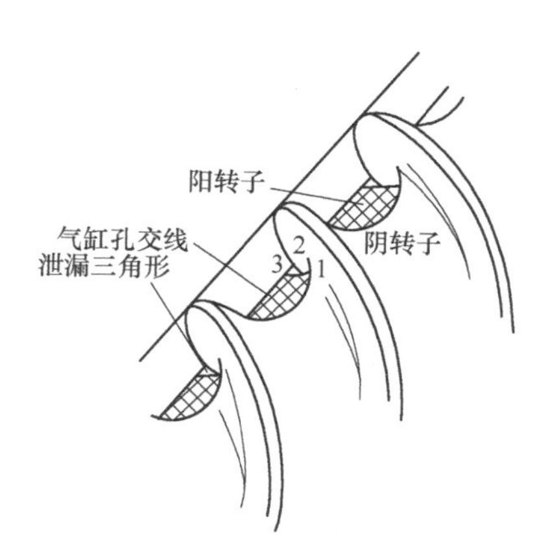

图 2-12　泄漏三角形

（2）接触线长度尽量短　由图2-11中可以看到，若接触线在D点中断，则气体要从中断处D由高压基元容积向低压基元容积产生横向泄漏。避免横向泄漏的条件是型面接触线连续，或啮合线封闭。在转子实际啮合工作中，型面沿接触线存在一定的间隙值，它既是密封线，又是泄漏线，可以说两转子间隙值一定，接触线越短，泄漏量越小。

（3）较大的面积利用系数　面积利用系数表征转子端面充气的有效程度，转子尺寸相同，面积利用系数大则压缩机的输气量也大。

2. 典型齿形

在螺杆式压缩机中，对于齿形中心线两边型线相同的称为对称型线（图2-13a），不同的称为非对称型线（图2-13b），齿形型线都在节圆内或节圆外的称为单边型线（图2-13），否则称为双边型线。

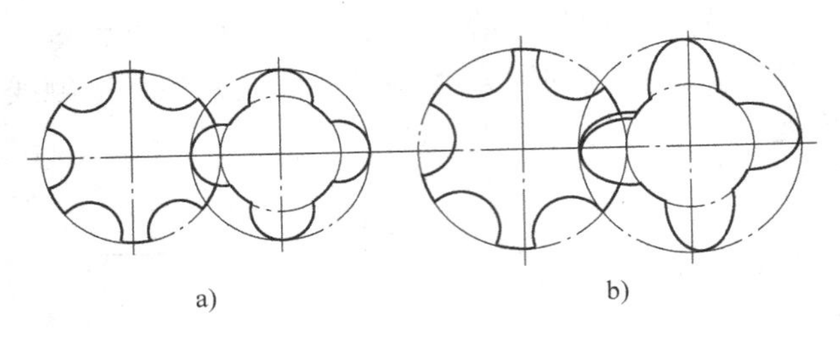

图2-13　转子的齿形
a）对称圆弧齿形　b）非对称圆弧齿形

20世纪70年代以来，螺杆式压缩机的齿形以双边和单边不对称齿形，即圆弧摆线、包括摆线为主流，其间又连续不断地出现了富有竞争能力的其他齿形，致使压缩机的效率越来越高，性能越来越好。以下介绍几种应用较为广泛的不对称齿形。

（1）X齿形　X齿形如图2-14所示。它由瑞典Atlas copco公司在圆弧摆线所组成的单边不对称齿形的基础上进行改进而成。其目的是尽可能减小泄漏三角形，同时保护点啮合摆线的形成点。增大齿高半径，减薄齿厚，以提高面积利用系数。阴转子齿形圆滑，减少了齿形对气流的扰动阻力，降低了阻力损失和噪声。

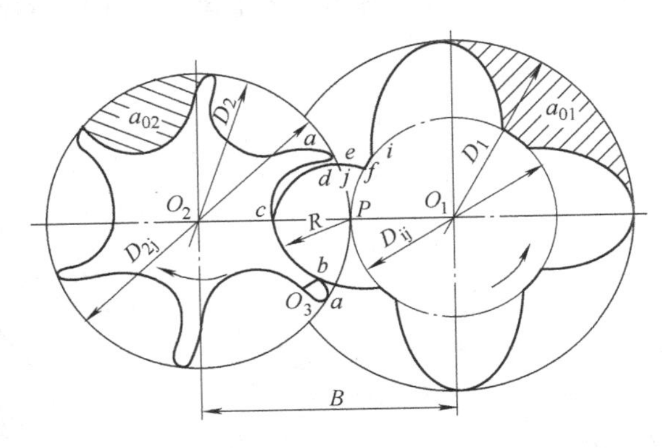

图2-14　X齿形

（2）Sigma齿形　Sigma齿形如图2-15所示。它是由德国Kaeser压缩机公司在圆弧摆线所组成的单边不对称齿形的基础上研制成功的。它不采用点啮合摆线，而采用光滑的曲线及相应的共轭曲线，这就使得接触线较短。同时，整个齿形处处光滑过渡，减小了气体流动阻力。此外，该齿形属于单边齿形，阴转子外圆小于节圆（$D_2 < D_{2j}$），使整条接触线上相对运动的速度差有所增加，增加了泄漏阻力，有利于提高间隙密封效果。这种齿形的缺点是泄漏三角形较大，面积利用系数较小。

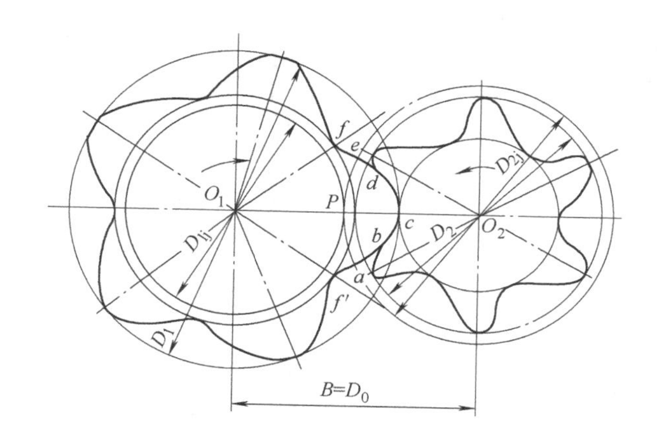

图 2-15　Sigma 齿形

（3）CF 齿形　CF 齿形如图 2-16 所示。它是由德国 GHH 公司设计的。该齿形综合了 X 齿形和 Sigma 齿形的优点，泄漏三角形的面积只有 X 齿形的 1/6，从而降低了泄漏损失，提高了容积效率。同时采用了与 Sigma 齿形相同的阴阳齿数比 6:5，减少了齿间压差，从而减少了泄漏，提高了面积利用系数；并且保持了齿形光滑，降低了气体流动损失。据文献介绍，采用 CF 齿形的螺杆压缩机，比目前的不对称齿形效率提高 14% 左右。

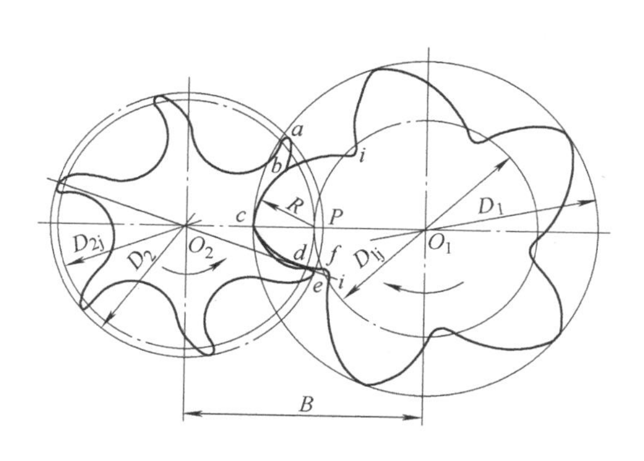

图 2-16　CF 齿形

可以看到，用以评价或比较不同齿形的许多因素是相互制约的。例如，为了减小泄漏三角形，确保螺杆的轴向气密性采用点啮合摆线，就不可避免地使接触线长度增加；为了保护摆线的发生点，采用小圆弧或直线做齿顶型线，则增大了泄漏三角形等。所以应根据不同的使用场合选用不同的齿形。

现在各种新的齿形层出不穷，如日本日立的α齿形、神户的β齿形（图2-17a），瑞典斯达尔（Stals）齿形（图2-17b），极大地提高了螺杆压缩机的性能。

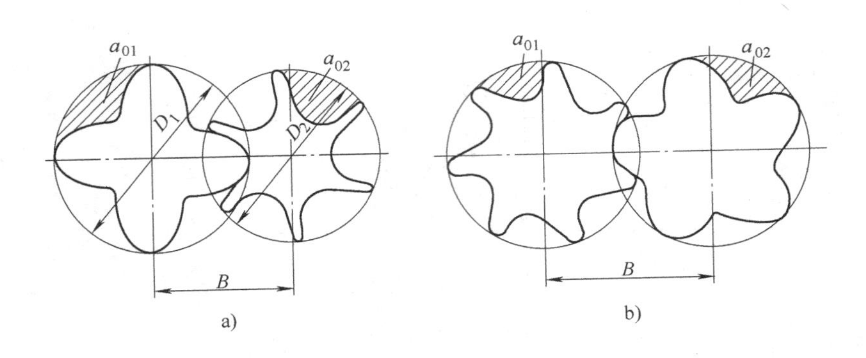

图2-17　两种新形齿形
a）β齿形　b）Stals齿形

4.2.5　齿数

转子的齿数和压缩机的输气量、效率及转子的刚度有很大关系。通常转子齿数越少，在转子长度和端面面积相同时，压缩机有较大的输气量。增加齿数，可加强转子的刚度和强度，同时使相邻齿槽的压差减小，从而减小了泄漏，提高了容积效率。一般螺杆式制冷压缩机的阴、阳转子齿数比，过去常采用6:4。以后逐渐出现如Sigma、CF齿形的6:5。日立公司通过对比研究和试验，证明阴、阳转子齿数比为6:5时，有较高的效率。但目前又出现了瑞典斯达尔公司S80型压缩机7:5和美国开利（Carrier）公司06T型压缩机7:6的齿数比，所以齿数比的研究还在继续深入。

4.2.6　面积利用系数 C_n

面积利用系数可定义为

$$C_n = F/D_m^2 \tag{2-5}$$

或

$$C_n = F/D_1^2 \tag{2-6}$$

式中　F——阳转子端面的各齿槽面积与阴转子端面的各齿槽面积之和。

D_m——两转子的平均直径，$D_m = (D_1 + D_2)/2$。

D_1——阳转子的直径。

D_2——阴转子的直径。

面积利用系数 C_n 反映了转子端面积中被用于充气的有效程度。表2-5给出了部分齿形标准齿数比时的面积利用系数值。表2-6是几种常见齿形的有关参数比较。

表 2-5　部分齿形标准齿数比（6/4）时的面积利用系数

螺杆齿形	面积利用系数		备　注	螺杆齿形	面积利用系数		备　注
	C_{n1} ①	C_{n0} ②			C_{n1} ①	C_{n0} ②	
对称圆弧齿形	0.471	0.471	$r=0.18D$ $r_0=0.018D$ $h=0.002D$	单边不对称摆线包络圆弧齿形	4.464	0.502	$r=0.205D_0$ $r_0=0.02D_0$ 偏心距
单边不对称摆线销齿圆弧齿形	0.468	0.515	$r=0.205D_0$ $e=0.005D_0$ （直线倒棱）	双边不对称摆线包络圆弧齿形	0.48	0.48	$r=0.18D_0$ $2\varphi=20°$ $r_0=0.02D_0$

① $C_{n1}=\dfrac{m_1\ (A_{01}+A_{02})}{D_1^2}$　D_1——阳螺杆外径。

② $C_{n0}=\dfrac{m_1\ (A_{01}+A_{02})}{D_0^2}$　D_0——螺杆公称直径。

表 2-6　几种齿形有关参数比较

齿形名称	SRM 对称齿形	SRM 非对称齿形	单边不对称齿形	X 齿形	Sigma 齿形	CF 齿形
齿效比 $z_1:z_2$	4:6	4:6	4:6	4:6	5:6	5:6
齿高半径 R	$0.18D_0$	$0.19D_0$	$0.205D_0$	$0.24D_0$	$0.145D_1$	$0.18D_1$
中心距 B	$0.8D_0$	$0.8D_0$	$0.8D_0$	$0.7D_0$	D_0	$0.7D_0$
面积利用系数 C_n	0.472	0.52	0.521	0.56	0.417	0.595

注：D_0——转子公称直径；
D_1——阳转子外径；
z_1、z_2——阳、阴转子齿数。

4.2.7　公称直径和长径比

螺杆式压缩机的公称直径即指阳螺杆的公称直径。公称直径是关系到螺杆压缩机系列化、零件标准化、通用化的一个重要参数。确定螺杆直径系列化的原则是：在最佳圆周速度的范围内，以尽可能少的螺杆直径规格来满足尽可能广泛的输气量范围。我国有关部门规定，螺杆式制冷压缩机的公称直径 D_0 为 63、80、100、125、160、200、315 等，其单位以 mm 计，参见表 2-7。

螺杆式压缩机转子螺旋部分的轴向长度 L 与其公称直径 D_0 的比值称为长径比 λ（$\lambda=L/D_0$），也称为导程或相对长度。当输气量不变时，减小长径比 λ，则转子公称直径 D_0 变大，使吸、排气孔口的面积变大，从而可降低气体流速，减少气体的阻力损失，提高容积效率。同时，减小长径比，螺杆变得粗而短，使螺杆具有良好的刚度和强度，增加压缩机运转的可靠性，并有利于螺杆式压缩机向高压力比方向发展。

对于具有相同螺杆直径和转速的螺杆式压缩机，改变螺杆的长径比，就可以方便地获得不同的排气量。目前我国产品有三种长径比，即 $\lambda=1.0$、$\lambda=1.5$ 和 $\lambda=1.94$，分别称为短导程长径比、长导程长径比和特长导程长径比。

表 2-7　单边非对称齿形在不同参数下的理论输气量

公称直径 D_0/mm	阳转子转速		理论容积输气量/（m^3/mm）	
	mm/s	r/mm	$\lambda=1.0$	$\lambda=1.5$
63	14.64	4440	0.5616	0.8425
	20	6063	0.7669	1.150
	25	7570	0.9587	1.438
80	18.6 25	4440 5968	1.150 1.546	1.725 2.319
100	15.5 23.25	2960 4440	1.497 2.245	2.246 3.369
125	19.37 29.06	2960 4440	2.925 4.387	4.387 6.581
160	24.8 37.2	2960 4440	6.134 9.20	9.2 13.8
200	23.09 31.0	2205 2960	8.924 11.98	13.39 17.97
250	19.24 38.75	1470 2960	11.62 23.61	17.43 35.10
315	24.25	1470	23.24	34.87

4.2.8　扭转角和扭角系数

转子的扭转角是指转子上的一个齿在转子两端端平面上投影的夹角，如图 2-18 所示，它表示转子上一个齿的扭曲程度。转子的扭转角增大，使两转子间相啮合的接触线增大，引起泄漏量增加，同时较大的扭转角相应地使转子的型面轴向力加大，尤其是封闭式小型螺杆压缩机，要去掉平衡转子上轴向力的平衡活塞时，转子不宜采用过大的扭转角。但是，较大的转子扭转角可使吸、排气孔口开得大一些，减小了吸、排气阻力损失。当前较多采用的是阳转子的扭转角为 270°、300°，与之相啮合的阴转子的扭转角为 180°、200°。

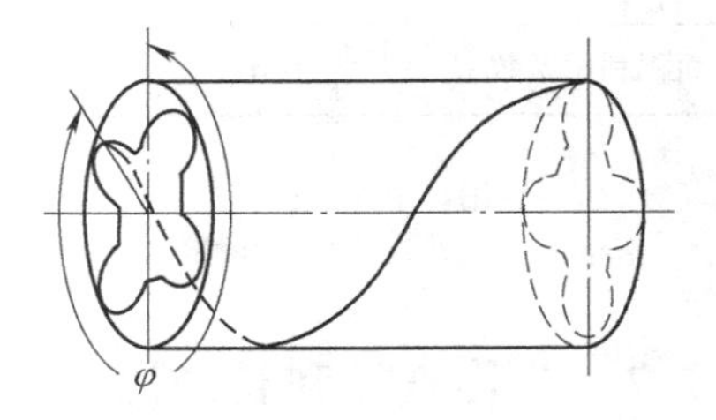

图 2-18　转子的扭转角

螺杆阳转子扭转角 θ_1 一般大于 270°，属于大扭转角，所以当工作的阳转子一个齿槽在与吸气孔口隔开时，与其相啮合的阴转子的齿在排气端尚未完全脱开这一齿槽，使齿槽不能完全充气。设阳转子一个齿槽实际充气容积为 V'_{p01}，理论充气容积为 V_{p01}，则它们之比为扭角系数 C_φ：

$$C_\varphi = \frac{V'_{p01}}{V_{p01}} = \frac{V_{p01} - \Delta V_{p01}}{V_{p01}} = 1 - \frac{\Delta V_{p01}}{V_{p01}} \tag{2-7}$$

扭角系数 C_φ 是决定螺杆式制冷压缩机的排气量、容积效率的重要结构参数，也是吸、排气孔口设计的基本依据。表 2-8 是单边非对称齿形扭转角 θ_1 与扭角系数 C_φ 的对应值。

表 2-8　单边非对称齿形扭转角 θ_1 与扭角系数 C_φ 的对应值

扭转角 θ_1	240°	270°	300°
扭角系数 C_φ	0.999	0.989	0.971

4.2.9　圆周速度和转速

转子齿间圆周速度是影响压缩机尺寸、质量、效率及传动方式的一个重要因素。习惯上，常用阳转子齿顶圆周速度值来表示。提高圆周速度，在相同输气量的情况下，压缩机的质量及外形尺寸将减小，并且，气体通过压缩机间隙的相对泄漏量将会减少。但与此同时，气体在吸、排气孔口及齿间内的流动阻力损失相应增加。当制冷剂的种类、吸气温度、压力比以及转子啮合间隙一定时，都有一个最佳圆周速度。通常，喷油螺杆式压缩机最佳圆周速度选择在 25 ~35m/s。

圆周速度确定后，螺杆转速也随之确定。通常，喷油螺杆式压缩机若采用不对称齿形时，主动转子转速范围为 730 ~4400r/min。故可采用压缩机与电动机直联，或者采用“阴拖阳”的传动方式，从而省去增速机构。小直径的转子可以选用较高的转速，如开利公司 06N 系列螺杆式制冷压缩机，其阳转子最高转速达到 9100r/min，因此与同等容量的螺杆压缩机相比，其外形尺寸和质量减小了许多。

4.3　螺杆式制冷压缩机的型号表示

同活塞式制冷压缩机型号类似，螺杆式制冷压缩机的型号也由汉语拼音和阿拉伯数字组成，它反映了螺杆式制冷压缩机的一些结构上的特征。

4.3.1　螺杆式制冷压缩机的型号表示

螺杆式制冷压缩机的型号表示如图 2-19 所示。

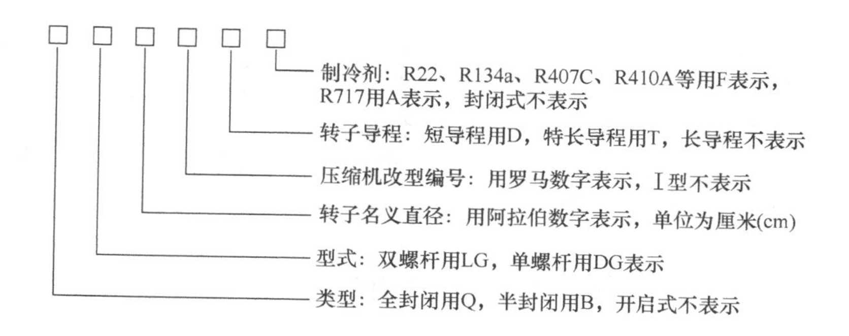

图 2-19　螺杆式制冷压缩机型号表示

4.3.2　螺杆式制冷压缩机组的型号表示

螺杆式制冷压缩机组的型号表示如图 2-20 所示，短横线前为压缩机参数，短横线后为配用电动机功率及机组适用温度范围。

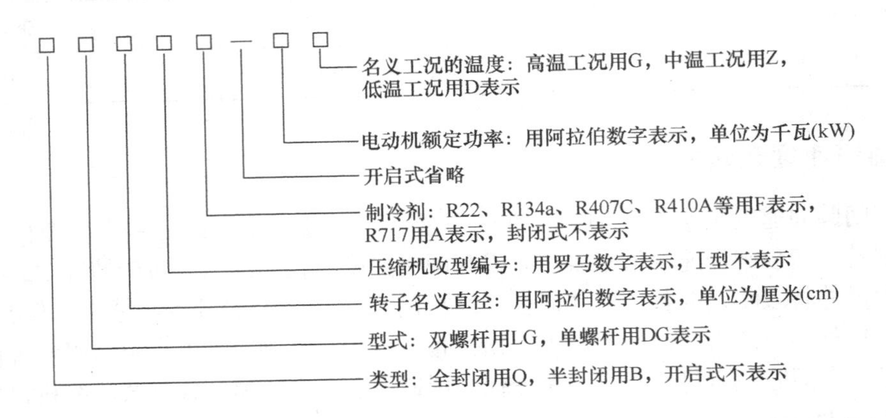

图 2-20 螺杆式制冷压缩机组型号表示

4.4 螺杆式制冷压缩机的运行记录表

螺杆式制冷压缩机是大中型制冷与空调系统中常用的制冷压缩机，在运转过程中要经常对其相关参数进行读数及比较，以确保运行的安全和高效。

螺杆式制冷压缩机的运转参数及记录表格见表 2-9。具体测量步骤为：

1）确认系统的初始状态正常。

2）起动压缩机，运行系统。

3）调节节流元件开度，调整制冷剂的循环量。

4）待系统稳定后，开始对参数进行测量和记录。

5）对温度进行测量：要测的温度参数包括压缩机吸、排气温度和中间温度，盐水进口温度，盐水出口温度，冷却水进口温度，冷却水出口温度，另外还要对大气温度进行测量。对测得温度值进行纪录。用水银温度计测量压缩机吸、排气温度时，测点应在吸、排气截止阀外 0.3m 的直管段处。温度计套采用薄钢管或不锈钢薄壁管，垂直插入流体，管径较小时，可 45°斜插逆流或用测温管插入深度为 1/2 管道直径。套管内注冷冻机油，读数时不应拔出温度计，并注意温度计的刻度单位，以免读错测量结果。

6）对压力进行测量：要测的压力包括压缩机吸、排气压力和中间压力、供油压力。用弹簧管式压力表测量压缩机吸、排气压力时，测点应在吸、排气截止阀外 0.3m 的直管段处。

7）测量冷凝器冷却水和盐水流量：可以用直接测量法，也可用间接测量法。直接测量法需要用秒表、磅秤和盛水容器。

8）用电流表测量电动机电流。

9）用压力表测量盐水泵压力。

10）一定时间间隔后重复以上测试内容。

11）用大气压力计测量当地大气压。

12）关闭系统，收拾好仪表，做好现场清洁工作。

表 2-9　螺杆式制冷压缩机运转记录表

机号：
机型：　　　　　　环境温度：　　　　　　责任者：　　　　　　年　　月　　日

测定项目	单位	测定时间					
排气压力	MPa						
中间压力	MPa						
吸气压力	MPa						
供油压力	MPa						
压缩机负荷	%						
排气温度	℃						
中间温度	℃						
吸气温度	℃						
供油温度	℃						
盐水进口温度	℃						
盐水出口温度	℃						
冷却水进口温度	℃						
冷却水出口温度	℃						
电动机电流	A						
盐水流量	m^3/h						
盐水泵压力	kgf/cm^2						
大气温度	℃						

单元五　活塞式制冷压缩机的选型

一、学习目标

- **终极目标：** 能够对活塞式制冷压缩机进行选型计算和校核计算。
- **促成目标：**

1）掌握活塞式制冷压缩机输气系数的影响因素及计算。
2）掌握活塞式制冷压缩机输气量、制冷量、功率和效率的计算。
3）掌握活塞式制冷压缩机配用电动机的选择。
4）了解活塞式制冷压缩机选型计算的一般步骤和原则。

二、相关知识

实际工作中不仅要掌握活塞式制冷压缩机的结构，还要求能够解决制冷量和消耗功率的问题，以及在此基础上对压缩机进行设计选型。制冷压缩机是制冷系统的动力和心脏，在制冷装置设计中压缩机的选择是否合理，对于制冷装置的建设费用、运行的经济性以及运行调节的灵活性都有较大的影响。

5.1　活塞式制冷压缩机的工作过程

压缩机的工作过程一般由它的工作循环来说明。所谓工作循环，是指活塞在气缸内往复运动一次（相当于曲轴旋转一周），缸内气体经过一系列状态变化重归原始状态所经过的全部过程。为了方便了解压缩机的实际工作过程，先讨论压缩机在理想工作条件下的工作过程（即理想工作过程）。这是因为理想工作过程假设无任何容积损失和能量损失，为最佳工作过程。它可以作为衡量压缩机实际工作过程优劣的比较标准，并可以通过比较来反映实际工作过程与理想工作过程之间的差别，来对压缩机的原始设计进行改进。

5.1.1　活塞式制冷压缩机的理想工作过程

1. 理想工作过程的假定条件

压缩机的理想工作过程是指假设无任何容积损失和能量损失的最佳工作过程，应满足以下五个假设条件：

1）压缩机没有余隙容积，即压缩机的理论输气量与气缸容积相等，即曲轴旋转一周吸入的气体容积等于气缸的工作容积。

2）吸气与排气过程中没有压力损失。

3）吸气与排气过程中无热量传递，即气体与机件间不发生任何热交换，压缩过程为绝热压缩。

4）无漏气损失，机体内高、低压气体之间不发生窜漏。

5）无摩擦损失，即运动机件在工作中没有摩擦，因而不消耗摩擦功。

2. 理想工作过程的组成

压缩机的工作过程是绘制在 $p-V$ 图上的，此图与热工中的 $p-v$（压力与比体积）图相似但又不完全相同，纵坐标都是压力，横坐标是体积，而非热工中的比体积。理想工作过程在 $p-V$ 图上是由三个过程组成的，如图 2-21 所示。

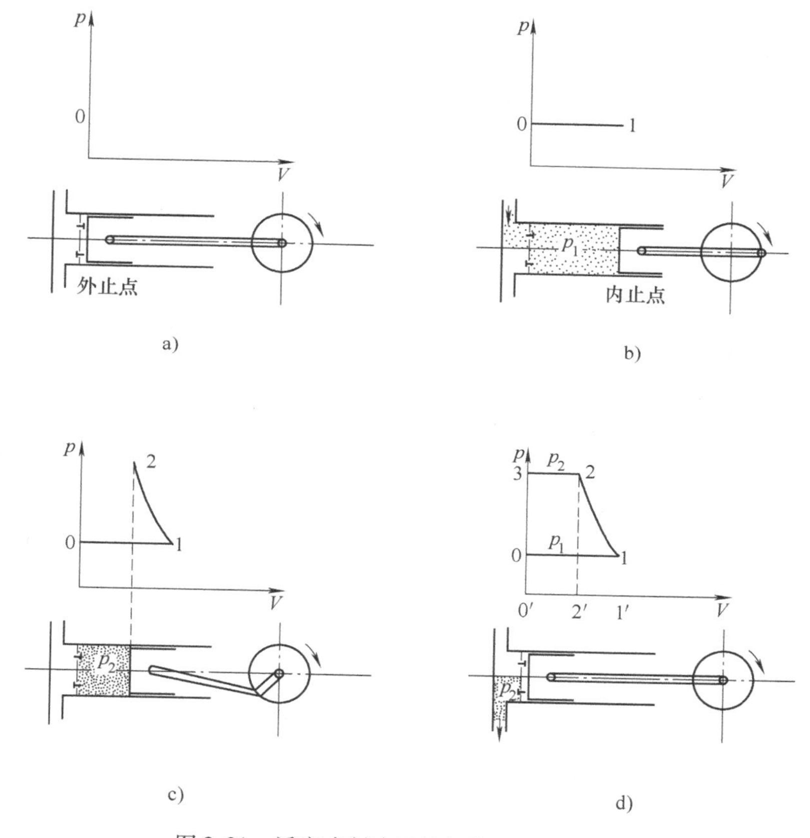

图 2-21　活塞式制冷压缩机的理想工作过程

（1）吸气过程　当活塞从最左点 0（外止点）位置向右移动时，吸气管中压力为 1 的气体（制冷剂蒸气）进入气缸，直到活塞行程的最右点 1（内止点）为止，这就是吸气过程。如图 2-21a、b 所示。当活塞处于外止点 0 时，缸内气体容积为零。由于是理想工作过程，吸气过程缸内气体压力不变。吸气过程如图 2-21b 中的水平线 0—1 所示。

（2）压缩过程　当吸气结束后，吸气阀关闭，活塞从点 1（内止点）向左回行，缸内容积逐渐缩小，被吸入气缸内的气体受到压缩，其压力逐渐升高，直至点 2，此时压力上升至 p_2，这就是压缩过程。因为在理想条件下气体与机件之间不发生热交换，所以此过程为绝热压缩。压缩过程如图 2-21c 中曲线 1—2 所示。

（3）排气过程　当缸内气体压力升高到 p_2、容积减少到 V_2 时，气缸内的压力大于顶开排气阀的压力，于是气体顶开排气阀进入排气管道。活塞继续向左移行，缸内气体容积不断减少，但压力不再升高。直至点3，缸内气体全部排尽，排气阀关闭，这就是排气过程。排气过程如图2-21d中的水平线2—3所示。

在压缩机的理想工作过程中，排气过程的结束与进气过程的开始是同步进行的（即排气阀的关闭与进气阀的开启是在活塞达到外止点的瞬间同时动作的）。由于不考虑余隙容积，且吸气和排气过程都没有压力损失，所以在此瞬间不但气缸容积为0，而且也可认定排气时缸内压力等于排气管内的压力p_2，吸气时气缸内压力等于吸气管内的压力p_1。

这样，在$p-V$图上就形成由0—1—2—3—0组成的一个封闭的循环，称为压缩机的理想工作循环，如图2-21d所示。

应当指出，在上述的一个理想工作循环中，只有压缩过程属于“热力过程”。吸气过程和排气过程中，由于气体的状态（压力、比热容及温度等）都没有变化，只是气缸中的气体量在发生变化，因此都属于一般的气体流动过程，而不属于“热力过程”。所以，在分析压缩机的工作循环时，不能采用$p-v$（压力与比体积图），而要采用$p-V$图（压力与容积图）来说明。

3. 理论输气量

理论容积输气量指制冷压缩机在理论循环下，单位时间内从低压端输送到高压端的气体换算到吸气状态下的容积，简称为压缩机的理论输气量，用V_h表示，单位为m^3/h。

由单元三可知，一个气缸在一个循环下的理论输气量为气缸工作容积V_p，即

$$V_p=\frac{\pi}{4}D^2S$$

式中　D——活塞直径（m）；

　　　S——活塞行程（m）。

假定压缩机有Z个气缸，转速为n（r/min），则压缩机的理论排气量V_h（理想工作过程的排气量）为

$$V_h=60V_pnZ=\frac{\pi}{4}D^2SnZ\cdot 60 \tag{2-8}$$

式中　V_h——理论输气量（m^3/h）；

　　　n——压缩机转速（r/min）；

　　　Z——气缸数（个）。

通常，用理论输气量V_h来表示一台压缩机容量的大小。

4. 理论耗功

在理想工作过程中，压缩机活塞对气体所做的功称为理论循环耗功。规定活塞对气体所做的功为正值，气体对活塞所做的功为负值。

理论耗功的确定方法有三种：定义式法、$p-V$图法和焓值计算法。

1）定义式法：

$$W=\int_1^2 V\mathrm{d}p \tag{2-9}$$

2）$p-V$图法：因$p-V$图又称为示功图，其过程线所围成的面积反映了循环的耗功。所以，压缩机一个气缸完成一个理论循环所消耗的理论功可用图2-21d中的面积0—1—2—

3—0 来表示。

3）焓值计算法：在蒸气压缩式制冷循环中，制冷剂蒸气在压缩机内的工作过程比较接近于绝热过程。因此，可用压缩机的绝热理论耗功判断制冷压缩机的热力性能。由热工理论可知，压缩机绝热压缩 1kg 的制冷剂蒸气所消耗的功，即单位绝热理论功 W 为

$$W = h_2 - h_1 \tag{2-10}$$

式中　h_2——排气状态时气体的焓值（kJ/kg）；

h_1——吸气状态时气体的焓值（kJ/kg）。

要注意的是，符合上述理想工作过程条件的压缩机是无法实现的，但它可使分析研究更方便。由以上条件可以看出：理想工作过程不存在任何容积和能量损失，因而对于给定的压缩机来说，其输气量最大，耗功量最小。

5.1.2　活塞式制冷压缩机的实际工作过程

上述的理想工作过程是在符合理想工作条件下进行分析研究的。然而，这些理想工作条件在实际工作过程中是无法实现的。在压缩机的实际压缩循环中，常常存在余隙容积，吸、排气阀的压力损失，热传递及各种因素造成的泄漏，这就使压缩机的实际工作过程要比理论工作过程更复杂。

1. 实际工作过程的 $p-V$ 图

压缩机的实际工作过程与理论工作过程存在着一定的差异，这就使压缩机的实际压缩循环曲线也发生了很大的变化，可用 $p-V$ 图来进行分析，它对分析压缩机的各种工作性能是否达到设计要求具有十分重要的意义。由于 $p-V$ 图表达了理论循环耗功 W 的大小，因此也称之为示功图，它是反映压缩机在一个工作循环中，活塞在每一个位置时气缸内压力变化的曲线。

图 2-22 所示为用示功器测量和记录下来的某压缩机每往复运动一次，气体在气缸内的压力和容积实际变化的情况（称为压缩机的实际示功图）将其与图 2-21d 的压缩机理论示功图相比较就不难发现：其图形不像理论工作过程的那么规则，这是由于实际工作条件变化引起的。

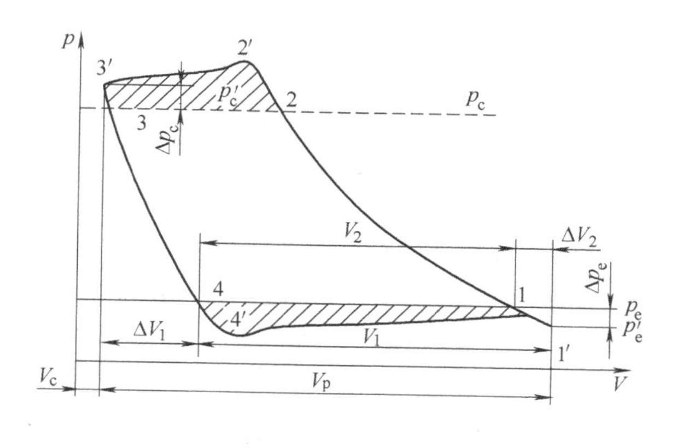

图 2-22　活塞式制冷压缩机的实际工作过程

2. 实际工作过程的组成

由于实际压缩机中存在着余隙容积，当活塞运动到上止点时，余隙容积内的高压气体留存于气缸内，活塞由上止点开始向下运动时，吸气阀在压差作用下不能立即开启，首先存在一个余隙容积内高压气体的膨胀过程，当气缸内气体压力降到低于蒸发压力时，吸气阀才自动开启，开始吸气过程。由此可知，压缩机的实际工作过程是由膨胀、吸气、压缩和排气四个工作过程组成的。图 2-22 中的 4′—1′表示吸气过程，1′—2′表示压缩过程，2′—3′表示排气过程，3′—4′表示膨胀过程。所做的功可用这四条过程线所围成的面积来表示。

（1）吸气过程　由于要克服吸气阀弹簧等阻力，故只有当气缸内的压力低于吸气管道处的压力，吸气过程才能开始。吸气过程实际上如图 2-22 中的波浪线 4′—1′所示，吸气容积为（$V_1 = V_2 + \Delta V_2$）。

（2）压缩过程（n 为多变压缩指数，$n \neq$ 常数）当活塞从内止点向左移动，此时吸气阀关，气缸内气体开始压缩，压力逐渐升高，直至点 2′，此即压缩过程。因制冷剂与气缸壁发生热交换，故此过程为多变压缩过程，压缩过程由理论过程 1—2 变为 1′—2′。

（3）排气过程　由于要克服排气阀弹簧作用等阻力，故只有当蒸气被压缩至在气缸内的压力大于排气管道处的压力时，排气过程才开始进行。在排气过程中，蒸气的压力也是不断波动的，这也可从示功图中清楚地看出。排气过程如图 2-22 上曲线 2′—3′所示。

（4）膨胀过程　当排气终了时，残存在余隙容积内的高压气体使缸内出现了气体的膨胀过程。同样，膨胀过程中的多变膨胀指数 $m \neq$ 常数。膨胀过程如图 2-22 曲线 3′—4′所示，ΔV_1 为余隙容积膨胀后占据气缸的容积。

3. 实际工作过程与理想工作过程的差别

通过以上分析，将压缩机的实际工作过程与理想工作过程进行比较，就可发现它们在以下几个方面存在差别：

1）由于存在余隙容积，压缩机排气结束后，气缸中有部分高压气体残余在余隙容积内，当活塞下行时，这部分残余的高压气体随之膨胀，占据了一部分气缸的工作容积，使压缩机的吸气量减少，同时还多了一个膨胀过程。

2）存在吸、排气阻力损失，它包括要克服气阀弹簧力，阀片重力及气体的流动阻力，使吸气时气缸内的气体压力要低于吸气腔（吸气管）内的压力，并使进入气缸内的气体比体积增大，导致压缩机的吸气量减少。另一方面，排气时，气缸内的气体压力要大于排气腔（排气管）内的压力，这样，就使排气结束后，余隙容积中的气体压力升高，膨胀后气体所占据的工作容积增大，也导致压缩机的输气量减少。同时，压缩过程加长，耗功增大。

3）由于气体与气缸壁和活塞等机件之间存在热交换，进气吸热膨胀，比体积增大，使压缩机的输气量减少。而且压缩时不是绝热过程，有热量的损失，也使耗功量增大。

4）由于密封部件密封不严，机体内高、低压气体之间存在泄漏，使压缩机输气量减少，又使耗功量增大。

5）由于内部运动部件之间存在摩擦，使耗功增大。

总之，与理想工作过程相比，压缩机实际工作过程的输气量减少、耗功量增大、能量损失增大。

5.2　活塞式制冷压缩机的输气系数及其影响因素

5.2.1　输气系数

由于余隙容积、吸气和排气压力损失、气体与气缸壁之间的热量交换以及泄漏等因素的影响，压缩机的实际输气量总是小于它的理论输气量。制冷压缩机的实际输气量即制冷压缩机在实际循环下，单位时间内从低压端输送到高压端的制冷剂气体折算到吸气状态下的容积，用 V_s 表示，单位为 m^3/h。

压缩机的实际输气量 V_s 和理论输气量 V_h 的比值称为输气系数 λ，即

$$\lambda = V_s / V_h \tag{2-11}$$

输气系数是表示压缩机气缸工作容积利用率的参数，亦称为容积效率。输气系数综合了影响压缩机实际排气量的各种因素（如余隙容积，吸、排气压力损失，制冷剂与气缸壁的热交换及气体泄漏等），是评价压缩机性能的一个重要指标，输气系数越小，表示压缩机的实际排气量与理论排气量相差越大。显然，压缩机的输气系数 λ 值总是小于 1 的。

5.2.2　余隙容积的影响及容积系数

由前述可知，活塞式制冷压缩机的实际工作过程中存在余隙容积，且排气过程结束时，此余隙容积内的气体为高压气体，使得压缩机的工作过程中出现了膨胀过程，占据了一定的气缸工作容积，使部分活塞行程失去了吸气作用，导致压缩机吸气量的减少，即压缩机的实际输气量的减少，如图 2-22 所示。

容积系数表征由于余隙容积的存在对压缩机输气量的影响程度，其具体过程分析见图 2-22。把实际工作过程中余隙膨胀占据的容积 ΔV_1 除外，气缸所剩的工作容积 V_1 与理论吸气容积 V_p 的比值称为容积系数，用 λ_V 表示，即

$$\lambda_V = \frac{V_1}{V_p} = \frac{V_p - \Delta V_1}{V_p} = 1 - \frac{\Delta V_1}{V_p} \tag{2-12}$$

显然，容积系数 λ_V 反映了由于余隙容积的存在，使气缸工作容积利用率降低的程度。

式（2-12）为容积系数的定义式，不便于具体确定数值及影响因素的分析，故由理论分析和推导可知，容积系数 λ_v 可由下式进行计算

$$\lambda_V = 1 - C\left[\left(\frac{p_2 + \Delta p_2}{p_1}\right)^{\frac{1}{m}} - 1\right] \tag{2-13}$$

式中　C——相对余隙容积，为余隙容积与气缸工作容积 V_p 比值。

m——多变膨胀指数；

p_2——排气压力（Pa）；

Δp_2——排气压力损失（Pa）；

p_1——吸气压力（Pa）。

通常情况下，对于氨机：$\Delta p_2 = (0.05 \sim 0.07)\ p_2$，对于氟机：$\Delta p_2 = (0.1 \sim 0.15)\ p_2$。可见 Δp_2 对 λ_V 的影响较小，可以略去不计，则式（2-13）可以简化为

$$\lambda_V = 1 - C\left[\left(\frac{p_2}{p_1}\right)^{\frac{1}{m}} - 1\right] \tag{2-14}$$

由式（2-14）可知，影响容积系数的因素有：

（1）相对余隙容积 C　C 值是影响 λ_V 的重要因素，当 C 值增大时，余隙容积增大，余隙膨胀后占据气缸的容积增大，气缸能用来吸气的容积减少，λ_V 就减少。因此，在设计压缩机时，在保证机器正常工作的情况下，应尽可能减少相对余隙容积的数值。

压缩机的相对余隙容积 C 一般为：大型卧式压缩机 $C=1.5\%\sim3\%$，小型卧式压缩机 $C=5\%\sim8\%$，立式顺流式压缩机 $C=3\%\sim6\%$。我国国产新系列压缩机的 C 值为4%左右。

（2）压力比$\frac{p_2}{p_1}$　比值越大，则 λ_V 越小，甚至当 C 和 m 保持一定值时，压力比大到一定程度后，压缩机的输气量会接近于0。通常，压力比用 ε 表示，从图2-23可见，当达到2″时，输气量即为0。故压缩机的压力比不可过大。

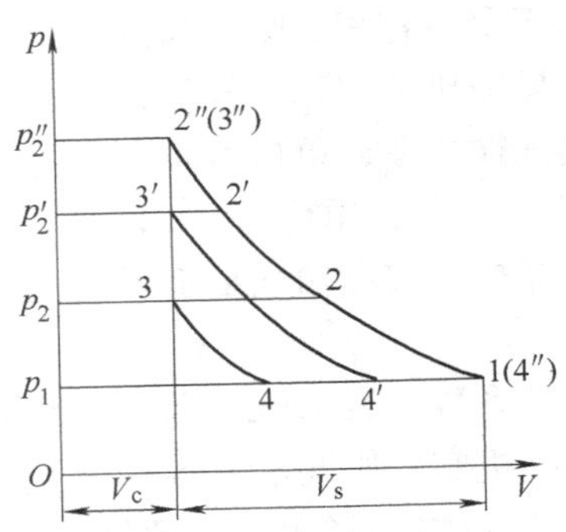

图2-23　压力比$\frac{p_2}{p_1}$对容积系数 λ_V 的影响

（3）多变膨胀指数 m　多变膨胀指数是一个变值，它随制冷剂的种类以及膨胀过程中气体与接触壁面的热交换情况而变化。计算时为简化起见，常将 m 值看成常数。m 值越大，λ_V 值也越大。对于氨压缩机，$m=1.1\sim1.15$；对于氟利昂压缩机，$m=1.0\sim1.05$。

5.2.3 吸、排气压力损失的影响及压力系数

在压缩机的吸气过程中，由于吸气阀开启时要克服气阀弹簧力，以及气体流过气阀时，由于通道截面较小、流动速度较高而产生一定的流动阻力，因此吸气过程中气缸内气体的压力 p_e' 恒低于吸气管中的压力 p_e，如图2-22所示，两者相差 Δp_e。同理，排气过程气缸内气体的压力 p_c' 恒高于排气管中的压力 p_c，两者相差 Δp_c。

压力系数表征由于进气阻力损失的存在对压缩机输气量的影响程度，其具体过程分析见图2-22。把实际工作过程中由于进气阻力损失的容积 ΔV_2 除外，气缸所剩的工作容积 V_2 与原吸气容积 V_1 的比值称为压力系数，用 λ_p 表示，即

$$\lambda_p=\frac{V_2}{V_1}=\frac{V_1-\Delta V_2}{V_1}=1-\frac{\Delta V_2}{V_1} \tag{2-15}$$

同容积系数类似，式（2-15）为压力系数的定义式，不便于具体确定数值及影响因素的分析，故由理论分析和推导可知，压力系数 λ_p 可由下式进行计算

$$\lambda_p=1-\frac{1+C}{\lambda_V}\left(\frac{\Delta p_1}{p_1}\right) \tag{2-16}$$

式中　C——相对余隙容积，为余隙容积与气缸工作容积 V_p 比值；

p_1——吸气压力（Pa）；

Δp_1——吸气压力损失（Pa）。

由式（2-16）可以分析出影响压力系数的因素有：

1）气阀的结构。气阀的通道截面越小，则阻力损失就越大。阀片的质量大，气阀的弹簧力也大，则阻力损失也增大，这样 λ_p 值就降低。设计时要注意：这两个影响因素是相互

制约的，要两方面都兼顾才能收到良好的效果。

2）气流流经阀门时的速度。压力损失是与气流速度的平方成正比的。氟利昂蒸气的密度比氨蒸气大得多，故设计氟利昂压缩机时，要考虑气阀的通道截面大一些，使气流通过阀门时的速度降低，以减少压力损失。

3）蒸气压力 p_1 的影响。当 p_1 降低时，λ_p 值也随着下降，因此对低温下工作的压缩机，应适当降低气阀的弹簧力，以降低 Δp_1。例如，单机双级机中低压级采用较软的气阀弹簧。

4）相对余隙容积 C 的影响。在前面容积系数中已分析，此处不再赘述。

5.2.4　热交换的影响及温度系数

在吸气过程中，吸入气体不断地受到所接触的各种壁面的加热，使吸入气体的温度升高，比体积增大，从而使吸入气体量减少，假设这部分损失的吸气量折算到吸气状态下的容积为 ΔV_3，则实际吸气量由 V_2 下降到 V_3（$V_3 = V_2 - \Delta V_3$），二者比值称为温度系数，用 λ_t 表示，即

$$\lambda_t = \frac{V_3}{V_2} = \frac{V_2 - \Delta V_3}{V_2} = 1 - \frac{\Delta V_3}{V_2} \tag{2-17}$$

吸入气体与壁面的热交换是一个复杂的过程，与制冷剂的种类、压缩比、气缸尺寸、压缩机转速、气缸冷却情况等因素有关。λ_t 的数值通常用经验式计算。

对于开启式压缩机为

$$\lambda_t = \frac{T_0}{T_k} \tag{2-18}$$

式中　T_0——蒸发温度（K）；

T_k——冷凝温度（K）。

对于封闭式制冷压缩机为

$$\lambda_t = \frac{T_1}{aT_k + b\theta} \tag{2-19}$$

式中　T_1——吸气温度（K）；

T_k——冷凝温度（K）；

θ——蒸气在吸入管中的过热度（K），$\theta =$（$T_1 - T_0$）；

a——压缩机的温度随冷凝温度而变化的系数，$a = 1.0 \sim 1.15$，随压缩机尺寸的减小，a 值趋近于 1.15；

b——容积损失与压缩机对周围空气散热的关系，$b = 0.25 \sim 0.8$，制冷量越大、压缩机壳体外空气作自由运动时，b 值取较大值。

温度系数反映吸气过程中气体温度升高对吸气量的影响，其值越接近于 1，说明吸气过程中的损失越小。它是由于吸入气体量减少而产生的损失，故称为不可见损失。它与 λ_v、λ_p 不同，不能在示功图上体现出来。

5.2.5　高低压泄漏的影响及泄漏系数

泄漏系数 λ_l 反映压缩机工作过程中因泄漏而对输气量的影响。在一个工作循环中，设

泄漏所造成的容积损失折算到吸气状态下的容积为 ΔV_4，则实际吸气量由 V_3 下降到 $V_{s'}$（$V_{s'} = V_3 - \Delta V_4$），则泄漏系数 $\lambda_1 = V_{s'}/V_3$。

压缩机泄漏的主要途径是活塞环与气缸壁之间不严密处，吸、排气阀密封面不严密处，或吸、排气阀关闭不及时，使制冷剂气体从高压侧泄漏到低压侧，从而引起输气量的下降。泄漏量的大小与压缩机的制造质量、磨损程度、气阀设计、压差大小等因素有关。由于现代加工技术和产品质量的提高，压缩机的泄漏量是很小的，故 λ_1 值一般都很高，推荐 $\lambda_1 = 0.97 \sim 0.99$。

5.2.6 输气系数的计算

1. 定义式法

由容积系数、压力系数、温度系数和泄漏系数这四个系数的定义式可知，

$$\lambda_v \lambda_p \lambda_t \lambda_1 = \frac{V_1}{V_p} \cdot \frac{V_2}{V_1} \cdot \frac{V_3}{V_2} \cdot \frac{V_{s'}}{V_3} = \frac{V_{s'}}{V_p} = \frac{V_s}{V_h} = \lambda \tag{2-20}$$

即

$$\lambda = \lambda_v \lambda_p \lambda_t \lambda_1 \tag{2-21}$$

由此可见，输气系数数值上等于容积系数、压力系数、温度系数和泄漏系数这四个系数的乘积。

2. 经验式法

对于高速多缸压缩机的输气系数，可由上述四个系数的乘积求出，也可由试验结果整理出来的经验式求出。例如，日本的木村亥之助推荐的经验式（简称木村式）如下：

1）当转速大于720r/min，$c = 3\% \sim 4\%$ 时，

$$\lambda = 0.94 - 0.085\left[(p_k/p_0)^{\frac{1}{n}} - 1\right] \tag{2-22}$$

2）对双级压缩机的高压级：

$$\lambda_h = 0.94 - 0.085\left[(p_k/p_m)^{\frac{1}{n}} - 1\right] \tag{2-23}$$

3）对双级压缩机的低压级：

$$\lambda_l = 0.94 - 0.085\left[\left(\frac{p_m}{p_0 - 0.01}\right)^{\frac{1}{n}} - 1\right] \tag{2-24}$$

式中 p_k——系统的冷凝压力（MPa）。

p_0——系统的蒸发压力（MPa）。

p_m——双级系统的中间压力（MPa）。

n——式变压缩指数。

3. 查图法

压缩机的输气系数可通过分析或计算求得，也可通过压缩机在不同工况下进行试验，根据测得的制冷剂质量流量，按式求得 λ，并将求得的 λ 值做成输气系数特性曲线，供设计或运行时查找。图2-24～图2-26是三种压缩机 λ 随工况变化关系，其中 t_e（t_0）为蒸发温度，t_c（t_k）为冷凝温度。

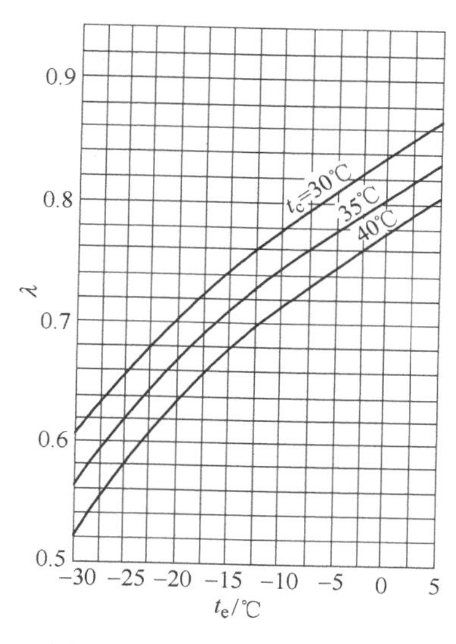

图 2-24　R717 开启式压缩机 λ 值与工况的关系

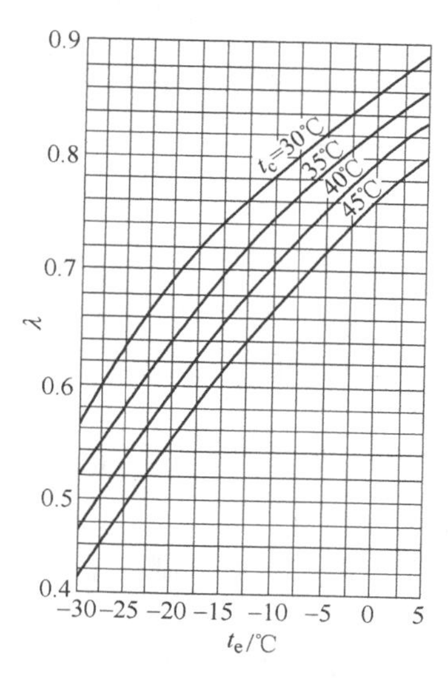

图 2-25　R22 开启式压缩机 λ 值与工况的关系

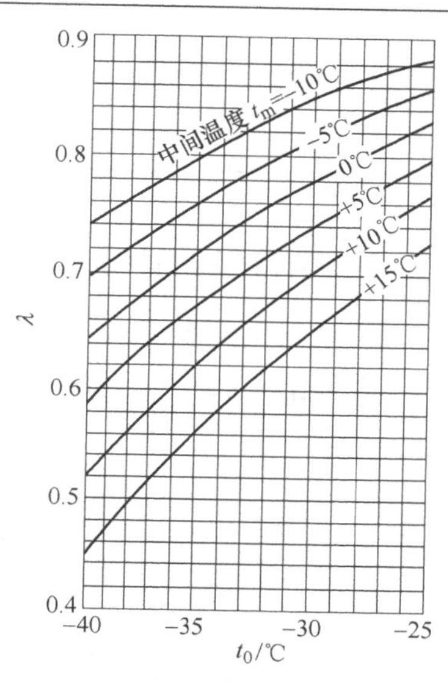

图 2-26　R717 双级压缩机低压机 λ 值与工况的关系

5.3　活塞式制冷压缩机的制冷量

所谓压缩机的制冷量，就是压缩机在一定的运行工况下，在单位时间内抽吸和压缩输送的制冷工质在蒸发制冷过程中从低温热源（即被冷却的物体）中所吸取的热量。

对于一台结构、转速、工质种类均已确定的压缩机，如果运行工况改变，则其质量输气量和单位质量制冷量都会发生变化，从而引起压缩机制冷量的变化。所以在说明压缩机的制冷量时，必须同时说明其运行工况。

5.3.1　制冷压缩机的工况

为了衡量和比较机器性能，需制定出公认的蒸发、冷凝、过冷、过热等的温度条件，称为工况。根据我国的具体情况，规定了“名义工况”“考核工况”“最大轴功率工况”等。衡量制冷量的工况称为名义工况。表 2-10 和表 2-11 列出了 GB/T 10079—2001 规定的有机制冷剂压缩机名义工况和无机制冷剂压缩机名义工况。

表 2-10　有机制冷剂压缩机名义工况　（单位:℃）

类　型	吸入压力饱和温度	排出压力饱和温度	吸入温度	环境温度
高温	7.2	54.4①	18.3	35
	7.2	48.9②	18.3	35
中温	−6.7	48.9	18.3	35
低温	−37.7	40.6	18.3	35

① 高冷凝压力工况。

② 低冷凝压力工况。

表中工况制冷剂液体的过冷度为 0℃。

表 2-11 无机制冷剂压缩机名义工况 (单位:℃)

类 型	吸入压力饱和温度	排出压力饱和温度	吸入温度	制冷剂液体温度	环境温度
中低温	-15	30	-10	25	32

5.3.2 制冷量的计算

1. 根据定义式计算

对于给定工况下压缩机的制冷量 Q_0 可用下式计算:

$$Q_0 = q_m q_0 = q_m (h_1 - h_4) = \frac{\lambda V_h}{3600 v_1} \cdot (h_1 - h_4) \tag{2-25}$$

式中 q_m——压缩机的质量流量 (kg/s);

q_0——制冷工质在给定工况下的单位质量制冷量 (kJ/kg);

h_1——蒸发器出口状态点焓值 (kJ/kg);

h_4——蒸发器入口状态点焓值 (kJ/kg);

λ——输气系数;

V_h——压缩机理论容积输气量 (m^3/h);

v_1——压缩机吸气状态点比体积 (m^3/kg)。

2. 不同工况之间的换算

必须指出，一台压缩机在不同的运行工况下，每小时产生的冷量是不相同的。通常在压缩机铭牌上标出的制冷量，是指该机名义工况下的制冷量。当制冷剂和转速不变时，对于同一台制冷压缩机，不同工况下的制冷量可根据其理论输气量等于定值的条件，按以下方法换算。

若一台压缩机在已知工况 A 和 B 时的制冷量分别为 Q_{0A} 和 Q_{0B}，有

$$Q_{0A} = \frac{\lambda_A V_h}{3600 v_{1A}} (h_{1A} - h_{4A})$$

$$Q_{0B} = \frac{\lambda_B V_h}{3600 v_{1B}} (h_{1B} - h_{4B})$$

联立以上两式，可得不同工况下的制冷量换算式为

$$Q_{0B} = Q_{0A} \cdot \frac{\lambda_B v_{1A}}{\lambda_A v_{1B}} \cdot \frac{h_{1B} - h_{4B}}{h_{1A} - h_{4A}} = Q_{0A} \cdot \frac{\lambda_B}{\lambda_A} \cdot \frac{q_{vB}}{q_{vA}} \tag{2-26}$$

式中 Q_{0A}、Q_{0B}——A、B 工况下的制冷量 (kW);

λ_A、λ_B——A、B 工况下的输气系数;

v_{1A}、v_{1B}——A、B 工况下的吸气状态比体积 (m^3/kg);

q_{vA}、q_{vB}——A、B 工况下的单位容积制冷量 (kJ/m^3)。

在使用式 (2-26) 时，通常情况下 B 工况为实际设计工况或使用工况，而 A 工况为产品铭牌上的名义工况或标准工况。

3. 查制冷压缩机性能曲线

压缩机的制冷量可通过实验测定和计算两种方法求出。其实测按国家标准由国家授权单位进行，通常由制造厂家将实测结果标于产品的性能曲线中，以备用户查阅。

制冷压缩机的性能曲线是说明某种型号压缩机在规定的工作范围内运行时，压缩机的制冷量和功率随工况变化的关系曲线。

压缩机制造厂对其制造的各种类型的压缩机，都要在试验台上针对某种制冷剂和一定的工作转速，测出不同工况下的制冷量和轴功率，并据此画出压缩机的性能曲线，附在产品说明书中，以供使用者工作时参考。

性能曲线（见图2-27）的纵坐标为制冷量或轴功率，横坐标为蒸发温度（t_e），一个冷凝温度（t_c）对应一条曲线。通常，一张性能曲线图上绘有3～4条曲线，对应3～4个冷凝温度。利用这种关系曲线可以很方便地求出制冷压缩机在不同工况下的制冷量和轴功率。

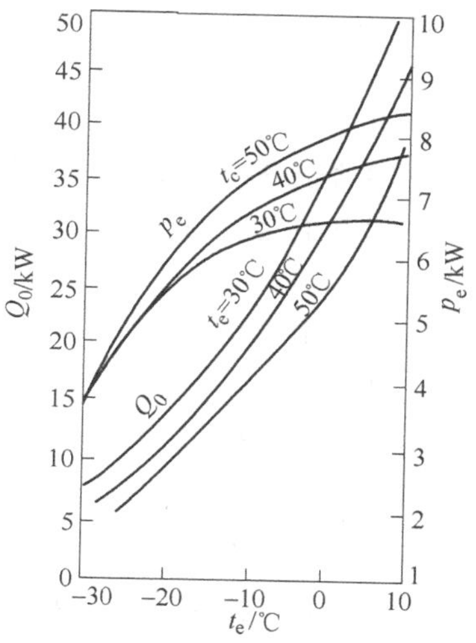

图2-27　47FG（4FV7K）型压缩机的性能曲线

由性能曲线可见：当蒸发温度一定时，随着冷凝温度上升，制冷量减少，而轴功率增大。当冷凝温度一定时，随着蒸发温度下降，制冷量也会减少，且轴功率增大。通过性能曲线，可以较方便地求出制冷压缩机在不同工况下的性能系数COP，它的数值也是随冷凝温度和蒸发温度而变化的。COP值是说明制冷压缩机性能的一个不可缺少的主要经济指标。在相同工况下，COP值越大，说明压缩机性能越好。

应注意到，对于半封闭和全封闭压缩机，性能曲线一般是反映蒸发温度与同轴电动机输入电功率之间的关系，这样能比较直观地反映总耗电量，对用户有较实用的参考价值。

5.4　活塞式制冷压缩机的功率和效率

压缩机实际工作过程与理论工作过程的区别也影响到它的功耗。例如吸、排气时的压力损失、运动机械的摩擦、压缩过程偏离等熵过程等，均使压缩机的功耗增大。下面分析影响压缩机功耗的各种因素，并从中找出提高效率的途径。

5.4.1　制冷压缩机的功率

制冷压缩机的功率是指制冷压缩机单位时间内消耗的功，单位为kW。活塞式制冷压缩机常用到的功率有指示功率、摩擦功率、轴功率和绝热压缩功率等。

1. 等熵压缩功率（绝热压缩功率）

等熵压缩功又称为绝热压缩功，是指压缩机按等熵过程压缩制冷剂所消耗的功，用W_{th}表示。单位时间内所消耗的绝热压缩功称为压缩机的等熵压缩功率或绝热压缩功率，用P_{th}表示，单位为kW。

等熵压缩机功率与前面理论循环中所提到的理论压缩机功率不同。理论压缩功率是对理论输气量的制冷剂气体进行等熵压缩所消耗的功率，而绝热压缩功率是对实际输气量的制冷剂气体进行等熵压缩所消耗的功率。

2. 指示功率

直接用于气缸中压缩制冷工质所消耗的功称为指示功，用 W_i 表示。单位时间内所消耗的指示功称为压缩机的指示功率，用 P_i 表示，单位为 kW。

指示功率与绝热压缩机功率的差别在于，指示功率是制冷压缩机实际用来压缩制冷剂所消耗的功率（按多变过程压缩），而绝热压缩机功率是按等熵压缩所消耗的功率，不需考虑压缩过程中因热量交换而引起的耗散效应。由热工理论可知，等熵压缩的耗功是最少的，故指示功率应大于绝热压缩功率，其差值为非绝热压缩损失，如图 2-28 所示。

3. 摩擦功率

气缸、气阀组与活塞一起组成压缩机的可变工作容积，为实现此容积的密闭性，活塞环与气缸壁紧贴在一起，同时，活塞在气缸内做往复运动，致使活塞和气缸壁之间会产生摩擦，必然会消耗一部分功率，此部分用于克服活塞组、曲柄连杆机构等的摩擦阻力而消耗的功称为摩擦功，用 W_m 表示。单位时间内所消耗的摩擦功称为压缩机的摩擦功率，用 P_m 表示，单位为 kW。

摩擦功率 P_m 主要由往复摩擦功率（活塞、活塞环与气缸壁间的摩擦损失）和旋转摩擦功率（轴承、轴封的摩擦损失及驱动润滑液压泵的功率）组成，前者占 60% ~70%，后者占 30% ~40%。但是，随着压缩机各轴承直径的加大和转速的提高，旋转摩擦功率亦迅速增加，有的甚至超过了往复摩擦功率。

试验证明，摩擦功率与压缩机的结构、润滑油的温度及转速有关，几乎与压缩机的运行工况无关。

4. 轴功率

由原动机传到曲轴上的功率称为轴功率，用 P_e 表示。轴功率一部分直接用于压缩气体，称为指示功率，用 P_i 表示。另一部分用于克服曲柄连杆机构等的摩擦阻力，称为摩擦功率，用 P_m 表示。即

$$P_e = P_i + P_m \tag{2-27}$$

5. 电功率

电动机输出的功率就是压缩机所消耗的电功率，用 P_{out} 表示，单位为 kW。若为封闭式压缩机，因压缩机与电动机共用一根主轴，电功率即为轴功率。

5.4.2　制冷压缩机的效率

制冷压缩机的效率是从耗功的有效程度上评价压缩机工作性能的一个指标。活塞式制冷压缩机常用到的效率有指示效率、机械效率、轴效率和传动效率等。图 2-28 所示为压缩机的功率与效率的关系。

1. 指示效率

由 5.4.1 可知，制冷压缩机的指示功率大于绝热压缩功率，二者之间的非绝热压缩损失的大小用指示效率来评价。指示效率是制冷压缩机的绝热压缩功率与指示功率的比值，用 η_i 表示，即

$$\eta_i = \frac{P_{th}}{P_i} \tag{2-28}$$

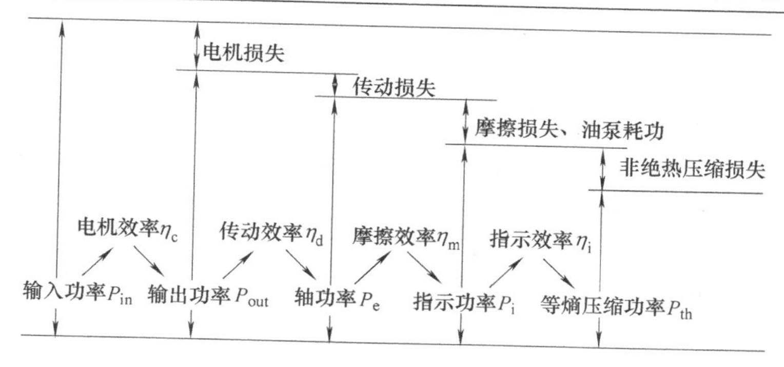

图 2-28　压缩机的功率与效率的关系

指示效率的确定方式有经验式法和查图法两种。开启式压缩机中的 η_i 的经验计算式为

$$\eta_i = \frac{T_0}{T_k} + b\ (T_0 - 273) \tag{2-29}$$

式中　T_0——蒸发温度（K）；

T_k——冷凝温度（K）；

b——系数。对于氨压缩机，$b = 0.001$；对于氟利昂压缩机，$b = 0.0025$。

η_i 的数值范围：小型氟利昂压缩机为 0.65 ~ 0.80；家用全封闭式压缩机为 0.60 ~ 0.85。在压力比较大的工况下数值较低。

压缩机的指示效率也可由图 2-29 查取。

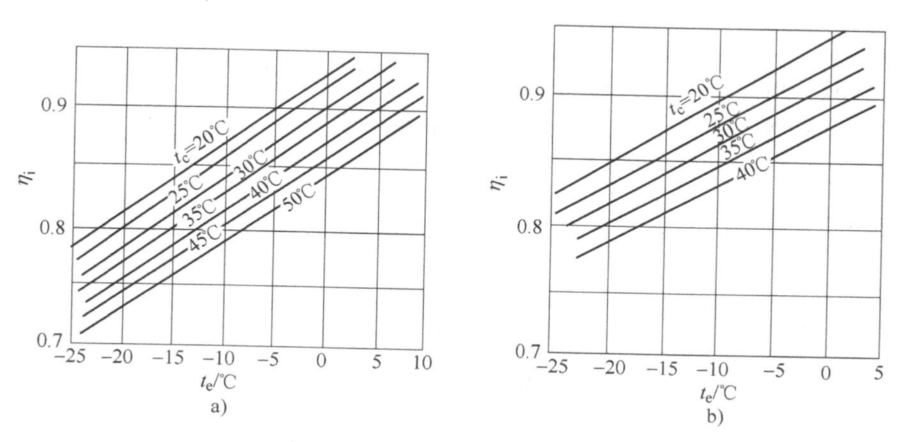

图 2-29　制冷压缩机指示效率

a）氨　b）氟利昂

影响指示功率和指示效率的因素有压缩比，吸、排气过程的压力损失，相对余隙容积，吸气预热程度及制冷剂泄漏情况等。当 ε 较低时，η_i 因较大的吸、排气压力损失而下降。当 ε 较大时，η_i 因吸气预热程度及制冷剂泄漏的增大而趋小。

2. 机械效率

由轴功率定义可知，压缩机的轴功率必然比指示功率大。指示功率与轴功率的比值称为机械效率，用 η_m 表示，即

$$\eta_m=\frac{P_i}{P_e}=\frac{P_i}{P_i+P_m} \tag{2-30}$$

制冷压缩机的机械效率一般为0.75～0.9。当冷凝温度一定时，压缩机的机械效率η_m具有随着压力比ε的增长而下降的趋势。图2-30给出了机械效率η_m与压缩比ε之间的关系曲线。由图2-30可见，η_m随ε的增加而下降。这是因为ε增大，指示功率减少而摩擦功率几乎保持不变，从而导致η_m下降。

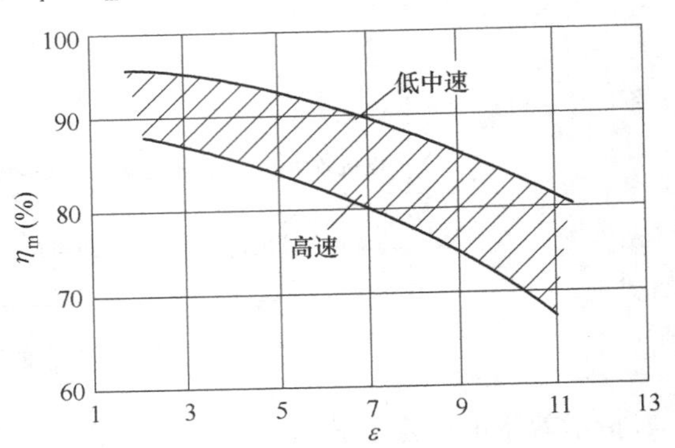

图2-30 机械效率η_m随压缩比ε的变化关系

提高机械效率η_m可以从以下几方面着手：①选用合适的气缸间隙，对主轴承和连杆进行最优化设计，适当减少活塞环数；②选用合适的润滑油，调节其温度，使润滑油在各种工况下维持正常的黏度；③加强曲轴、曲轴箱等零件的刚度，合理提高其加工和装配精度，降低摩擦表面的表面粗糙度等。

3. 轴效率

真正衡量压缩机轴功率有效利用程度的指标为轴效率（又称等熵效率），是绝热压缩理论功率与轴功率的比值，用η_e表示，即

$$\eta_e=\frac{P_{th}}{P_e}=\frac{P_{th}}{P_i}\cdot\frac{P_i}{P_e}=\eta_i\eta_m \tag{2-31}$$

由式（2-31）可见，轴效率η_e等于指示效率η_i和机械效率η_m的乘积，一般为0.6～0.7，它综合反映压缩机在某一工况下运行时的各种损失。

4. 传动效率

传动效率是指直接传递到压缩机主轴上的功率与电动机的有效输出功率之间的比值，用η_d表示，即

$$\eta_d=\frac{P_e}{P_{out}} \tag{2-32}$$

封闭式制冷压缩机与电动机共用一根主轴，故其传动效率为1。开启式压缩机传动效率$\eta_d=0.9\sim0.95$。

5.4.3 制冷压缩机的配用电动机功率

确定制冷压缩机所配用的电动机功率时，除应满足轴功率的要求外，还应考虑到压缩机与电动机之间的连接方式及压缩机的类型。对于开启式压缩机，应考虑传动效率。对于封闭式压缩机，因电动机与压缩机共用一根轴，不必考虑传动效率问题。

制冷压缩机所需要的轴功率是随工况的变化而变化的，选配电动机功率时，应考虑到这一因素。如果压缩机本身带有卸载装置，可以空载起动，则电动机的轴功率可按运行工况下的轴功率，再考虑适当裕量（10%～15%）选配，即

$$P_{mo}=(1.1\sim1.15)\ P_e \tag{2-33}$$

5.5　活塞式制冷压缩机的选型

实例：已知某氨制冷系统，蒸发温度为 -10℃，冷凝温度为 35℃，压缩机制冷量（机械负荷）$Q_j=185\text{kW}$，试对制冷压缩机（活塞式）进行选型计算，并确定配用电动机功率。

5.5.1　活塞式制冷压缩机的选型步骤

活塞式制冷压缩机选型计算的一般步骤是：

1）汇总各蒸发系统的机械负荷 Φ_j。

2）确定工作参数和性能参数。

3）将设计工况下的机械负荷换算成名义工况下的制冷量或计算出所需的理论输气量。

4）根据制冷压缩机厂家提供的技术参数和性能，结合选型原则，确定制冷压缩机的型号、台数。如果没有样本，可参照表 2-12 选取。

表 2-12　氨活塞式制冷压缩机基本参数表

缸径/mm	行程/mm	缸数/个	转速/（r/min）	活塞行程容积/（m^3/h）	标准制冷量/kW	标准轴功率/kW	气缸布置形式
70	55	2	1440	36.6	15.29	4.52	V
		3		54.9	22.91	6.75	W
		4		73.2	30.59	8.88	S
		6		109.8	46.05	13.40	W
		8		146.4	61.17	17.80	S
100	70	2	960	63.4	27.10	8.12	V
		4		126.3	54.19	16.00	V
		6		190.2	81.28	23.80	W
		8		253.6	108.39	31.60	S
125	100	2	960	141.5	61.06	18.30	V
		4		283.0	122.12	36.10	V
		6		424.5	183.75	53.90	W
		8		566.0	244.19	71.20	S
170	140	2	720	275.0	127.93	36.4	V
		4		550.0	255.86	71.9	V
		6		825.0	383.79	107.10	W
		8		1100.0	511.72	142.00	S

5.5.2　活塞式制冷压缩机选型的一般原则

1）压缩机的制冷虽应能满足冷库生产旺季高峰负荷的要求，所选机器制冷量应≥Φ_j。一般不设备用机器。

2）单机容量和台数的确定。一般情况下，Φ_j 较大的冷库，应选用大型压缩机，以免使机器台数过多；否则，相反。压缩机用机总台数不宜少于两台。对于生活服务性小冷库，也可选用一台。

3）为不同的蒸发系统配备的压缩机，应适当考虑机组之间有互相备用的可能性，尽可能采用相同系列的压缩机，便于控制、管理及零配件互换：一个机器间所选压缩机的系列不宜超过两种，如仅有两台机器时应选用同一系列。

4）系列压缩机带有能量调节装置，可以对单机制冷量作较大幅度的调节。但只适用于运行中负荷波动的调节，不宜用作季节性负荷变化的调节。季节性负荷变化的负荷调节宜配置与制冷能力相适应的机器，才能取得较好的节能效果。

5）氨制冷系统压力比 $p_k/p_0>8$ 采用双级压缩。氟利昂制冷系统压力比 $p_k/p_0>10$ 时采用双级压缩。

6）制冷压缩机的工作条件，不得超过制造厂家规定的压缩机使用条件。

5.5.3 实例解答

【解】（1）理论输气量法

1）确定设计工况下的相关参数和 λ 值。

根据蒸发温度 $t_z=-10℃$，冷凝温度 $t_1=35℃$，在氨制冷剂的 $\lg p-h$ 图上绘制循环过程线（忽略过冷和过热），查此压焓图或借助氨的饱和液体及蒸气的热力性质表查取：

$$h_1=1750\text{kJ/kg},\ h_4=662\text{kJ/kg},\ v_1=0.4177\text{m}^3/\text{kg}$$

查得 $\lambda=0.74$。

2）将已知数据代入式（2-26），得

$$V_h=\frac{3600Q_0\cdot v_1}{\lambda\ (h_1-h_4)}=\frac{3600\times185\times0.4177}{0.74\times\ (1750-662)}\text{m}^3/\text{h}=345.5\text{m}^3/\text{h}$$

3）确定压缩机的型号和台数。

由表2-15查出，一台6AW10型制冷压缩机的理论输气量为190.2m³/h，结合选机原则，选两台6AW10型制冷压缩机可满足需要，即

$$V=2\times190.2\text{m}^3/\text{h}=380.4\text{m}^3/\text{h}$$

（2）性能曲线法　在设计工况下，8AS10压缩机制冷量为125kW，折合成6AW10压缩机制冷量为93.75kW，选两台，制冷量为93.75kW×2 = 187.5kW，也满足计算负荷 $\Phi_j=185\text{kW}$ 的需要。

图2-31和图2-32给出了几种型号压缩机的性能曲线，供设计选型时参考。

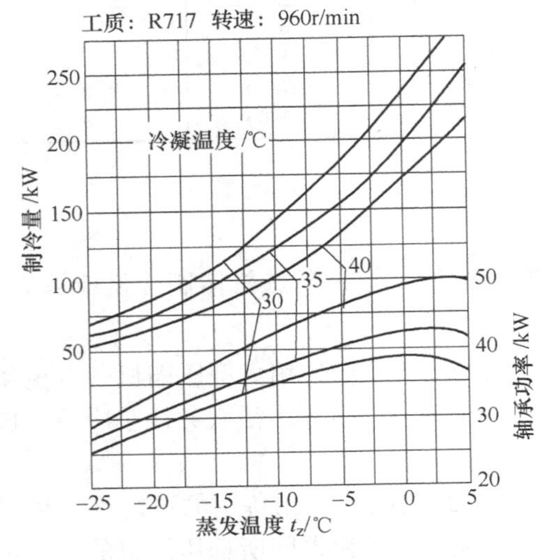

图2-31　8AS10型压缩机性能曲线

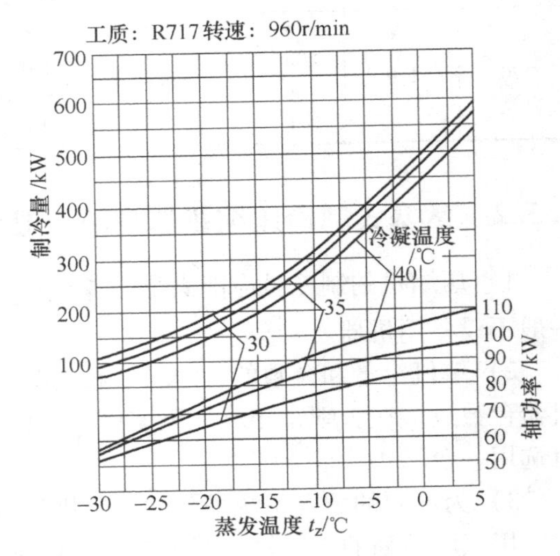

图2-32　8AS12.5型压缩机性能曲线

（3）配用电动机功率　查氨的压焓图有 $h_2=1990\text{kJ/kg}$，查图 2-32 有 $\eta_i=0.83$。查氨的饱和性质表有 $p_0=290.75\text{kPa}$，$p_k=1350.8\text{kPa}$，则

$$\varepsilon=\frac{p_k}{p_0}=\frac{1350.8}{290.75}=4.65$$

查图 2-32 得 $\eta_m=0.85$。

则一台制冷压缩机轴功率为

$$P_e=\frac{\lambda\cdot V_h}{3600v_1}\frac{h_2-h_1}{\eta_i\eta_m\eta_d}=\frac{0.74\times190.2}{3600\times0.4177}\times\frac{1990-1750}{0.83\times0.85\times1}\text{kW}=31.84\text{kW}$$

配用电动机功率 $P_{mo}=(1.1\sim1.15)P_e=35.02\sim36.62\text{kW}$。

思考题与练习题

1. 制冷压缩机的理想工作过程有哪些假定条件？
2. 活塞式制冷压缩机的理论容积输气量和理论耗功的计算式是什么。
3. 活塞式制冷压缩机的实际工作过程与理想工作过程在 $p-V$ 图上有哪些差别？是什么原因造成的？
4. 活塞式制冷压缩机的输气量有哪些影响因素？
5. 如何计算活塞机的制冷量？
6. 活塞式制冷压缩机常用的功率和效率有哪些？他们之间的关系如何？
7. 一台 R717 制冷压缩机 8AS12.5 的低温条件 $t_0=-23℃$，$t_{吸}=-15℃$，$t_k=35℃$，$t_{过冷}=30℃$。试计算此制冷压缩机在低温条件下的制冷量和功率，及配用电动机功率（过热视为有效过热）。
8. 已知某氨制冷系统，蒸发温度为 $-10℃$，冷凝温度为 35℃，机械负荷 $\Phi_j=240\text{kW}$，试对制冷压缩机进行选型计算。

单元六　螺杆式制冷压缩机的选型

一、学习目标

- **终极目标**：能够对螺杆式制冷压缩机进行选型计算和校核计算。
- **促成目标**：

1）掌握螺杆式制冷压缩机输气系数的影响因素及计算。
2）掌握螺杆式制冷压缩机输气量、制冷量、功率和效率的计算。
3）掌握螺杆式制冷压缩机配用电动机的选择。
4）了解螺杆式制冷压缩机选型计算的一般步骤和原则。

二、相关知识

螺杆式制冷压缩机是大中型制冷系统中常用到的一种制冷压缩机，因此实际工作中需要具备螺杆式制冷压缩机的选型能力。

6.1　螺杆式制冷压缩机的输气量

螺杆式压缩机输气量的概念与活塞式制冷压缩机相同，也是指制冷压缩机在单位时间内从低压端输送到高压端的制冷剂气体折算到吸气状态下的容积。

6.1.1　螺杆式制冷压缩机的理论输气量

螺杆式制冷压缩机的理论输气量为单位时间内阴、阳转子转过的齿间容积之和，即

$$V_{th} = 60(m_1n_1V_1 + m_2n_2V_2) \tag{2-34}$$

式中　V_{th}——理论输气量（m^3/h）；

V_1、V_2——阳转子与阴转子的齿间容积（一个齿槽的容积，单位为 m^3）；

m_1、m_2——阳转子与阴转子的齿数；

n_1、n_2——阳转子与阴转子的转速（r/min）；

压缩机两转子的啮合旋转相当于齿轮的啮合传动，因此

$$m_1n_1 = m_2n_2$$

又

$$V_1 = A_{01}L \qquad V_2 = A_{02}L$$

则压缩机理论输气量可写成

$$V_{th} = 60m_1n_1L(A_{01} + A_{02}) \tag{2-35}$$

式中　L——转子的螺旋部分长度（m）；

A_{01}、A_{02}——阳转子与阴转子的端面齿间面积（端平面上的齿槽面积，单位为 m^2）。

令

$$C_n = \frac{z_1(A_{01} + A_{02})}{D_1^2} \tag{2-36}$$

则压缩机理论输气量可写成

$$V_{th} = 60C_n n_1 L D_1^2 \tag{2-37}$$

式中　D_1——转子的公称直径（m）；

C_n——面积利用系数，是由转子齿形和齿数所决定的常数。

直径和长度尺寸相同的两对转子，面积利用系数大的一对转子输气量大；反之，输气量小。相同输气量的螺杆压缩机，面积利用系数大的转子，机器外形尺寸和质量可以小些。但转子的面积利用系数大，往往会使转子齿厚，特别是阴转子的齿厚减薄会降低转子的刚度，引起加工精度降低，运转时由于气体压力产生的变形增加，也增加了泄漏。因此，在设计制造转子时，选取面积利用系数必须全面考虑。几种齿形的面积利用系数见表 2-13。表 2-14 为单边非对称齿形在不同参数下计算出的各种理论输气量。

表 2-13　几种齿形的面积利用系数

齿形名称	SRM 对称齿形	SRM 不对称齿形	单边不对称齿形	X 齿形	Sigma 齿形	CF 齿形
阴阳转子齿数比 $z_2:z_1$	6:4	6:4	6:4	6:4	6:5	6:5
面积利用系数 C_n	0.472	0.52	0.521	0.56	0.417	0.595

表 2-14　单边非对称齿形在不同参数下的理论输气量

公称直径 D_0/mm	阳转子转速		理论容积输气量/（m^3/mm）	
	mm/s	r/mm	$\lambda=1.0$	$\lambda=1.5$
63	14.64	44440	0.5616	0.8425
	20	6063	0.7669	1.150
	25	7570	0.9587	1.438
80	18.6 25	4440 5968	1.150 1.546	1.725 2.319
100	15.5 23.25	2960 4440	1.497 2.245	2.246 3.369
125	19.37 29.06	2960 4440	2.925 4.387	4.387 6.581
160	24.8 37.2	2960 4440	6.134 9.20	9.2 13.8
200	23.09 31.0	2205 2960	8.924 11.98	13.39 17.97
250	19.24 38.75	1470 2960	11.62 23.61	17.43 35.10
315	24.25	1470	23.24	34.87

6.1.2　螺杆式制冷压缩机的有效理论输气量

当转子的扭转角大到某一数值时，啮合两转子的某基元容积对在吸气端与吸气孔口隔断时，其齿在排气端并未完全脱离，致使转子的齿间容积不能完全充气。考虑这一因素对压缩机输气量的影响，使螺杆式压缩机的理论输气量有所减少，引入一个新的名称，称为有效理论输气量 V_h。其表达式为

$$V_h = C_\varphi \cdot V_{th} = 60 C_n C_\varphi n_1 L D_1^2 \tag{2-38}$$

式中　C_φ——扭角系数（转子扭转角对吸气容积的影响程度）。

6.1.3　螺杆式制冷压缩机的实际输气量

由于泄漏、气体受热等，螺杆式制冷压缩机的实际输气量低于它的有效理论输气量。当考虑到压缩机输气系数 λ 时，其实际排气量 V_s 为

$$V_s = \lambda \cdot V_h = 60 \lambda C_n C_\varphi n_1 L D_1^2 \tag{2-39}$$

6.2　螺杆式制冷压缩机输气系数的影响因素

螺杆式制冷压缩机的输气系数 λ 也称为容积效率，其值一般为 0.75 ~ 0.9。小输气量，高压力比的压缩机取小值，大输气量、低压力比则取大值。

影响螺杆式制冷压缩机输气系数的因素与活塞式制冷压缩机有不同程度的相似，主要差别是螺杆式压缩机没有余隙容积，所以几乎不存在再膨胀的容积损失，输气系数随压力比增大并无很大的下降，这对制冷用尤其是热泵用压缩机是十分有利的。采用不对称齿形和喷油措施均有利于提高输气系数。

影响螺杆式制冷压缩机输气系数主要的因素有如下几个方面。

6.2.1　泄漏损失

由于压缩机的结构特点及制造工艺等原因，螺杆之间及螺杆与机壳之间总是存在着间隙，从而使基元容积内的气体在压缩和排气过程中会发生泄漏，即较高压力基元容积内气体向较低压力基元容积或吸气压力区泄漏。

螺杆式制冷压缩机的泄漏途径如图 2-33 所示，有气体沿转子外圆与机体内壁间的 A 方向泄漏，气体沿转子端面与端盖间的 B 方向泄漏，气体沿转子接触线的 C 方向泄漏。

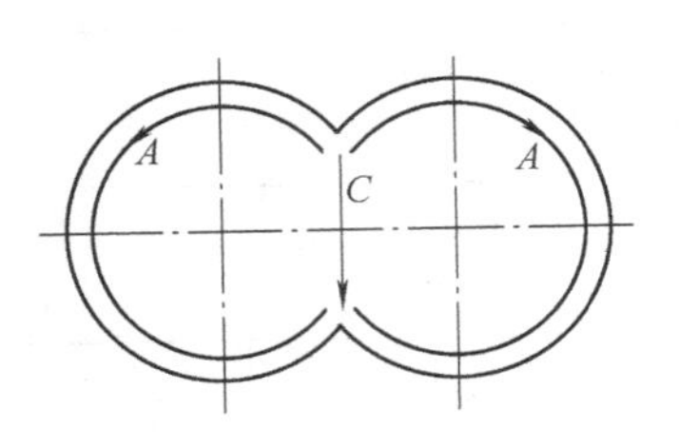

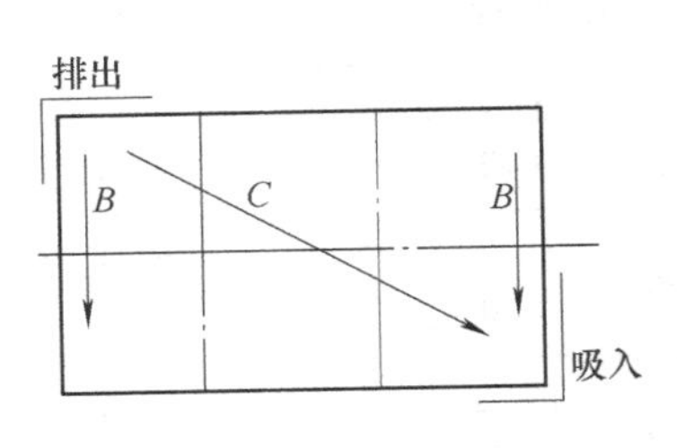

图 2-33　气体泄漏方向

气体通过间隙的泄漏可分为外泄漏和内泄漏两种。外泄漏是指压力升高的气体通过间隙向吸气管道及正在吸气的齿间容积的泄漏。内泄漏是指具有较高压力的气体通过间隙向压力较低的工作容积的泄漏，如排气管中的气体向正在压缩的工作容积泄漏。外泄漏影响压缩机的容积效率，内泄漏仅影响压缩机耗功。

6.2.2　吸气压力损失

气体通过压缩机吸气管道和吸气孔口时，产生气体流动损失，吸气压力降低，比体积增大，相应地减少了压缩机的吸气量，降低了压缩机的输气系数。

6.2.3　预热损失

转子与机壳因受到压缩气体的加热而温度升高。在吸气过程中，气体受到吸气管道、转子和机壳的加热而膨胀，相应地减少了气体的吸入量，降低了压缩机的输气系数。

上述几种损失的大小，与压缩机的尺寸、结构、转速、制冷工质的种类、气缸喷油量和油温，机体加工制造的精度、磨损程度及运行工况等因素有关。因此，在输气量大（全负荷时）、转速较高、转子外圆圆周速度适宜、压力比小、喷油量适宜、油温低的情况下压缩机的输气系数较高。

螺杆式制冷压缩机的输气系数通常为0.70～0.92。一般由制造厂家提供，无样本时可取0.83。

6.3　螺杆式制冷压缩机的制冷量

螺杆式压缩机的制冷量，与活塞式制冷压缩机相同，也是压缩机在一定的运行工况下，在单位时间内抽吸和压缩输送的制冷工质在蒸发制冷过程中从低温热源（即被冷却的物体）中所吸取的热量。

在说明压缩机的制冷量时，必须同时说明其运行工况。

6.3.1　螺杆式制冷压缩机的名义工况

表2-15列出GB/T 19410—2008《螺杆式制冷压缩机》中规定的螺杆式制冷剂压缩机及机组的名义工况。

表2-15　螺杆式制冷压缩机及机组名义工况

（单位：℃）

<table>
<tr><th>类　型</th><th>吸气饱和（蒸发）温度</th><th>排气饱和（冷凝）温度</th><th>吸气温度②</th><th>吸气过热度②</th><th>过冷度</th></tr>
<tr><td>高温（高冷凝压力）</td><td rowspan="2">5</td><td>50</td><td rowspan="2">20</td><td rowspan="2">—</td><td rowspan="5">0</td></tr>
<tr><td>高温（低冷凝压力）</td><td>40</td></tr>
<tr><td>中温（高冷凝压力）</td><td rowspan="2">-10</td><td>45</td><td rowspan="3">—</td><td rowspan="3">10或5①</td></tr>
<tr><td>中温（低冷凝压力）</td><td rowspan="2">40</td></tr>
<tr><td>低温</td><td>-35</td></tr>
</table>

① 用于R717。

② 吸气温度适用于高温名义工况，吸气过热度适用于中温、低温名义工况。

6.3.2 螺杆式制冷压缩机的制冷量计算

1. 根据定义式计算

对于给定工况下压缩机的制冷量 Q_0 可用下式计算：

$$Q_0 = q_m q_0 = q_m(h_1 - h_4) = \frac{\lambda V_h}{3600 v_1}(h_1 - h_4) \tag{2-40}$$

式中 q_m——压缩机的质量流量（kg/s）；

q_0——制冷工质在给定工况下的单位质量制冷量（kJ/kg）；

h_1——蒸发器出口状态点焓值（kJ/kg）；

h_4——蒸发器入口状态点焓值（kJ/kg）；

λ——输气系数；

V_h——压缩机理论容积输气量（m^3/h）；

v_1——压缩机吸气状态点比体积（m^3/kg）。

2. 不同工况之间的换算

必须指出，一台压缩机在不同的运行工况下，每小时产生的冷量是不相同的。通常在压缩机铭牌上标出的制冷量，是指该机名义工况下的制冷量。当制冷剂和转速不变时，对于同一台制冷压缩机，不同工况下的制冷量可根据其理论输气量等于定值的条件，按以下方法换算。

若一台压缩机在已知工况 A 和 B 时的制冷量分别为 Q_{0A}和 Q_{0B}，有

$$Q_{0B} = \frac{\lambda_B V_h}{3600 v_{1B}}(h_{1B} - h_{4B})$$

$$Q_{0A} = \frac{\lambda_A V_h}{3600 v_{1A}}(h_{1A} - h_{4A})$$

联立以上两式，可得不同工况下的制冷量换算式为

$$Q_{0B} = Q_{0A} \cdot \frac{\lambda_B v_{1A}}{\lambda_A v_{1B}} \cdot \frac{h_{1B} - h_{4B}}{h_{1A} - h_{4A}} = Q_{0A} \cdot \frac{\lambda_B}{\lambda_A} \cdot \frac{q_{vB}}{q_{vA}} \tag{2-41}$$

式中 Q_{0A}、Q_{0B}——A、B 工况下的制冷量（kW）；

λ_A、λ_B——A、B 工况下的输气系数；

v_{1A}、v_{1B}——A、B 工况下的吸气状态比体积（m^3/kg）；

q_{vA}、q_{vB}——A、B 工况下的单位容积制冷量（kJ/m^3）。

在使用式（2-41）时，通常情况下 B 工况为实际设计工况或使用工况，而 A 工况为产品铭牌上的名义工况或标准工况。

3. 查螺杆式制冷压缩机的性能曲线

螺杆式制冷压缩机的性能曲线如图 2-34所示。

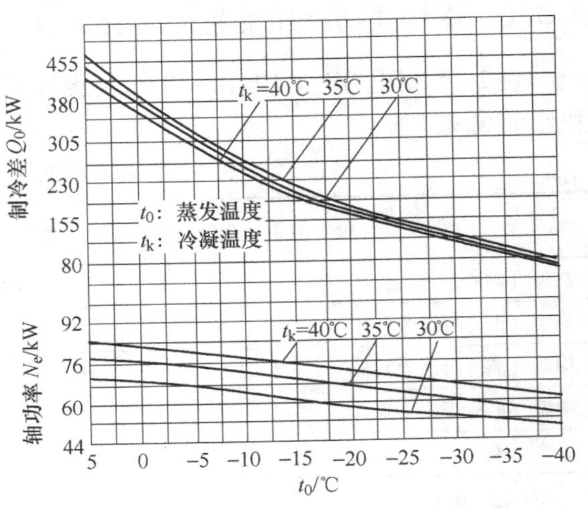

图 2-34 LG16Ⅲ型压缩机的性能曲线

性能曲线（见图2-34）的上部纵坐标为制冷量，下部为轴功率，横坐标为蒸发温度（T_0），一种冷凝温度（T_k）对应一条曲线。通常，一张性能曲线图上绘有3～4条曲线，对应3～4种冷凝温度。利用这种关系曲线可以很方便地求出制冷压缩机在不同工况下的制冷量和轴功率。

6.4　螺杆式制冷压缩机的功率和效率

螺杆式制冷压缩机的常用功率及效率、定义及计算式均与活塞式制冷压缩机相同，可参见5.4，这里不再赘述。

6.5　螺杆式制冷压缩机的选型

实例：已知某氨制冷系统，蒸发温度为-10℃，冷凝温度为35℃，压缩机制冷量（机械负荷）Q_j=460kW，试对制冷压缩机（螺杆式）进行选型计算，并确定配用电动机功率。

1. 螺杆式制冷压缩机的选型步骤

螺杆式制冷压缩机选型计算的一般步骤是：

1）汇总各蒸发系统的机械负荷Φ_j。

2）确定工作参数和性能参数。

3）将设计工况下的机械负荷换算成名义工况下的制冷量或计算出所需的理论输气量。

4）根据制冷压缩机厂家提供的技术参数和性能，结合选型原则确定制冷压缩机的型号、台数。如无样本，可参照表2-16选取。

表2-16　氨螺杆式制冷压缩机基本参数表

公称直径 D_0/mm	阳转子转速		理论容积输气量/（m^3/min）	
	（m/s）	（r/min）	λ=1.0	λ=1.5
63	14.64	4440	0.5616	0.8425
	20	6063	0.7669	1.150
	25	7570	0.9587	1.438
80	18.6	4440	1.497	2.246
	25	5968	2.245	3.369
125	19.37	2960	2.925	4.387
	29.06	4440	4.387	6.581
160	24.8	2960	6.134	9.2
	37.2	4440	9.20	13.8
200	23.09	2205	8.924	13.39
	31.0	2960	11.98	17.97
250	19.24	1470	11.62	17.43
	38.75	2960	23.61	35.10
315	24.25	1470	23.24	34.87

2. 螺杆式制冷压缩机选型的一般原则

螺杆式制冷压缩机选型的一般原则与活塞式制冷压缩机相同，还有以下几点需要注意：

1）单级螺杆制冷压缩机的经济压缩比为4.7～5.5，在此范围内经济性最佳。

2）单级螺杆制冷压缩机不适用于我国南方地区的低温工况。

3）蒸发温度在-20℃以下时，单级螺杆压缩机的运行经济性差。蒸发温度越低，效率越低，能耗越大，长期运行会带来能源的过量消耗，并使压缩机过早损坏。

3. 实例解答

【解】（1）理论输气量法

1）确定设计工况下的相关参数值。

根据蒸发温度 $t_z=-10℃$，冷凝温度 $t_1=35℃$，在氨制冷剂的 $\lg p-h$ 图上绘制循环过程线（忽略过冷和过热），查此压焓图或借助氨的饱和液体及蒸气的热力性质表查取

$$h_1=1750\text{kJ/kg},\ h_4=662\text{kJ/kg},\ v_1=0.4177\text{m}^3/\text{kg}$$

取 $\lambda=0.83$。

2）将已知数据代入式（2-40），得

$$V_h=\frac{3600Q_0\cdot v_1}{\lambda(h_1-h_4)}=\frac{3600\times460\times0.4177}{0.83\times(1750-662)}\text{m}^3/\text{h}=766\text{m}^3/\text{h}=12.8\text{m}^3/\text{min}$$

3）确定压缩机的型号和台数。

由表2-16查出，一台LG16型制冷压缩机的理论输气量为 $9.2\text{m}^3/\text{min}$，结合选机原则，选两台LG16型制冷压缩机可满足需要，即

$$V=2\times9.2\text{m}^3/\text{min}=18.5\text{m}^3/\text{min}$$

（2）性能曲线法　在设计工况下，LG16Ⅲ型压缩机制冷量为260kW，选2台，制冷量为260kW×2=520kW，也满足计算负荷 $\Phi_j=460\text{kW}$ 的需要。

（3）配用电动机功率　查氨的压焓图有 $h_2=1990\text{kJ/kg}$，查图2-30有 $\eta_i=0.83$。

查氨的饱和性质表有 $p_0=290.75\text{kPa}$，$p_k=1350.8\text{kPa}$，则

$$\varepsilon=\frac{p_k}{p_0}=\frac{1350.8}{290.75}=4.65$$

查图2-31有 $\eta_m=0.85$。

则一台制冷压缩机轴功率为

$$P_e=\frac{\lambda V_h}{3600v_1}\frac{(h_2-h_1)}{\eta_i\eta_m\eta_d}=\frac{0.83\times9.2}{60\times0.4177}\times\frac{(1990-1750)}{0.83\times0.85\times1}\text{kW}=103.65\text{kW}$$

配用电动机功率 $P_{mo}=(1.1\sim1.15)P_e=114\sim119\text{kW}$。

思考题与练习题

1. 螺杆式制冷压缩机的输气量有哪几种形式？
2. 螺杆式制冷压缩机的输气量有哪些影响因素？
3. 螺杆式制冷压缩机的泄漏发生在哪些部位？
4. 已知某氨制冷系统，蒸发温度为-10℃，冷凝温度为35℃，机械负荷 $\Phi_j=240\text{kW}$，选用机型为螺杆式制冷压缩机，试对制冷压缩机进行选型计算。

项目三　活塞式制冷压缩机的拆卸与装配

单元七　工具的使用

一、学习目标

●**终极目标**：能够使用常用钳工工具进行部分拆装操作，能够使用测量工具进行部分参数的测量。

●**促成目标**：

1）掌握常用钳工工具的种类。

2）掌握部分钳工工具的结构及使用。

3）掌握常用测量工具的种类。

4）掌握基本测量工具的使用。

二、相关知识

钳工是使用手工工具，按技术要求对工件进行加工、修正、装配、调试和检修机器设备的工种。利用钳工技术可以对制冷压缩机和制冷设备进行零件加工、装配和维护管理，延长制冷机器的使用寿命。同时，制冷压缩机与设备零部件的正确加工、装配和检修与尺寸参数及间隙数值的测量对比分不开。

7.1　钳工工具

7.1.1　扳手类工具

1. 活扳手

活扳手通常用于旋紧或拧松有角螺钉及螺母。活扳手的结构如图 3-1 所示，包括手柄、头部固定钳口、头部活动钳口和调节蜗杆四部分。

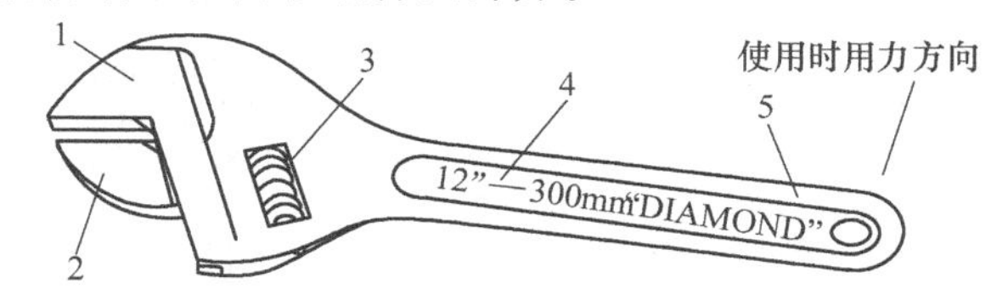

图 3-1　活扳手

1—头部固定钳口　2—头部活动钳口　3—调节蜗杆　4—规格标注　5—手柄

活扳手使用前，先用右手握住扳手头部，大拇指和食指上下夹持捻动蜗杆，调整活动钳口的大小，使钳口尺寸和要旋动的螺母尺寸相吻合。再把调好的钳口夹持住螺母，握紧扳手手柄，用力顺时针方向拧紧螺母，逆时针方向则是旋松螺母。

2. 呆扳手

呆扳手也称开口扳手，其结构如图3-2所示。此类扳手的末端有U形开口，方便握紧螺栓或螺母的两个边。它有单头和双头两种，较常用的是双头，每头的开口有不同大小。

呆扳手主要用于拆装一般标准规格的螺栓或螺母。在使用前，先看螺栓或螺母的尺寸，依据其尺寸确定符合规格的扳手，然后将开口卡在欲紧固或松动的螺栓及螺母上，握紧扳手手柄，用力扳旋螺栓或螺母即可。

常用的呆扳手有6件一套和8件一套的两种。其适用的范围在6~24mm之间。

3. 套筒扳手

套筒扳手是一种组合型工具，由梅花套筒和弓形手柄构成，尺寸不等的梅花套筒组成一套套筒扳手。其结构如图3-3所示。

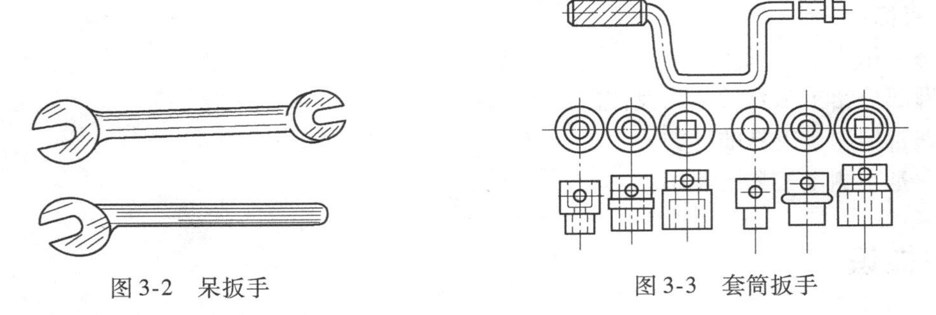

图3-2 呆扳手　　图3-3 套筒扳手

套筒扳手在使用时可根据需要，选用不同规格的套筒和各种手柄进行组合。套筒扳手在拆装部位空间狭小、凹下很深或不易接近等部位的螺栓、螺母更为方便、实用。

4. 内六角扳手

内六角扳手如图3-4所示，一般专用于装、拆内六角螺钉。

5. 整体扳手

整体扳手有正方形、六角形、十二角形等几种，如图3-5所示。

十二角形扳手又称为梅花扳手，是应用最广泛的一种整体扳手。梅花扳手两端是套筒式圆环状的，圆环内一般有12个棱角，能将螺母或螺栓的六角部分全部围住，工作时不易滑脱，安全可靠。其用途与开口扳手相似，尤其常用于拆装部位受到限制的螺母、螺栓处。

梅花扳手常用的有6件一套和8件一套的两种，其适用范围为5.5~27mm。

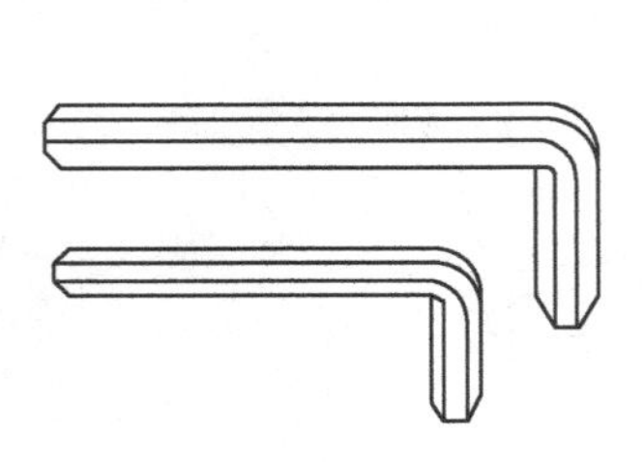

图3-4 内六角扳手

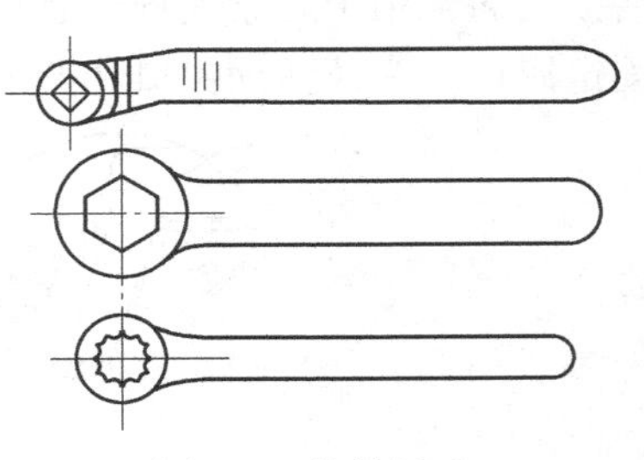

图3-5 整体扳手

7.1.2　钳子类工具

钳子是一种用来紧固的工具，有些钳子还具有切断功能。钳子的种类很多，但是它们都有一个用于夹紧材料的部分，称为“钳口”。制冷系统常用的钳子有尖嘴钳、钢丝钳和管钳三种。

1. 尖嘴钳

尖嘴钳也称为修口钳，如图 3-6 所示。尖嘴钳主要适用于在狭小的空间内作业。

使用钳子时用右手操作。将钳口朝内侧，便于控制钳切部位，用食指伸在两钳柄中间来抵住钳柄，张开钳头，这样分开钳柄灵活，如图 3-7 所示。

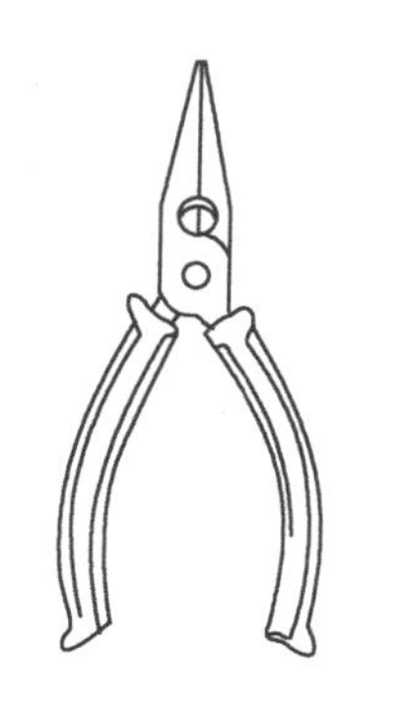

图 3-6　尖嘴钳

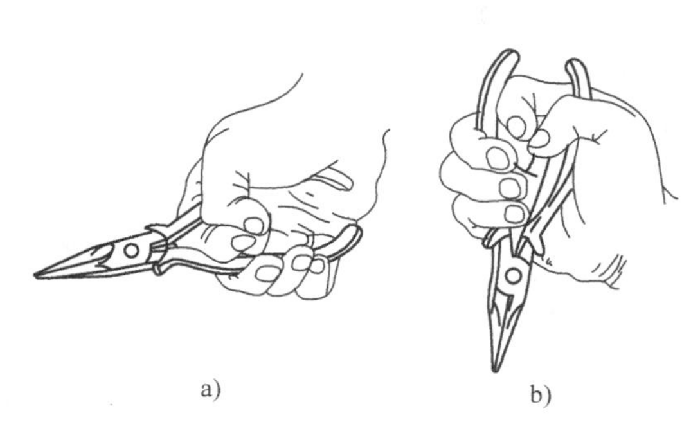

图 3-7　尖嘴钳的握法
a）平握法　b）立握法

2. 钢丝钳

钢丝钳的结构如图 3-8 所示，分为钳头和钳柄两部分，钳头包括钳口、齿口、刀口和铡口，钳柄上套有绝缘管。常用的钢丝钳有 150mm、175mm、200mm 及 250mm 等多种规格，可根据内线或外线工种需要选择和使用。

钢丝钳除装配和拆卸外，还有许多功能，如钳子的齿口可用来紧固或拧松螺母，钳子的刀口可用来剖切软电线的橡皮或塑料绝缘层，钳子的刀口也可用来切剪电线、钢丝。钳子的铡口可以用来切断电线、钢丝等较硬的金属线。

3. 管钳

管钳如图 3-9 所示，是用来夹持或旋转管子及配件的工具。钳口上有齿，以便上紧螺母时咬牢管子，防止打滑。

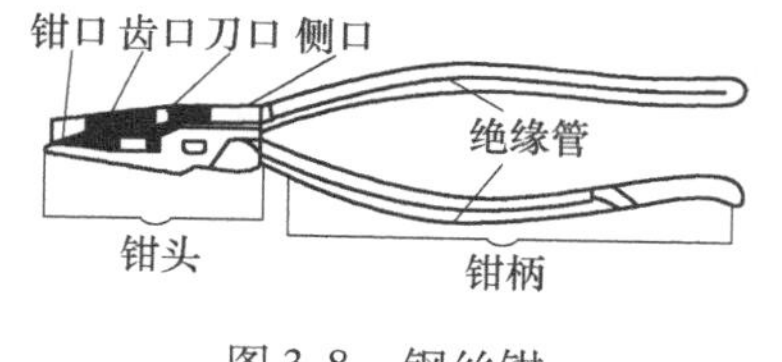

图 3-8　钢丝钳

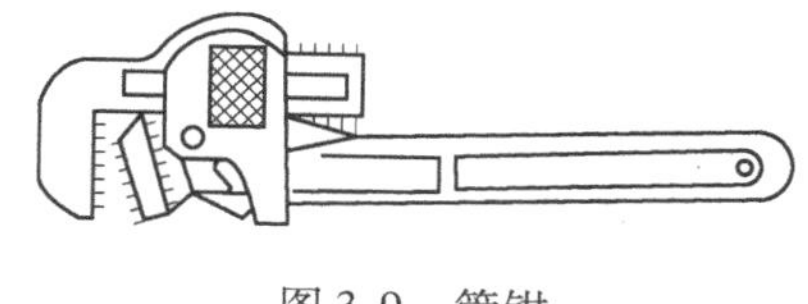

图 3-9　管钳

7.1.3　锤子

锤子俗称榔头，是校直、錾削和装卸零件等操作中必不可少的敲击工具。锤子由锤头和木柄两部分组成，如图 3-10 所示。

锤子的种类一般分为硬头锤子和软头锤子两种。软头锤子的锤头用铅、铜、硬木、牛皮或橡胶制成，多用于装配工作中。硬头锤子的锤头用碳钢制成。硬头锤子的规格用锤头的质量表示，有0.25kg、0.5kg和1kg等几种。锤头的木柄选用比较坚固的木材制成，常用的1kg锤头的柄长为350mm左右。锤头安装木柄的孔呈椭圆形，且两端大，中间小。木柄紧装在孔中后，端部应打入金属楔子，以防松脱。

锤子使用时，一般为右手握锤，采用五个手指满握的方法，大拇指轻轻压在食指上，虎口对准锤头方向，锤柄尾露出15～30mm。

锤子在敲击过程中，手指的常用握法有紧握锤和松握锤两种。紧握锤是指从挥锤到击锤的全过程中，全部手指一直紧握锤柄，如图3-11所示。如果在挥锤开始时，全部手指紧撮锤柄，随着锤的上举，逐渐依次地将小指、无名指和中指放松，而在锤击的瞬间，迅速将放松了的手指全部握紧，并加快手腕、肘以至臂的运动，则称为松握锤。松握锤可以加强锤击力量，而且不易疲劳。

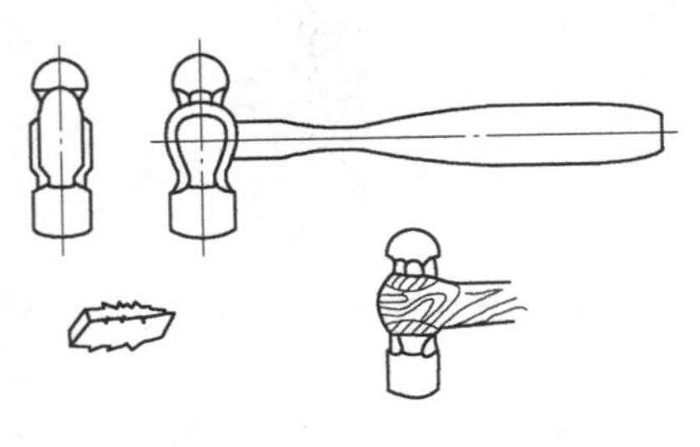

图3-10 锤子

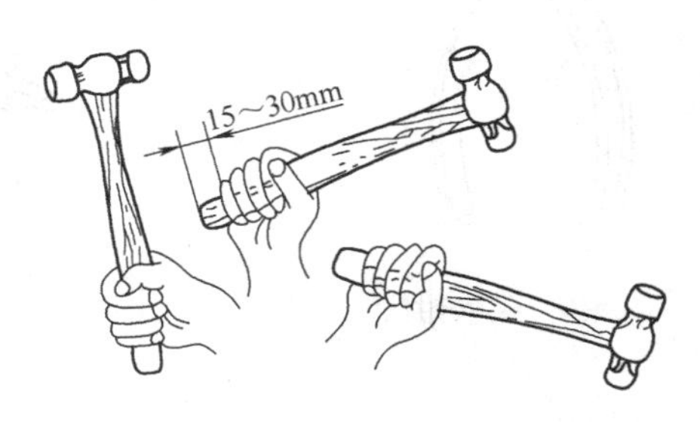

图3-11 锤子的紧握法

锤子的挥锤方法有手挥法、肘挥法和臂挥法三种，如图3-12所示。

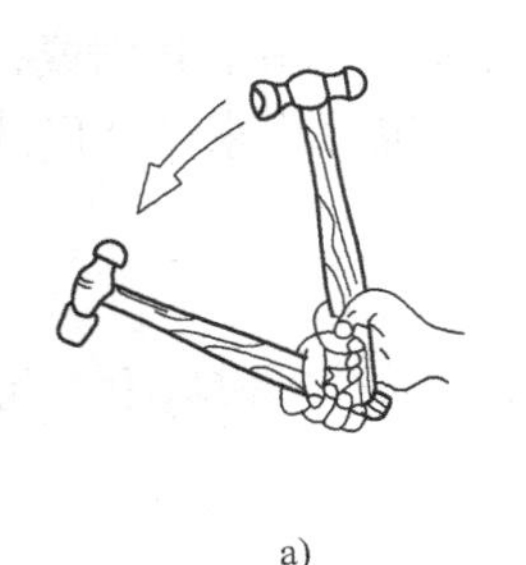

a)

b)

c)

图3-12 锤子的挥锤方法

a）手挥 b）肘挥 c）臂挥

手挥法只做手腕的挥动，采用紧握法握锤，敲击力较小，多用于錾削余量较少及錾削开始或结尾。肘挥法的手腕和肘部一起挥动，采用松握法握锤，敲击力较大，应用较广。而臂挥法的手腕、肘部和全臂一起挥动，其锤击力最大。

制冷与空调系统中大多采用的是手挥法。

7.1.4 钳工台和台虎钳

1. 钳工台

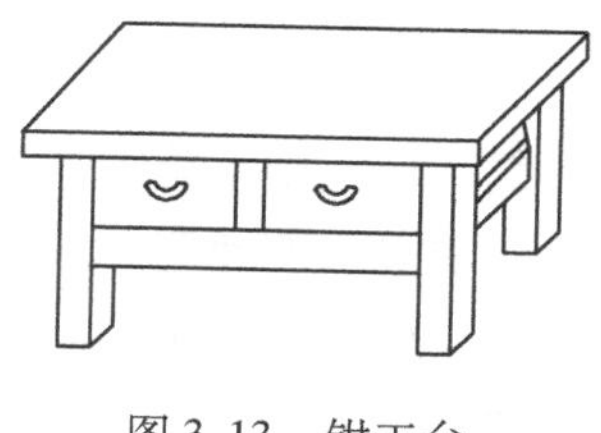
图 3-13 钳工台

钳工台也称为钳台、钳桌，其主要作用是用来安装台虎钳、放置工具和工件等。

钳工台通常用木料或钢料制成，其式样可以根据要求和条件而定，一般形状为长方形，如图 3-13 所示。钳工台长、宽尺寸由工作需要而确定，高度则为 800 ~ 900mm，以便安装上台虎钳后让钳口的高度与一般操作者的手肘平齐，使操作方便省力。制冷压缩机的拆装工作台与钳工台类似。

2. 台虎钳

台虎钳是用来夹持工件的通用夹具，如图 3-14 所示，分为固定式和回转式两种。图 3-14a所示为固定式台虎钳外形，图3-14b所示为回转式台虎钳外形。

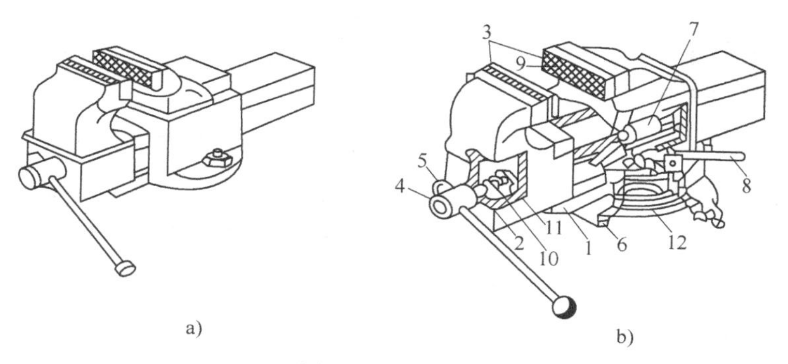

图 3-14 台虎钳
a）固定式 b）回转式
1—固定钳身 2—活动钳身 3—钳口 4—螺杆 5—手柄 6—转盘座
7—固定螺母 8—手柄 9—螺钉 10—弹簧 11—挡圈 12—夹紧盘

回转式台虎钳的主体部分用铸铁制造，由固定钳身和活动钳身组成。活动钳身通过方形导轨与固定钳身的方孔导轨配合，可做前后滑动。丝杆装在活动钳身上，可以旋转，但不能轴向移动，它与安装在固定钳身内的螺母配合。摇动手柄使丝杆旋转，可带动活动钳身相对固定钳身做进退移动，起夹紧或放松工件的作用。弹簧靠挡圈和销固定在丝杆上，当放松丝杆时，能使活动钳身在弹簧力的作用下及时退出。在固定钳身上装有钢质钳口，并用螺钉固定，钳口的工作表面刨有交叉的网纹，使工件夹紧后不易产生滑动。固定钳身装在转座上，并能绕转座轴心转动，当转到所需位置时扳动手柄，使夹紧螺钉旋紧，便可在夹紧盘的作用下把固定钳身紧固。转座通过三个螺栓与钳工台固定。

7.1.5 吊环

吊环又称吊栓，其下部有螺纹，上部做成圆环形结构。吊环是活塞式制冷压缩机中气缸套和活塞组拆卸、装配的专用工具。其使用如图 3-15 所示。将吊环拧入气缸套顶部两个对称的螺纹孔内，即可提起气缸套进行拆卸或装配。

7.2　测量工具

7.2.1　钢直尺

钢直尺是用不锈钢制成的一种直尺。钢直尺是常用量具中最基本的一种，可用于简单的测量或划直线的导向工具。

钢直尺的尺边平直，尺面有米制或英制的刻度，用来测量工件的长度、宽度、高度和深度，同时还可以对一些要求较低的工件表面进行平面度误差检查。

钢直尺的规格（测量范围）有150mm、300mm、500mm和1000mm四种。

钢直尺的使用方法如图3-16所示。由于用钢直尺测量出的数值误差较大，精确度只有1mm，因此不能做精密测量。

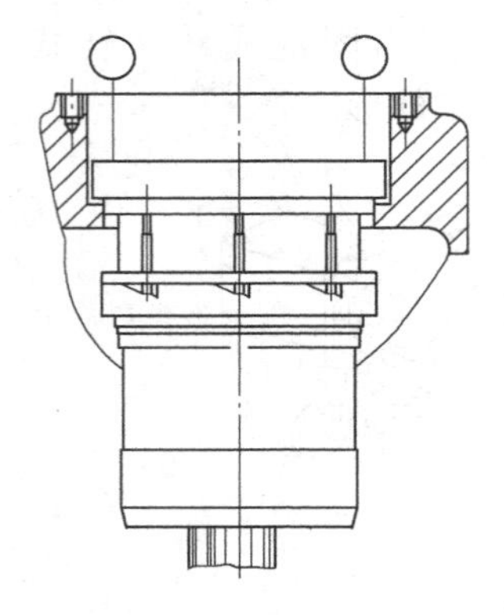

图3-15　吊环的使用

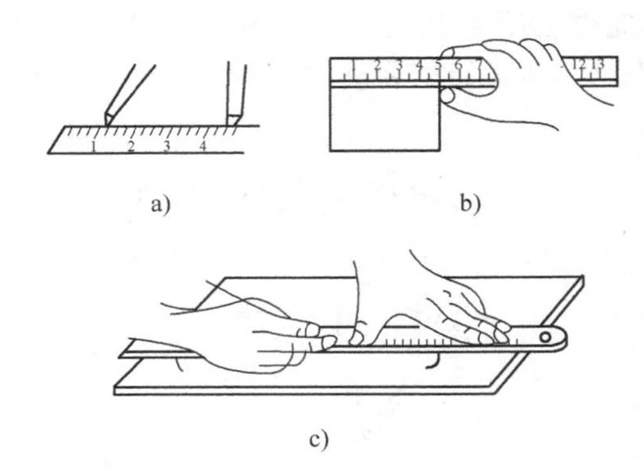

a)　b)　c)

图3-16　钢直尺的使用

a）量取尺寸　b）测量工件　c）划线

7.2.2　塞尺

塞尺俗称厚薄规或测隙规，是用来检测两结合面之间间隙的一种精密量具。塞尺一般是成组供应，每组塞尺由不同厚度的金属薄片组成，每个薄片都有两个相互平行的测量面，并有较准确的厚度值。成组塞尺的外形如图3-17所示。

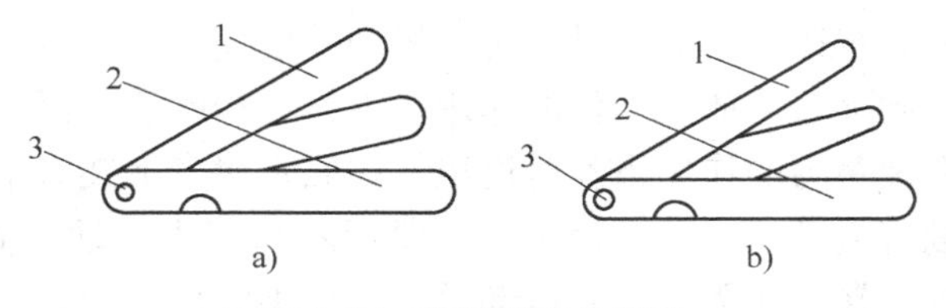

图3-17　成组塞尺的外形

a）A型　b）B型

1—塞尺片　2—保护板　3—连接钉

塞尺的测量准确度一般约为0.01mm。用塞尺测量间隙时，应先用较薄的塞尺片插入被测间隙，如果还有空隙，则依次换用稍厚的塞尺片插入，直到恰好塞入间隙后不过松也不过紧为止，这时该片塞尺的厚度即为被测间隙的大小。对于比较大的间隙，也可用多片塞尺重合一并塞入进行检测，但这样测量误差较大。

塞尺薄而且易断，使用时应特别小心，插入间隙时不要太紧，更不得用力硬塞。使用后应在表面涂以一薄层的防锈油，并收回到保护板内。

7.2.3　游标卡尺

游标卡尺是一种中等精度的常用量具，主要用来测量工件的外径、内径、孔距、壁厚、沟槽及深度。钳工常用的游标卡尺测量范围有 0 ~125mm、0 ~200mm、0 ~300mm 等几种。

1. 游标卡尺的结构

游标卡尺有两种常见的结构形式：可微量调节的游标卡尺和带深度尺的游标卡尺。

可微量调节的游标卡尺结构如图 3-18a 所示，它主要由尺身和游标组成，再配以辅助游标。使用时，松开螺钉 4 和 5 即可推动游标在尺身上移动。测量工件需要微量调节时，将螺钉 5 紧固，松开螺钉 4，转动微调 6，通过小螺杆 7 使游标微动。当量爪测量面与工件被测表面贴合时，可拧紧螺钉 4，使游标位置固定，然后读数。

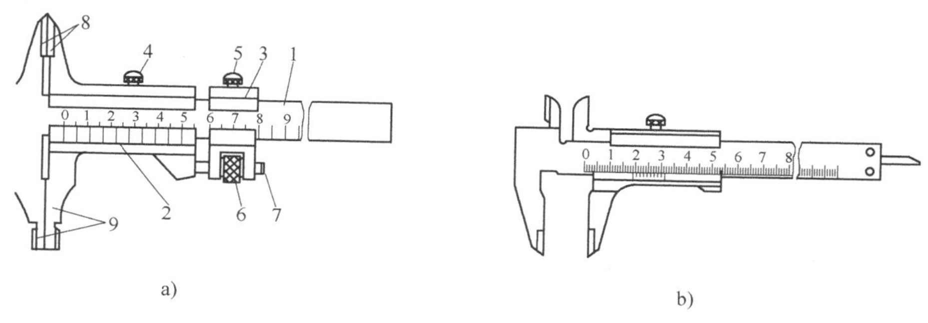

图 3-18　游标卡尺

1—尺身　2—游标　3—辅助游标　4、5—螺钉　6—转动微调　7—小螺杆　8—上量爪　9—下量爪

游标卡尺的上量爪可用来测量齿轮公称法线长度和孔距，下量爪的内侧面可测量外径和长度，外侧面可用来测量内孔或沟槽深度。

图 3-18b 所示为带深度尺的游标卡尺，尺后端的深度尺可用来测量内孔或沟槽的深度。活塞式制冷压缩机的吸气阀片的升程即可用深度尺测量。

2. 游标卡尺的读数

游标卡尺的分度值有 0. 1mm、0. 05mm 和 0. 02mm 三种。游标卡尺是利用尺身（主尺）和游标上的刻线间距差及其累积值来细分读数的，游标可沿齿身滑动。图 3-19a 所示为分度值为 0. 1mm 的游标卡尺刻线的基本形式：尺身刻线间距 a 为 1mm，游标刻线间距 b 为 0. 9mm，共 10 格，分度值 $i = a - b = 0.1$mm。当尺身与游标的刻线对准零位时，游标上位置 10 的刻线（最右刻线）与尺身上位置 9 的刻线也正好对齐，如图 3-19a 所示，其余的刻线均不对齐。

图 3-19b 所示为游标刻线 6 与尺身刻线对齐，即表示游标零位相对固定的尺身零位移动了 0. 6mm，这就是毫米小数部分的读数原理。图 3-19c 所示的游标零位在尺身的第二格之后，即主尺读数为 2mm。然后再看游标上的每三根线与尺身刻线对齐，又因为此游标卡尺的分度值为 0. 1mm，则游标读数为 3 ×0. 1mm。两数之和即为所测数值 2. 30mm。

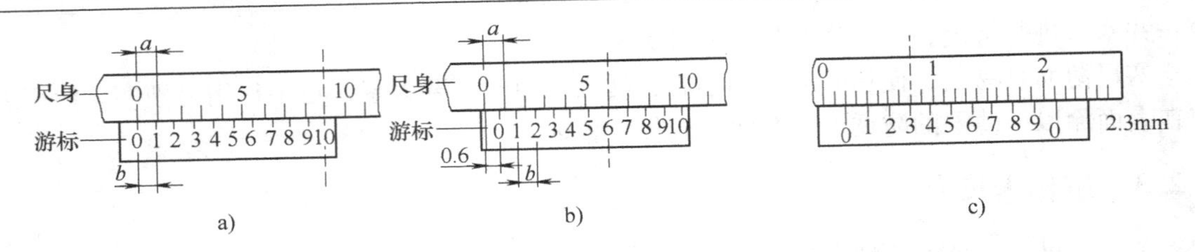

图 3-19 分度值为 0.1mm 的游标卡尺刻线图

图 3-20a 所示为分度值为 0.05mm 的游标卡尺刻线的基本形式：尺身刻线间距 a 为 1mm，游标刻线间距 b 为 0.95mm，游标刻线共 20 格，总长为 19mm。当尺身与游标的刻线对准零位时，游标上最右刻线与尺身上位置 19 的刻线正好对齐。读数时，毫米的小数部分由游标上与尺身刻线下好对齐那条刻线的顺序数（即第 n 格刻线）乘以 0.05mm 计值。图 3-20b所示的数值为 8.60mm。图 3-21a 所示为分度值为 0.02mm 的游标卡尺刻线的基本形式：尺身刻线间距 a 为 1mm，游标刻线间距 b 为 0.98mm，游标刻线共 50 格，总长为 49mm。当尺身与游标的刻线对准零位时，游标上最右刻线与尺身上位置 49 的刻线正好对齐。读数时，毫米的小数部分由游标上与尺身刻线下对齐那条刻线的顺序数（即第 n 格刻线）乘以 0.02mm 计值。图 3-21b所示的数值为 64.18mm。

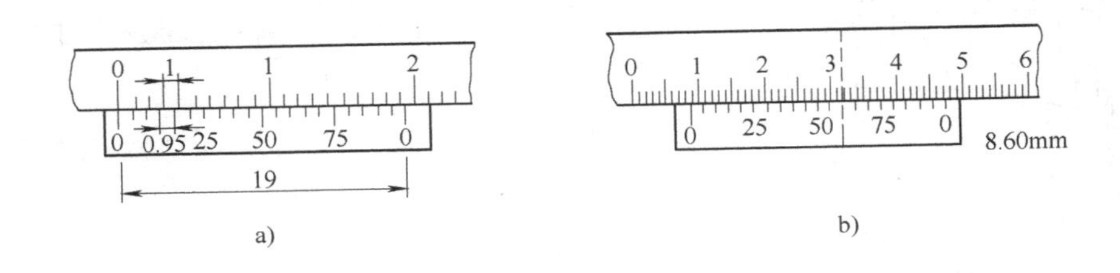

图 3-20 分度值为 0.05mm 的游标卡尺刻线图

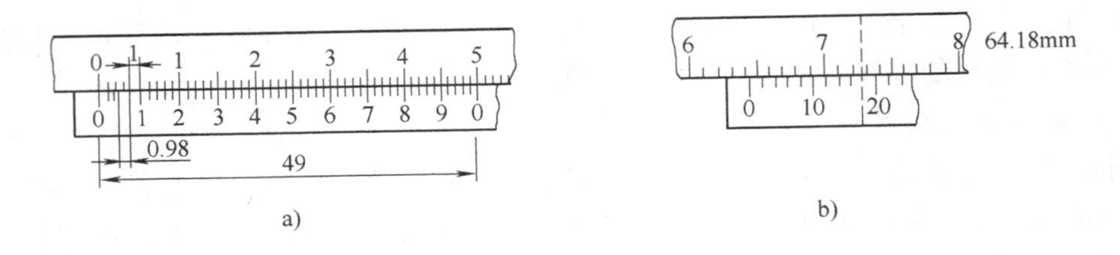

图 3-21 分度值为 0.02mm 的游标卡尺刻线图

3. 游标卡尺使用时的注意事项

若游标卡尺使用不当，不但会影响其本身精度，也会影响零件尺寸测量精度的准确性。因此，在使用时应注意以下几点：

1）按工件的尺寸大小和尺寸精度要求，选用合适的游标卡尺。游标卡尺适用于公差等级为 IT10 ~ IT16 尺寸的测量和检验，不能用游标卡尺测量毛坯件，也不能用游标卡尺测量精度要求过高的工件。

2）使用前对游标卡尺要进行检查，擦净量爪，检查量爪测量面和测量刃口是否平直无损，要求两量爪贴合时无漏光现象，尺身和游标零线要对齐。

3）测量外径时，量爪应张开到略大于被测尺寸而自由进入工件，以固定量爪贴住工件，然后用轻微的压力把活动量爪推向工件，尺寸测量面的连线应垂直于被测量表面，不能歪斜，如图 3-22 所示。

4）测量内径尺寸时，量爪应张开到略小于被测尺寸，使量爪自由进入孔内，再慢慢张开并轻轻地接触零件的内表面。量爪应在孔的直径上，不能偏歪，如图 3-23 所示。

5）读数时，游标卡尺置于水平位置，使人的视线尽可能与游标卡尺的刻线表面垂直，以免因视线歪斜而造成读数误差。

6）游标卡尺使用完后，应平放入木盒内。如果较长时间不使用，应用汽油擦洗干净，并涂一层薄的防锈油。卡尺不能放在磁场附近，以免被磁化影响正常使用。

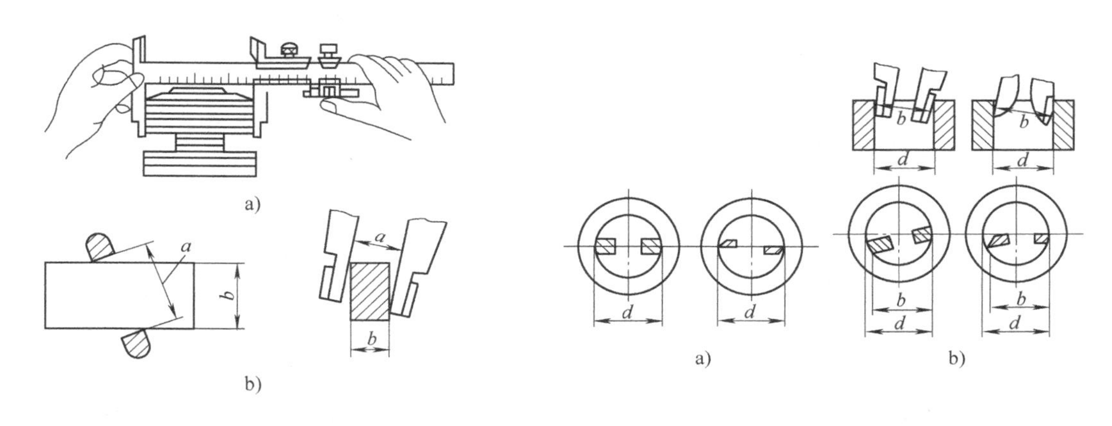

图 3-22 测量外尺寸
a）正确 b）错误

图 3-23 测量内尺寸
a）正确 b）错误

7.2.4 深度游标卡尺

深度游标卡尺用来测量阶梯形表面、盲孔和凹槽等的深度及孔口、凸缘等的厚度。本书中的深度游标卡尺用于测量吸气阀的升程。深度游标卡尺的外形结构如图 3-24 和图 3-25 所示。当尺框和尺身的测量面都处于同一平面上（如平板上）时，游标的读数应为零。图 3-25所示游标卡尺结构和图 3-24 所示深度游标卡尺的不同之处在于尺身带有弯头，可用来测量工件孔口或凸缘等的厚度，另外还带有微动装置（一般深度游标卡尺多不带微动装置，因为使用时主要靠手感接触）。

使用深度游标卡尺时应注意：

1）测量时先将尺身上拉，让尺框的测量面与工作被测深度的顶面（测量基准面）贴合好之后，再将尺身下推，直到尺身测量面与被测深度部位手感接触（如用微动装置，注意不要过量接触，以免使尺框的测量面脱离正常贴合），此时即可读数。也可用紧固螺钉固定尺框，取出深度尺再进行读数。

2）尺身下方的测量面很小，要注意避免磨损及碰伤。

3）其他注意事项参考“游标卡尺使用注意事项”。

7.2.5 外径千分尺

外径千分尺有时简称为千分尺，是一种精密量具，主要用来测量一些加工精度要求较高的量具尺寸。若测量范围在 500mm 以内，则以每 25mm 为一种规格。若测量范围在 500～1000mm，则以每 100mm 为一种规格。

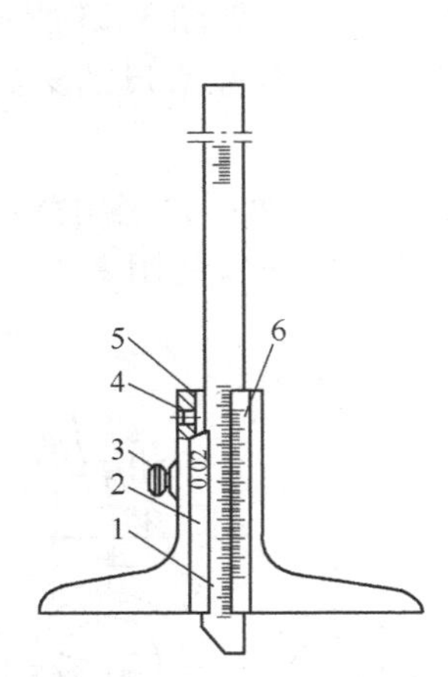

图 3-24 深度游标卡尺
1—尺身（主尺） 2—尺框 3—紧固螺钉
4—调整螺钉 5—弹簧片 6—游标

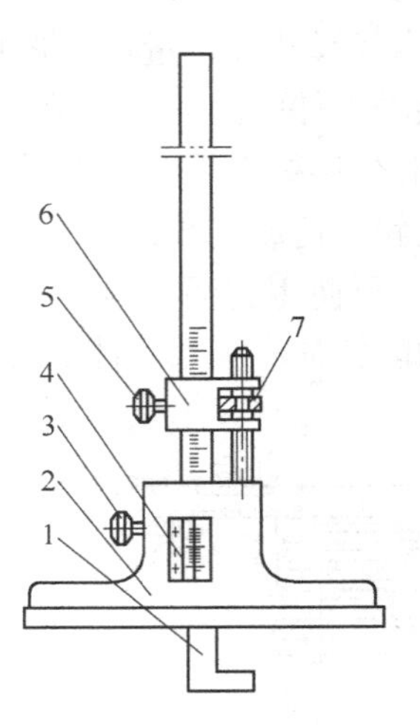

图 3-25 弯头主尺的游标卡尺
1—尺身（弯头主尺） 2—尺框 3、5—紧固螺钉
4—游标 6—微动装置 7—微动螺母

1. 外径千分尺的结构

外径千分尺的典型结构如图 3-26 所示。固定测砧和固定套管压合在尺架上相应的孔内。测微螺杆的左端为可动测砧，两测砧都镶有硬质合金头，测微螺杆右方的螺母部分与固定套管右端的螺母配合，组成精密螺旋副。

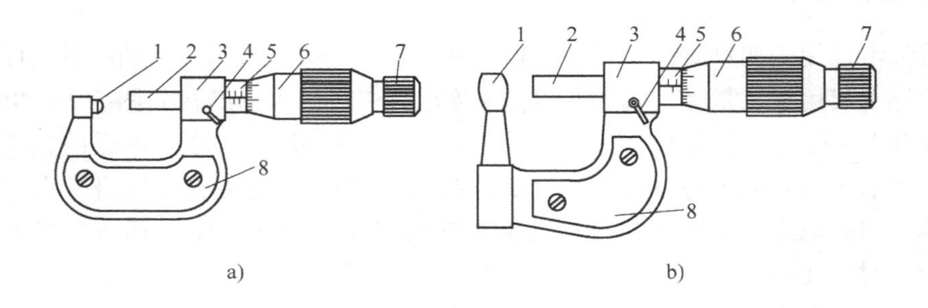

图 3-26 外径千分尺的典型结构
1—固定测砧 2—测微螺杆 3—尺架 4—锁紧装置 5—固定套管 6—微分筒 7—测力装置 8—隔热板

2. 外径千分尺的读数

外径千分尺使用前应校正零位（即活动管上的 0 线与基本母线重合）。若不对正，应记

住相差格数，测量后适当加减误差。测量时用后边的测力装置（棘轮）旋转，当发生“吱吱”响声时即可读数。

外径千分尺的读数步骤分为三步：

1）读出微分筒边缘在固定套管上的尺寸。

2）看微分筒上哪一格与固定套管上的基准线对齐。

3）把两个读数相加即得到实测尺寸。

3. 外径千分尺使用时的注意事项

1）使用千分尺时，一定要用手握住隔热板，否则将使千分尺和被测件温度不一致而产生测量误差。

2）当千分尺的测力装置发出“吱吱”的响声时，表示两测砧已与被测件接触好，此时即可读数。千万不要在两测砧与被测件接触后再转动微分筒，这样将使测力过大，并使精密螺纹受到磨损。

3）测量读数时，千分尺不要离开被测件，读数后要先松开两测砧，以免拉离时磨损测砧。

4）不能用千分尺测量毛坯，更不能在工件转动时进行测量。

5）不得握住微分筒挥动或摇转尺架，这样会使精密测量螺杆受损。

6）测量完毕，千分尺应保持干净，放置时两测量面之间需保持间隙。

7.2.6　内径百分表

内径百分表按结构分为带定位护桥（杠杆式或滚道式）、涨簧式和钢球式三种。活塞式制冷压缩机中常用杠杆式内径百分表来测量气缸套的内径。

1. 内径百分表的结构

图3-27所示为一种典型的带定位护桥的杠杆式内径百分表。这种结构的内径百分表用于测量较大的内径尺寸，常用测量范围为35～160mm。在测量范围内又分为若干小段，每段换用一个长度不同的可换测头。可换测头以螺纹拧紧在主体的相应螺孔内，与可换测头同轴的还有活动测头。

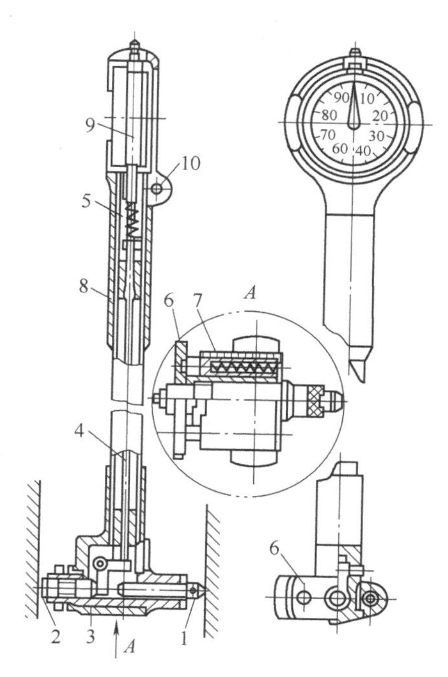

图3-27　内径百分表

1—可换测头　2—活动测头　3—等臂杠杆　4—传动轴　5、7—弹簧　6—定位护桥　8—隔热手柄　9—指示表　10—锁紧螺钉

2. 内径百分表的读数

测量时，先按大概尺寸选好可换测头，然后将可换测头与活动测头按被测内径尺寸的公称值对好指示表的零位。对零位时可用专用的标准环或量块组（见图3-28）。量块组与两侧的内侧护块1和3一起夹持在专用夹持器内。测量内径时，被测内径相对其公称值的偏差由活动测头感受，通过等臂杠杆、传动杆，推动指示表测杆，由指针指示偏差值。测量力由弹

簧产生。形状对称的可动的定位护桥由两个弹簧对称的压靠在被测内孔的孔壁上，以保证两测头能在直径截面内进行测量。

内径百分表的分度原理为：百分表的测量杆移动1mm，通过轮系使大指针沿刻度盘转过一周，刻度盘圆周刻有100个刻度，当指针转过一格，表示所测量的尺寸变化为0.01mm。

3. 内径百分表使用时的注意事项

1）按被测内径尺寸选用可换测头，用量块校对好内径百分表的零位。在零位和测量内径时，一定要找准正确的直径测量位置。如图3-29所示摆动内径百分表，在轴向截面内找最小示值的转折点（摆动内径百分表，示值由大变小，再由小变大）。

2）将内径表伸入和拉出量块组及被测孔时，应将活动测头压靠孔壁（指示表指针将转动），使可换测头与孔壁脱离接触，以减小磨损。

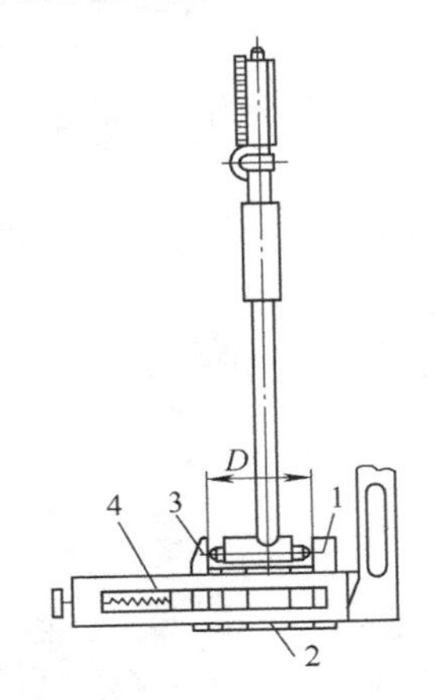

图3-28 内径百分表对零位示意图
1、3—内侧护块 2—量块组 4—专用夹持器

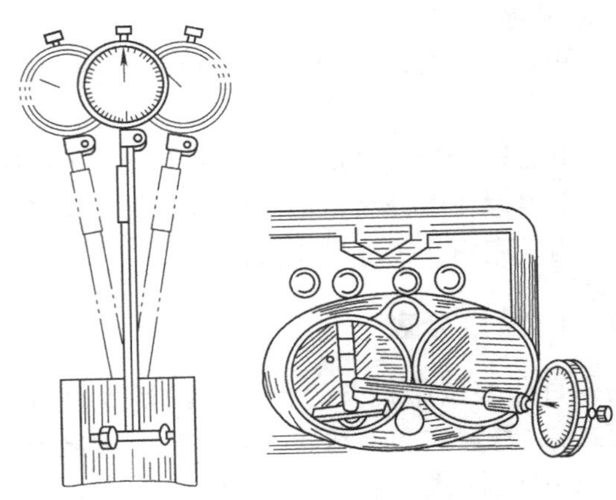

图3-29 内径百分表的使用方法

思考题与练习题

1. 常用扳手有哪些？分别怎样使用？
2. 为使气阀组复位，皮锤应使用哪种挥锤方法？
3. 用塞尺测量间隙时应注意什么？
4. 游标卡尺怎样测量和读数？
5. 吊环使用时有哪些注意事项？

单元八　机体组的结构与拆装

一、学习目标

- **终极目标**：通过学习认识活塞式制冷压缩机的框架结构，掌握机体组拆卸和装配的正确顺序并能实际操作。
- **促成目标**：

1）掌握活塞式制冷压缩机机体组的结构和作用。

2）掌握整体式有缸套的机体结构。

3）掌握活塞式制冷压缩机机体组拆卸和装配时的注意事项。

二、相关知识

活塞式制冷压缩机广泛应用于中、小型制冷装置中。各种活塞式制冷压缩机的制冷量、外形、制冷剂、用途等不尽相同，但其基本结构和组成的主要零部件都大体相同，按功能分为机体组、输气系统、传递动力系统、密封装置、润滑系统、能量调节装置及安全器件七部分。其中机体组是压缩机的骨架，在它的内部和外部安装着压缩机的所有零部件，它由机体、气缸盖及侧盖组成。

8.1　机体组的结构及作用

8.1.1　机体

1. 作用与结构

机体主要包括气缸体和曲轴箱，是压缩机的支架。其主要作用是支承压缩机的零件，并保持各部件之间准确的相对位置。形成各种密封的空间通道，以组织工质、水、油的循环流动，保证压缩机的正常运转。机体承受气体力、各运动部件不平衡惯性力和力矩，并将不平衡的外力和外力矩传给基础。因此，机体必须有合理的结构形式以保证足够的强度，尤其是足够的刚度，以维持运动部件之间的正确位置，并在此前提下尽可能减轻机体的质量，减小机体的尺寸。由于机体的形状复杂，所以必须重视提高机体铸造工艺，保证良好的密封性，并便于装配、操作和维修。

机体中气缸所在的部位是气缸体，安装曲轴的部位称为曲轴箱。老式活塞式压缩机中气缸体和曲轴箱可以不做成整体而用螺栓连接。这样虽然有利于铸造工艺的简化，但会造成机器质量、尺寸以及结构等方面的一系列问题。现在普遍采用气缸体和曲轴箱做成整体的结构，这种结构的优点是：首先，整个机体的刚度好，工作变形小，因此压缩机的磨损和功耗得以减少，提高了其使用寿命；其次，机体的配合面减少，这样可以改善压缩机的密封性，缩短加工时间和降低成本。

机体的结构形式很多，根据气缸体上是否装有气缸套，机体可以分为无气缸套和有气缸套两种结构形式。

（1）无气缸套机体　气缸直接在机体上加工而成。小型立式制冷压缩机中，包括大多数的全封闭压缩机多采用此种结构形式。其特点是结构简单，如图 3-30 所示。

在多缸立式压缩机中不用气缸套，可使气缸中心距达到最小值，有利于缩短压缩机长度和提高机体的刚度。一般这种气缸体外表面铸有散热片，靠空气来冷却气缸体。

（2）有气缸套机体　气缸套是一个独立的零件。高速多缸压缩机的机体常采用这种结构形式的机体，其刚性好、结合面少、结构简单，气缸套和机体可分别采用不同的材料，对气缸体的要求低，所以被国内外高速多缸的压缩机广泛采用。图 3-31 所示为采用气缸套的 812.5A100 型压缩机的机体。

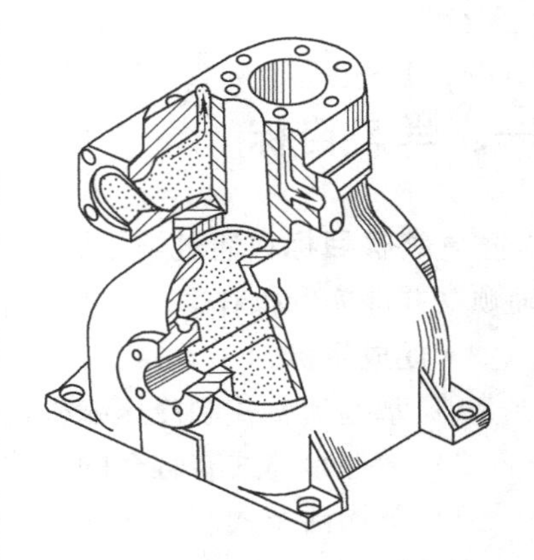

图 3-30　无气缸套的机体结构

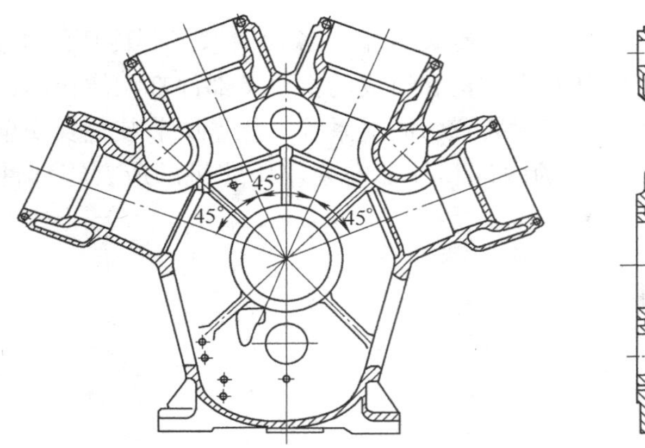

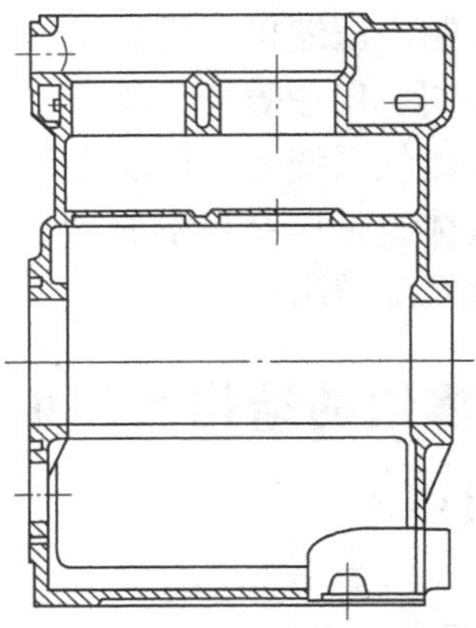

图 3-31　812.5A100 型压缩机的机体

812.5A100 型压缩机机体上部为气缸体，下部为曲轴箱，气缸体上有 8 个安装气缸套的座孔。吸气腔设在气缸套座孔的外圈，流过的制冷剂可以对气缸壁进行冷却。由于吸气腔的尺寸较大，可以减少吸气压力的损失及脉动，提高吸气效果。吸气腔中铸有安装能量调节机构拉杆的肋板。吸气腔与曲轴箱之间用下隔板隔开。以防润滑油溅入吸气腔，隔板最低处钻有均压回油孔，以便制冷剂从系统中带来的润滑油流回曲轴箱，并使曲轴箱内的气体压力与吸气腔压力保持一致。排气腔在气缸体上部，吸、排气腔之间由上隔板隔开。机体的上部前、后端（以动力输入侧为前端）有安装吸、排气管的座孔。曲轴箱主要用于安装曲轴、贮存润滑油、安放润滑油冷却器和过滤器。曲轴箱的前、后端有安装主轴承的座孔，两侧有检修孔，用侧盖封闭。在油过滤器相应位置处有安装三通阀的座孔。曲轴箱内壁设有加强肋，用以提高强度和刚度。这种机体外形平整，结构紧凑。气缸冷却主要靠吸气冷却，冷却效果较好。国内外高速多缸的活塞式制冷压缩机的机体多采用这种结构形式。

2. 材料及技术要求

（1）机体的材料　由于机体结构复杂，加工面多，所以机体的材料应具有良好的铸造性和可加工性。铸铁不仅具有良好的铸造性和可加工性，还具有良好的吸振性，应力集中的敏感性小，是一种价廉物美的机体用材，一般常用 HT200 和 HT250。在运输用制冷压缩机中，有时为了减小质量，提高散热效果，采用低压铸造的铝合金机体。

（2）主要技术要求

1）机体应消除应力。

2）铸件不应有影响强度和使用性能的裂纹、沙眼、渣眼、缩孔、浇不足等缺陷，且不应有变形和损伤。

3）机体各部位的几何公差有一定的要求，如前、后主轴承座孔的同轴度在 100mm 长度内，允许误差一般不大于 0.01mm。

4）气缸套座孔的轴线与主轴承座孔轴线垂直度：在 100mm 内，允许误差一般不大于 0.02mm。

5）机体各加工表面的表面粗糙度数值一般不大于表 3-1 中的规定。

为了确保压缩机工作强度及密封性，活塞式单级制冷压缩机应按 GB/T 10079—2001《活塞式单级制冷压缩机》标准中的压缩机承受低压部分和高压部分零部件的耐压和气密性要求进行试验。耐压试验介质为不低于 5℃的洁净液体（一般为水），将被试零件灌满液体排除空气后，缓慢加压到试验压力，保压不少于 1min，然后进行检查，不应有渗漏和异常变形。气密性试验介质为氮气、干空气等（严禁使用氧气、危险性气体等），气密性试验时给被试验零件加压，气体压力应缓慢上升到试验压力，然后放入不低于 15℃的水池中（水应清洁透明）或外部涂满发泡液，保压不少于 1min，进行检查，不应有渗漏。有机和无机制冷剂压缩机承压零部件的耐压和气密性试验压力见表 3-2 和表 3-3。带冷却水套的压缩机，其冷却水套应经 0.6MPa 耐压试验，保压 5min，不应有渗漏。

表 3-1　机体各加工表面的表面粗糙度值要求　（单位：μm）

加工表面		表面粗糙度值 Ra
气缸孔	有气缸套	1.6
	无气缸套	0.4
主轴承孔		1.6
气缸套座孔的结合面		
各密封面		3.2

表 3-2　有机制冷剂压缩机承压零部件的耐压和气密性试验压力

试验项目	承受高压部分		承受低压部分
气密试验	高冷凝压力	低冷凝压力	45℃制冷剂对应的饱和蒸气压力
	65℃制冷剂对应的饱和蒸气压力	55℃制冷剂对应的饱和蒸气压力	
耐压试验	所对应的为气密性试验压力的 1.5 倍		

表3-3 无机制冷剂压缩机承压零部件的耐压和气密性试验压力

试验项目	承受高压部分	承受低压部分
气密试验	50℃制冷剂对应的饱和蒸气压力	45℃制冷剂对应的饱和蒸气压力
耐压试验	所对应的为气密性试验压力的1.5倍	

8.1.2 缸盖、侧盖

1. 缸盖

制冷压缩机的缸盖起着对气缸上部进行密封的作用，它和机体、排气阀一起形成了压缩机的排气腔。

2. 侧盖

用以封闭曲轴箱两侧的窗孔。两边侧盖上一般分别装有油面指示器和油冷却器，用来检测曲轴箱油面是否在正常高度及冷却润滑油。也有的压缩机在侧盖夹层内走冷却水来冷却润滑油。

8.2 机体组的拆装

8.2.1 机体组的拆卸

1）拆掉与压缩机外部相连的各阀门、管道、仪表等。拆卸阀门管道时要注意工作人员的身体及脸部不要正对着管道、阀门的出气口，以避免余氨泄漏伤人。拆下的管路应清洗干净并做记号，防止安装时搞乱。

2）拆卸曲轴箱侧盖。拆下螺母可将前、后侧盖取下。拆卸后侧盖时要保证侧盖平行地端下，以免损伤油冷却器。若侧盖和密封垫片粘牢，可在粘合面中间位置用薄錾子剔开，注意不要损坏垫片。取下侧盖时，要注意人的脸不应对着侧盖的缝隙，以免余氨泄漏冲到脸上。然后，检查曲轴箱内有无脏物或金属屑等。

3）拆卸气缸盖。预先将水管拆下，再把气缸盖上螺母拆掉。在卸掉螺母时，两边长螺栓的螺母要最后松开。松开时两边同时进行，使气缸盖弹力平衡升起2～4mm时，观察石棉垫片粘到机体部分多，还是粘到气缸盖部分多。用一字螺钉旋具将石棉垫片铲到一边，防止损坏。若发现气缸盖弹不起时，注意螺母松得不要过多，用螺钉旋具从贴合处轻轻撬开，以防止气缸盖突然弹出造成事故。然后将螺母均匀的卸下。

8.2.2 机体组的安装

1. 气缸盖的安装

安装气缸盖时，应由两个人抬着气缸盖放上，注意将安全弹簧与气缸盖上的弹簧座孔对正。压紧气缸盖时，应先拧两只对角长螺栓，当其他的螺柱端头露出气缸盖时，套上螺母，逐步地拧紧螺母，直至完全压紧。

2. 侧盖的安装

安装侧盖基本与气缸盖相同，由两个人抬着侧盖放上，螺栓处套上螺母，逐步地拧紧螺母，直至完全压紧。

思考题与练习题

1. 机体组在压缩机中起什么作用？
2. 机体有哪几种结构形式？
3. 机体下隔板的均压回油孔起什么作用？

单元九　输气系统的结构与拆装

一、学习目标

● **终极目标**：通过学习认识活塞式制冷压缩机的输气系统，熟悉其拆卸和装配的正确顺序并能实际操作。

● **促成目标**：

1）掌握活塞式制冷压缩机输气系统的组成。

2）掌握气阀组的作用和结构。

3）掌握气缸套的作用和结构。

4）掌握活塞组的作用和结构。

5）熟悉活塞式制冷压缩机输气系统的拆装。

二、相关知识

活塞式制冷压缩机输气系统主要由气阀组件、气缸套、活塞组件组成。压缩机在输气系统与其他结构的配合下完成制冷剂蒸气的吸气、压缩与排气过程。输气系统的优劣直接影响压缩机的工作过程，并决定压缩机运行的可靠性。

9.1　气阀组

9.1.1　气阀组的作用与结构

气阀是活塞式制冷压缩机的重要部件之一，它的作用是控制气体及时地吸入与排出气缸。气阀性能的好坏直接影响压缩机的制冷量和功率。阀片的使用寿命是影响压缩机连续运转期限的重要因素。

活塞式制冷压缩机使用的气阀都是受阀片两侧的气体压差控制而自行启闭的自动阀，它主要由阀座、阀片、气阀弹簧和升程限制器四部分组成。如图3-32所示，阀座1上开有供气体通过的通道。阀座上设有凸出的环状密封边缘（称为阀线），阀片2是气阀的主运动部件，当阀片与阀线紧贴时则形成密封，气阀关闭。气阀弹簧3的作用是迫使阀片紧贴阀座，并在气阀开启时起缓冲作用。升程限制器4用来限制阀片的开启高度。

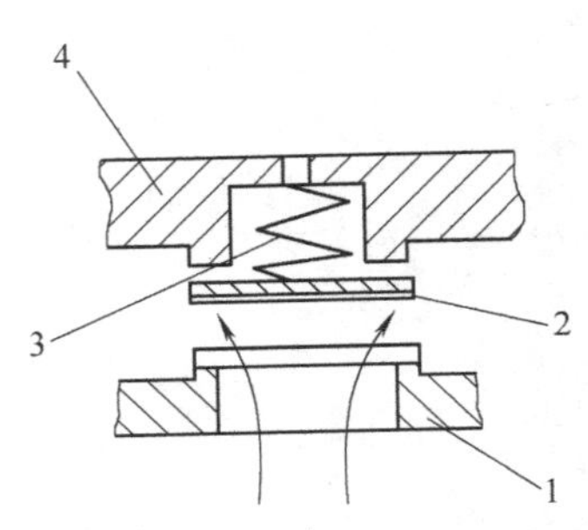

图3-32　气阀组成示意图
1—阀座　2—阀片
3—气阀弹簧　4—升程限制器

气阀的工作原理为：当阀片下面的气体压力大于阀片上面的气体压力、弹簧弹力以及阀片重力之和时，阀片离开阀座，上升到与升程限制器接触位置（即所谓气阀全开），气体即可通过气阀通道。当阀片下面的气体压力小于阀片上面的气体压力、弹簧弹力以及阀片重力之和时，阀片离开升程限制器向下运动，直到阀片紧贴在阀座的阀线时，即关闭了气阀通道，使气体不能通过，这样就完成了一次启闭过程。

气阀的结构形式也是多种多样，最常见的有刚性环片阀和簧片阀两种。

1. 刚性环片阀

刚性环片阀是目前应用最广泛的一种气阀。我国缸径在70mm以上的中小型活塞式制冷压缩机系列均采用图3-33所示的形式。环片阀采用顶开吸气阀调节排气量，并利用排气阀线兼作安全盖。吸气阀座与气缸套22顶部的法兰是一个整体，法兰端面上加工出两圈凸起的阀座密封线。环状吸气阀片14在吸气阀关闭时贴合在这两圈阀线上。两圈阀线之间有一环状凹槽，槽中开设若干均匀分布的与吸气腔相通的吸气通孔。吸气阀的阀盖（升程限制器）与排气阀的外阀座10做成一体，底部开若干沉孔，设置若干个吸气阀弹簧13。吸气阀布置在气缸套外围，不仅有较大的气体流通面积，而且便于设置顶开吸气阀片式的输气量调节装置。排气阀的阀座采用内、外分座式结构。内、外阀座之间形成排气通道。环状排气阀片3与内、外阀座上两圈密封线相贴合，形成密封。外阀座10安装在气缸套的法兰面上，内阀座11与阀盖（升程限制器）4用气阀螺栓9联接，阀盖又通过四根螺栓2与外阀座连成一体，这个阀组也被称为安全盖（又称假盖）。为了减小压缩机的余隙容积，使活塞顶部形状与排气通道形状相吻合，当活塞运动到上止点位置时，内阀座刚好嵌入活塞顶部凹坑内。

安全盖的阀盖4上装有安全弹簧5，弹簧上部再用气缸盖压紧。安全弹簧装上后产生预紧力。当气缸内进入过量液体，在气缸内受压缩而产生高压时，安全盖在缸内高压的作用下克服安全弹簧预紧力而升起，使液体从阀座打开的周围通道迅速泄入排气腔，使气缸内的压力迅速下降，从而保护压缩机。当活塞到达上止点位置后往回运动时，安全盖在安全弹簧力作用下回复原位而正常工作。

在制冷压缩机工作时，如遇调整不当或其他原因而使制冷剂流量过大时，蒸发器中的部分液体制冷剂来不及汽化就进入压缩机气缸，因为液体可压缩性很小，又来不及从排气阀通道排出，致使气缸内压力急剧上升。有了安全装置，超压液体即可从气缸内迅速沿安全盖周围排至排气腔，避免炸缸的发生。此时，压缩机内部会发出安全盖起跳的沉重撞击声，即所谓“液击（敲缸）”现象。

刚性环片阀的阀片结构简单，易于制造，工作可靠，但由于阀片较厚，运动质量较大，冲击力较大，且阀片与导向面间有摩擦，阀片启闭难以做到迅速、及时，而使气体在气阀中容易产生涡流，增大损失。因此，刚性环片阀适用于转速低于1500r/min的压缩机。

2. 簧片阀

簧片阀也称为舌簧阀或翼状阀。阀片的一端固定在阀座上，另一端可以在气体压差的作用下上下运动，以达到启闭的目的。阀片由厚度为0.1～0.3mm的优质弹性薄钢片制成，因此质量小、冲击力小、启闭迅速，适用于小型制冷压缩机。我国全封闭及50系列压缩机多采用这种气阀。

图3-34所示为吸、排气簧片阀组。吸气阀片一般由阀板、阀片、弹簧和升程限制器组成。阀板为整体式，吸气阀片为舌形，装在阀板下侧，其一侧靠两个销钉定位而夹在阀板和

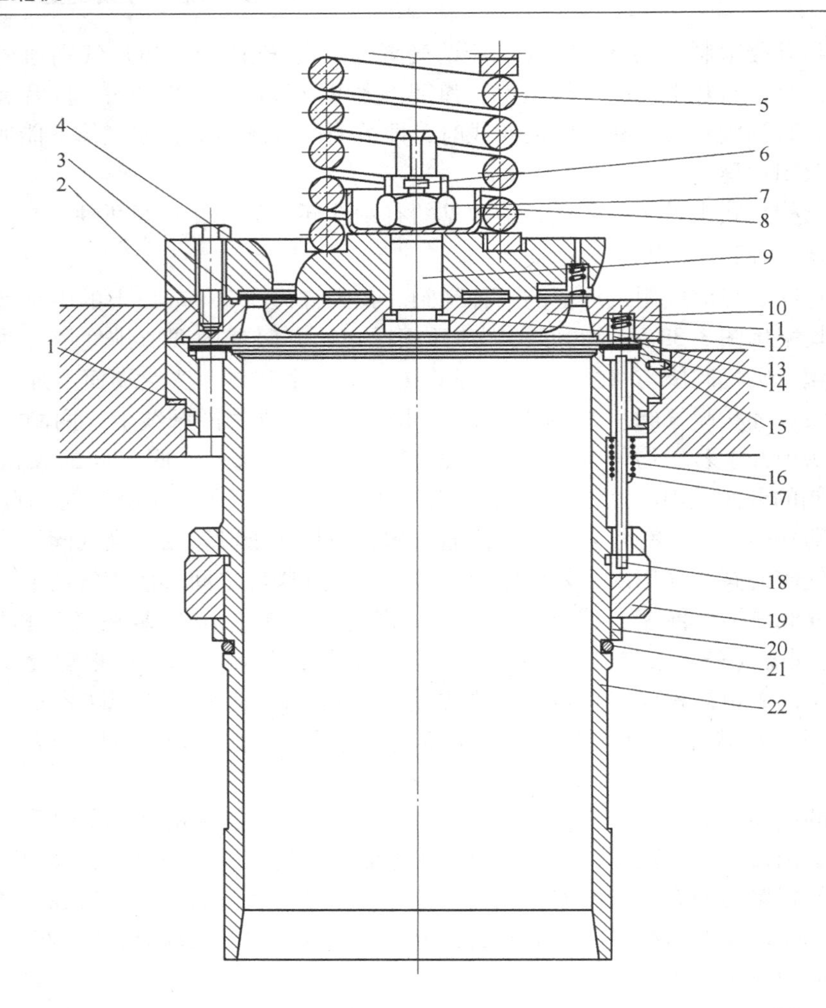

图 3-33 气缸套及吸排气阀组件

1—调整垫片 2—螺栓 3—环状排气阀片 4—阀盖 5—安全弹簧 6、17—开口销 7—螺母 8—钢碗 9—气阀螺栓 10—外阀座 11—内阀座 12—垫片 13—吸气阀弹簧 14—环状吸气阀片 15—圆柱销 16—顶杆弹簧 18—顶杆 19—转动环 20—垫圈 21—弹性圈 22—气缸套

气缸之内，另一侧舌尖部分为自由端，排气阀装在阀板的上侧，形状为弓形，升程限制器向上翘曲的，其弯曲度和阀片全开时的形状一致。

簧片阀阀片的形状取决于阀座上气流通道和阀片固定位置。常用簧片阀阀片的形状如图 3-35所示。

9.1.2 气阀组的拆装

1. 气阀组的拆卸

气缸盖拆下后，取出安全弹簧，即可进行气阀组从机体上的拆卸。拆卸气阀组时，手的常用握法如图 3-36 所示，沿气缸体轴线方向用力即可将气阀组取下。

注意，在手用力的过程中，始终保证气阀组的上平面与压缩机的上隔板相平行。取气阀组时，还应注意不能损坏外阀座与气缸口的密封线。

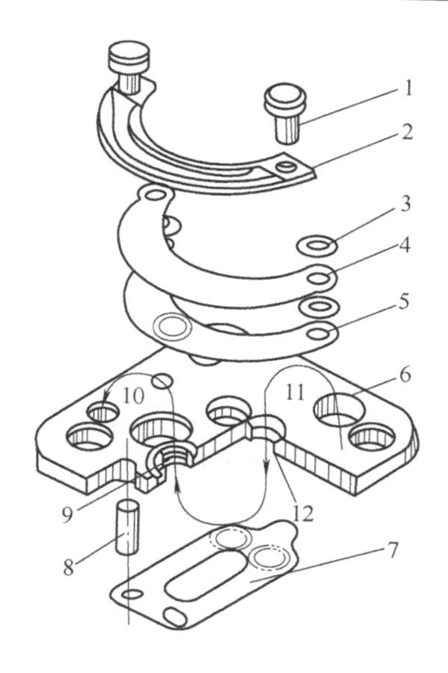

图 3-34　吸、排气簧片阀组

1—螺钉　2—升程限制器　3—垫圈　4—缓冲弹簧片　5—排气阀片　6—阀板
7—吸气阀片　8—销钉　9、12—阀线　10—排气流向　11—吸气流向

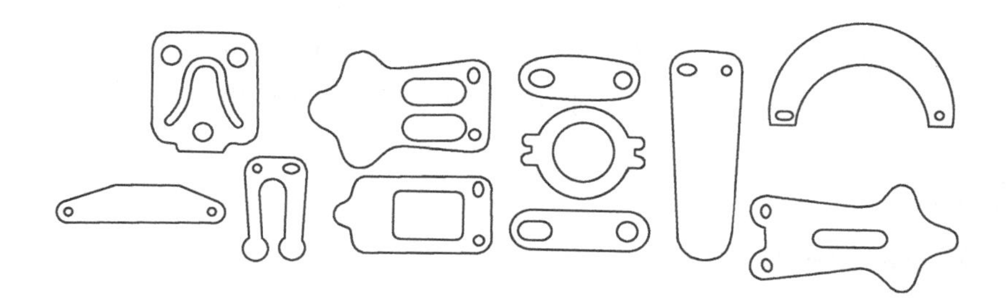

图 3-35　常用簧片阀阀片的形状

图 3-36　气阀组的常用握法

2. 气阀组从部件到零件的拆卸

1）拆穿心螺母，一般用梅花扳手即可拧松。若过紧，可用台虎钳夹住穿心螺母再用梅花扳手拧松。

2）拆紧固螺栓，将4或6个紧固螺栓拆下后，即可取下阀盖。

3）将阀盖反面朝上，拆卸8个排气阀弹簧。

4）将外阀座反面朝上，拆卸6个吸气阀弹簧，拆气阀弹簧时应用手拧紧弹簧取下，不能硬拉，以免损坏弹簧。

3. 气阀组组件组装

1）阀盖大头朝下置于软面工作台上，将排气阀弹簧旋入阀盖弹簧孔内。

2）在气阀螺栓上装上铝垫片，再装上内阀座，然后在内阀座密封面上放上排气阀片。

3）将装好了排气阀弹簧的阀盖装在气阀螺栓上。排气阀弹簧应压住排气阀片，注意阀片应放正。

4）装上钢碗。

5）拧上冕形螺母，装上开口销。

6）装外阀座，使螺栓孔端面紧贴阀盖的4个或6个爪，拧上螺栓。

7）清点其余零件（吸气阀弹簧、吸气阀片、圆柱销、安全弹簧等），以备总装配。

4. 气阀组的装配

在压缩机上装气阀组前，将卸载装置用专用螺钉顶起，使小顶杆落下，处于工作状态，以免吸气阀片放不正。然后，将吸气阀片放在气缸套的密封线上。再把气阀组平行于机体上隔板放在气缸套顶平面上，听到“啪”一声响，并能转动自如为安装到位。

气阀组装配时，手的握法及用力方向与气阀组拆卸时的要求相同。

9.2 气缸套

9.2.1 气缸套的作用与结构

国产系列活塞式压缩机50～170各系列均采用气缸套结构。气缸套的作用是与活塞及气阀一起在压缩机工作时组成可变的工作容积。另外，它对活塞的往复运动起导向作用。

气缸套的基本结构为薄壁筒形结构，如图3-37所示。上定位带支承在机体的上隔板上。气缸套中部的凸缘下安装用于能量调节的小顶杆、转动环和垫圈，下部的挡环槽用来安放弹性圈。气缸套下部是自由的，以便热胀冷缩。

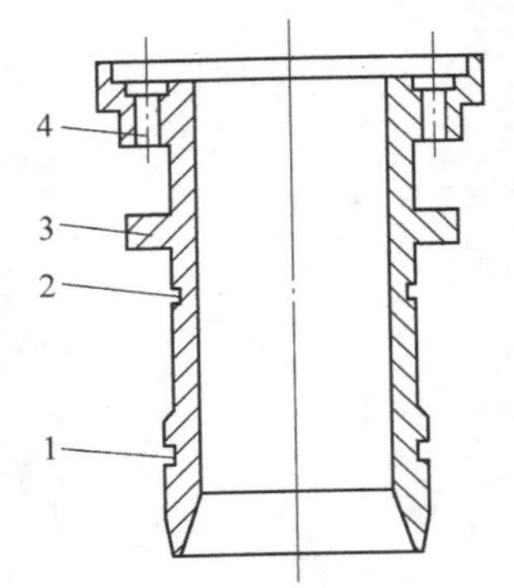

图3-37 气缸套

1—密封圈环槽 2—挡环槽 3—凸缘 4—吸气孔

气缸套上部的两圈阀线兼作吸气阀的阀座，阀线中间的30个圆孔为吸气孔口，其中小顶杆穿过均匀分布的6个略小的圆孔。呈对角线布置且具有螺纹的两个孔为安装孔，在安装和拆卸气缸套时旋入专用工具——吊环。

对125系列压缩机而言，其特点在于它的上部法兰同时又是吸气阀的阀座，阀座座面低于法兰的上端面，这个差距决定于吸气阀片的厚度和升程。对于100系列压缩机而言，它的这个特点与125有区别：其上部法兰也兼作吸气阀的阀座，但阀座座面高于法兰的上端面，吸气阀片的厚度和升程留在吸气阀的升程限制器（排气阀的外阀座）内。100 系列压缩机的气缸套是用螺钉直接固定在机体上隔板上的。

单机双级机中，一般高压气缸套与普通气缸套在结构上有所区别：需要在气缸套下部的定位带上开有 O 形密封圈的环槽，安装时装入 O 形橡胶密封圈，用以将压力不同的高压吸气腔和曲轴箱分隔。

9.2.2 气缸套的拆装

1. 气缸套的拆卸

将两只专用吊环拧入气缸套顶部吸气孔口中的螺纹孔内，用力向上拉出气缸套，如图 3-38 所示。注意用力方向应为气缸套的轴线方向。如果遇到拉不动的情况，可能是气缸套过紧或气缸套与机体上隔板之间的石棉垫片粘连，可用木锤轻敲气缸底部，即可拉出。也可在两个吊环间放上铁棍，然后用撬棍撬出。

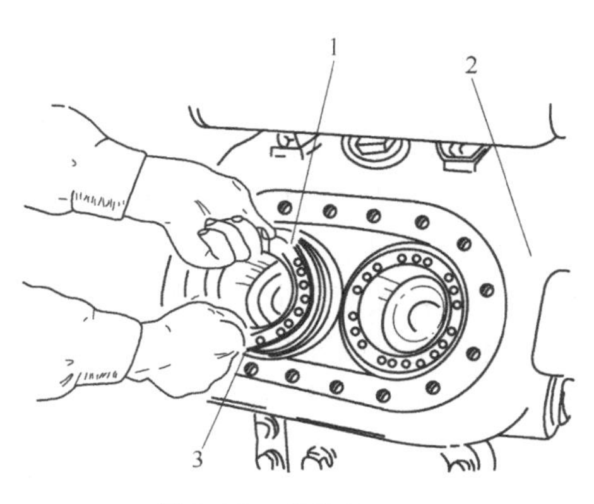

图 3-38 吊拉气缸套

1—气缸套 2—机体 3—工具螺栓

拆出的气缸套应按顺序与其配合的活塞放在一起，以便装配。

2. 气缸套组件组装

1）将气缸套置于干净的软面工作台上，装转动环。转动环缺口朝下，注意其左、右之分。

2）装垫片和弹性圈，并检查转动环的灵活性。

3）将气缸套正立过来，装顶杆，使顶杆圆头落入转动环缺口槽内。

4）对顶杆找平，即顶杆上放置吸气阀片，阀片平稳的高度差不大于 0.1mm。

5）提起顶杆，套入顶杆弹簧。压缩顶杆弹簧，在顶杆上装上开口销。

6）转动转动环，检查顶杆的灵活性。

3. 气缸套的装配

1）安装气缸套时，先在准备安装的气缸套上拧入吊环，然后放好缸外的垫片，气缸套要对号。

2）将转动环和小顶杆处于卸载位置，对于 125 类气缸套还应注意定位销与定位槽的位置。

3）沿机体上、下隔板镗孔中心线的方向将气缸套送入。

4）装好后用螺钉旋具插入卸载装置的法兰中心孔，推动油活塞，检查卸载装置是否灵活及小顶杆能否正常升降。

9.3 活塞组的作用与结构

活塞组由活塞体、活塞环及活塞销组成。典型的活塞组如图 3-39 所示。活塞组在连杆的带动下，在气缸内做往复运动，形成不断变化的气缸容积，在气阀等部件的配合下实现气缸中工质的吸入、压缩、排出与膨胀过程。活塞组的结构与压缩机的结构形式有密切关系。

1. 活塞体

活塞体简称活塞。我国系列压缩机的活塞一般采用筒形活塞。筒形活塞通常由顶部、环部和裙部三部分组成。活塞上面的密闭圆筒部分称为顶部，顶部与气缸及气阀构成可变的工作容积。设置活塞环的圆柱部分称为环部。环部下面为裙部，裙部上有销座孔供安装活塞销用。

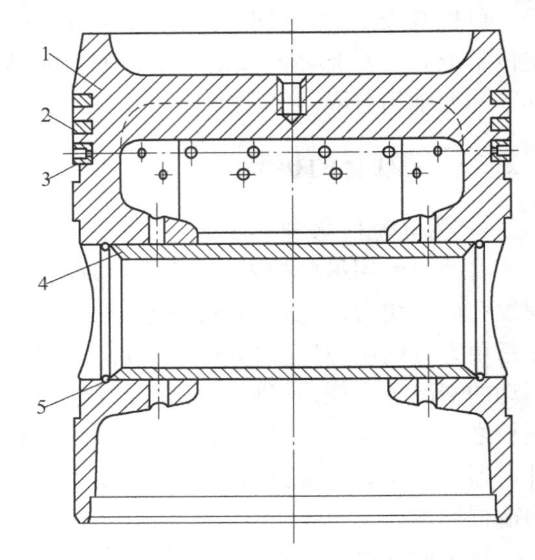

图 3-39 典型的活塞组
1—活塞 2—气环 3—油环 4—活塞销 5—弹簧挡圈

2. 活塞环

活塞环可以分为气环和油环两种。气环的作用是保持气缸与活塞之间的密封性，防止在压缩时高压气体向低压部分泄漏。油环的作用是刮去附着于气缸壁上的多余的润滑油，并使壁面上的油膜分布均匀。

气环的密封原理如图 3-40 所示。气环有一个开口，在自由状态时，其外径大于气缸的直径。由于气环本身弹力的作用，装入气缸后，对气缸壁产生一个压力，气缸产生一个反作用力，从而形成第一个密封面。活塞向上运动时，由于气体压力和惯性力的作用，把气环推向一边，使端面形成密封，也就是第二密封面。制冷压缩机由于气缸工作压力不太高，活塞两侧压差不大，一般用二或三道气环。转速高、缸径小和采用铝合金活塞的压缩机可以只用一道气环。

为使活塞环本身具有弹性，环中必须开有切口。同一活塞上的几个活塞环安装时，应使切口相互错开，以减少漏气量。

为了避免润滑油过多地进入气缸，一般在气环的下部设置油环。图 3-41 所示为油环的结构形式。图 3-41a 所示为一种比较简单的斜面式油环，它的工作表面有四分之三高度是做成斜度为 10°～15°的圆锥面。安装时，务必将圆锥面置向活塞顶的一面。图 3-41b 所示为目前压缩机中常用的槽式油环结构，在它的工作面上车有一条槽，以形成上、下两个狭窄的工作面，在槽底铣有 10～12 个均匀的排油槽。在安装油环的相应活塞槽底部应钻有一定数量的泄油孔，以配合油环一起工作。

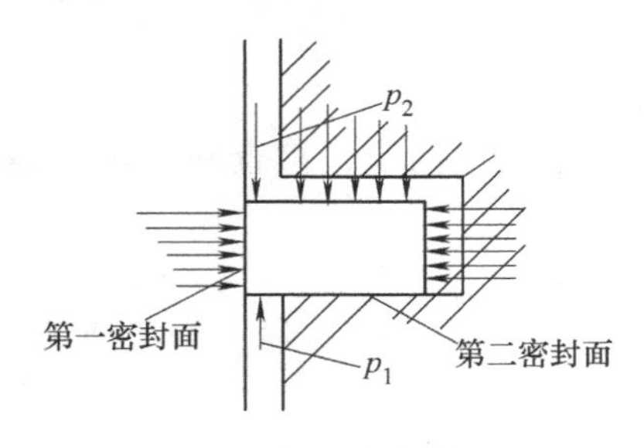

图 3-40 气环的密封原理

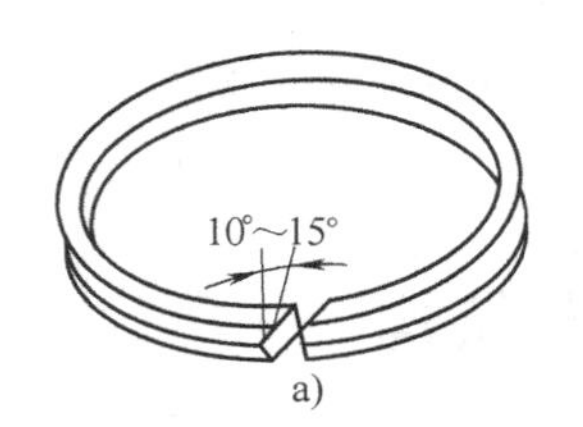

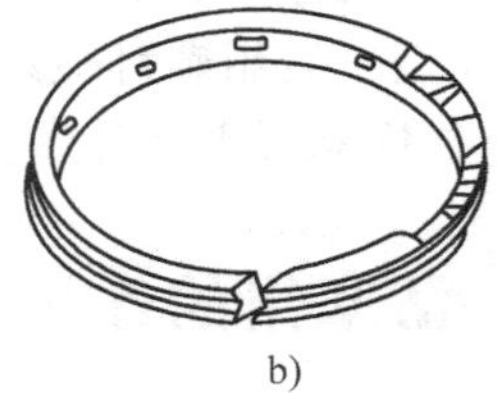

图 3-41 油环的结构形式
a）斜面式 b）槽式

油环的刮油作用如图 3-42 所示。斜面式油环在活塞上行时起布油作用（图 3-42a），形成油楔以利于润滑和冷却，下行时将油刮下经环槽回油孔流入曲轴箱（图 3-42b）。槽式油环由于具有两个刮油工作面（图 3-42c），与气缸壁的接触压力高，排油通畅，刮油效果好，被广泛应用于国产中小型压缩机中。

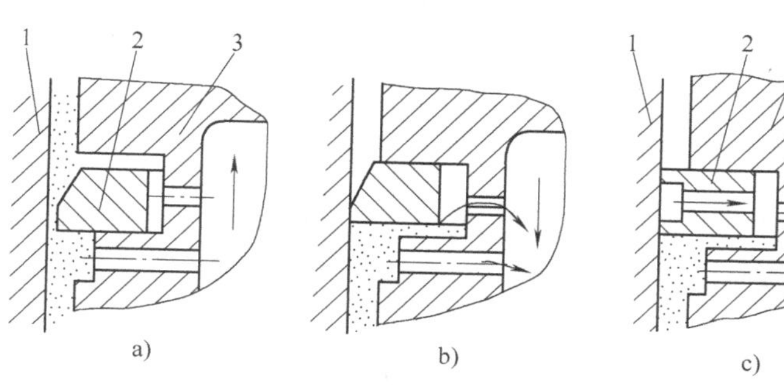

图 3-42　油环的刮油作用

1—气缸　2—油环　3—活塞

3. 活塞销

活塞销是连接连杆和活塞的零件，如图 3-43 所示。活塞销一般均制成中空圆柱结构，以减少惯性力。现代制冷压缩机中，普遍采用浮式活塞销的连接方法，即活塞销相对销座和连杆小头衬套都能自由转动，这样可以减少摩擦面间相对滑动速度，使磨损减少且均匀。为防止活塞销产生轴向窜动而伸出活塞擦伤气缸，通常在销座两端的环槽内装有弹簧挡圈。

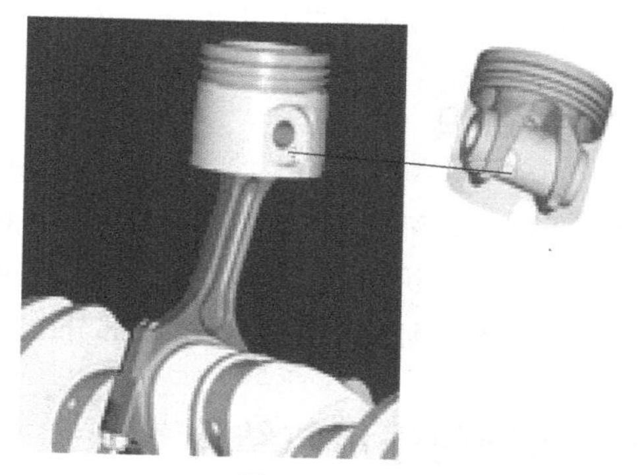

图 3-43　活塞销

思考题与练习题

1. 活塞式制冷压缩机的输气系统由哪些部件组成？
2. 125 系列的气阀组由哪些零件组成？
3. 100 系列与 125 系列压缩机的气缸套结构有何不同？
4. 活塞组在压缩机中起什么作用？

单元十　传递动力系统的结构与拆装

一、学习目标

● **终极目标：**掌握活塞式制冷压缩机传递动力系统的组成及连杆、曲轴的结构和作用，熟悉其拆卸和装配的正确顺序并能实际操作。

● **促成目标：**

1）掌握活塞式制冷压缩机传递动力系统的结构和作用。

2）掌握曲轴的作用和结构。

3）掌握连杆的作用和结构。

4）熟悉活塞式制冷压缩机传递动力系统的拆装。

二、相关知识

活塞式制冷压缩机传递动力系统主要由曲轴和连杆组成。它们在压缩机中所起的共同作用是将外界送入的机械能传递给活塞组，使活塞对气体做功。同时，连杆和曲轴也是压力润滑系统中润滑油循环路线的重要组成部分。

10.1　曲轴的作用与结构

曲轴是活塞式压缩机中重要的运动部件之一，它的作用主要是把电动机的能量传递给连杆及活塞。它传递着压缩机的全部输入功率，在气体压力、往复运动及旋转运动质量惯性力的作用下，承受拉压、剪切、弯曲和扭转等交变复合载荷。同时，曲轴销和主轴颈还受到严重的摩擦和磨损，为此，要求曲轴有足够的疲劳强度和刚度、良好的耐磨性和制造工艺性以及良好的动平衡性能等。

活塞式制冷压缩机曲轴的基本结构形式有三种，如图 3-44 所示。

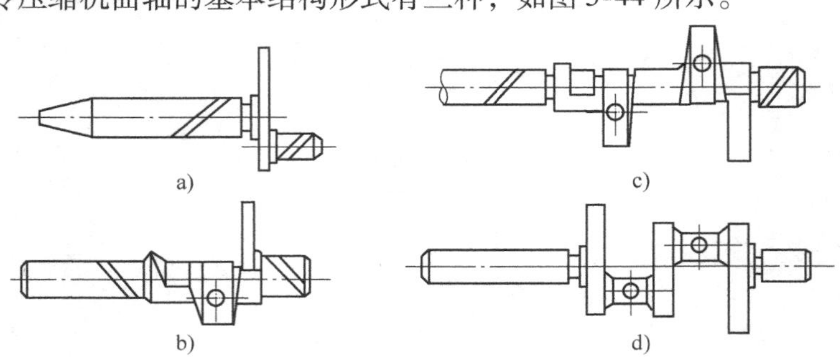

图 3-44　曲轴的几种结构形式

（1）曲柄轴（图 3-44a）　它由主轴颈、曲柄和曲柄销三部分组成。因为只有一个主轴承，因而曲轴的长度比较短，但属于悬臂支承结构，只宜承受很小的负荷，故用于功率很小的制冷压缩机中。

（2）偏心轴（图 3-44b、c）　在小型的、曲柄半径小的压缩机中，为了简化结构，便于安装大头整体式的连杆，其主轴采用偏心轴的结构，即曲柄销两侧无曲柄，它是利用增大曲柄销直径的办法来增加它与主轴颈的重叠度，以满足主轴的强度和刚度的需要。图 3-44b 仅有一个偏心轴颈，只能驱动单缸压缩机，此时压缩机的往复惯性力无法平衡，振动较大。图 3-44c有两个方位相差 180°的偏心轴颈，用于有两个气缸的压缩机上。偏心轴在小型全封闭压缩机中得到广泛的应用，与之相配的连杆大多数是铝合金连杆。

（3）曲拐轴（图 3-44d）　简称曲轴，由一个或几个以一定错角排列的曲拐组成，每个曲拐由主轴颈、曲柄和曲柄销三部分组成。与此曲轴相匹配的连杆大头必须是剖分式，每个曲柄销上可并列安装 1 ~4 个连杆。活塞行程较大时常用此类曲轴。

一般曲轴的曲柄结构因制造工艺而异。如自由锻造的曲轴采用矩形曲柄，如图 3-45a 所示。模锻或铸造曲轴可采用应力分布均匀的椭圆形曲柄，如图 3-45b 所示。

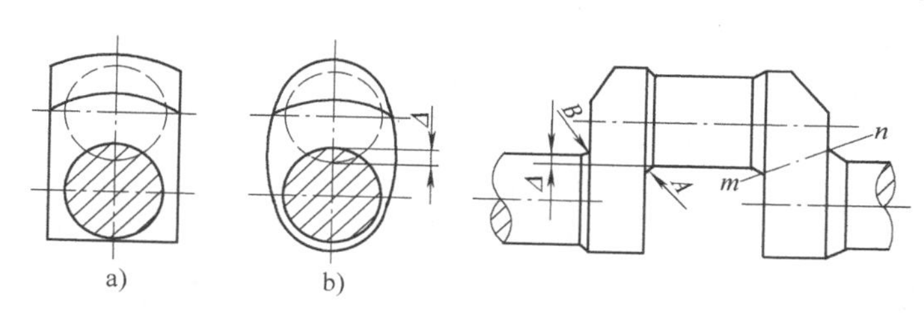

图 3-45　曲柄的形状

a）矩形曲柄　b）椭圆形曲柄

曲柄上设有平衡块，以平衡往复力和旋转惯性力。有的平衡块直接与曲柄铸成一体（图 3-46a），有的平衡块用螺栓固接在曲柄上（图 3-46b、c）。图 3-46b 所示的平衡块由纵向螺栓把平衡块和曲轴连接起来，螺栓承受平衡块产生的离心力。图 3-46c 采用燕尾槽连接结构，其中横向螺栓不承受平衡块离心力，只起把平衡块夹紧在曲柄上的作用。

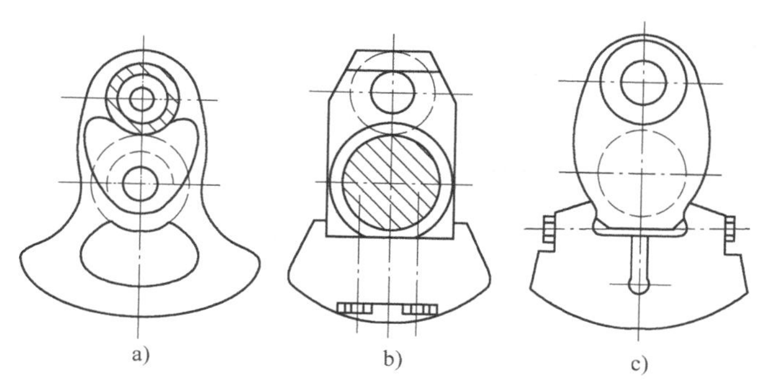

图 3-46　平衡块和曲柄的连接结构

曲轴除传递动力、平衡惯性力外，通常还起输送润滑油的作用。通过曲轴上的油孔，将油泵供油输送到连杆大头、小头、活塞及轴承处，润滑各摩擦表面。图 3-47 所示为曲轴中的输油道。油道出口处的孔口边缘应倒角，以降低应力集中。

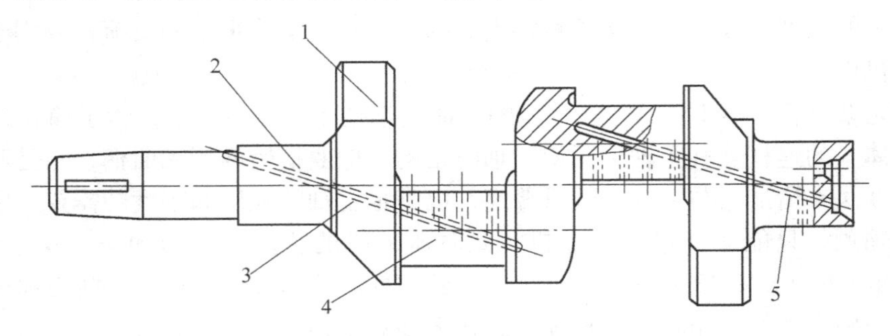

图 3-47　812.5A100 型压缩机曲轴的输油道

1—平衡块　2—主轴颈　3—曲柄　4—曲柄销　5—油道

10.2　连杆的作用与结构

连杆的作用是将活塞和曲轴连接起来，传递活塞和曲轴之间的作用力，将曲轴的旋转运动转变为活塞的往复运动。图 3-48 所示为典型的连杆组件的结构图。

连杆结构由连杆小头、连杆大头和连杆体三部分组成。连杆小头及衬套通过活塞销与活塞连接，连杆小头工作时做往复运动。连杆大头及大头轴瓦与曲柄销连接，工作时做旋转运动。而连杆大、小头之间的杆身（连杆体），工作时做垂直于活塞销平面的往复与摆动的复合运动。连杆体承受着拉伸、压缩的交变载荷及连杆体摆动所引起的弯曲载荷的作用。因此，对连杆的要求是具有足够的强度和刚度，并且要求连杆螺栓疲劳强度高、连接可靠，连杆易于制造，成本低等。

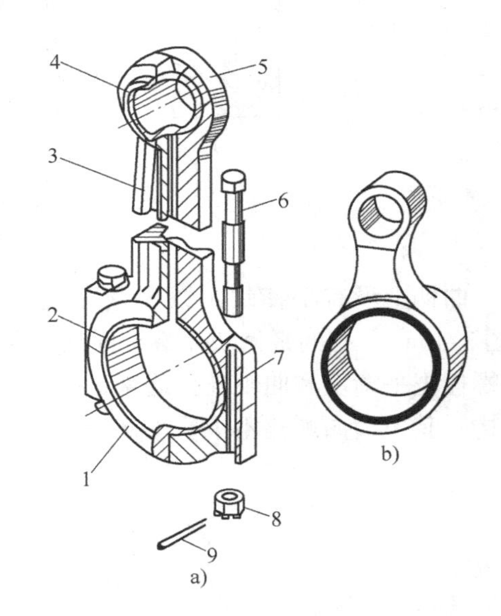

图 3-48　典型的连杆组件的结构图

a）部分式连杆　b）整体式连杆

1—连杆大头盖　2—连杆大头轴瓦　3—连杆体　4—连杆小头衬套　5—连杆小头　6—连杆螺栓　7—连杆大头　8—螺母　9—开口销

1. 连杆小头

连杆小头一般做成整体式。现代高速压缩机中，连杆小头广泛采用简单的薄壁圆筒形结构，如图 3-49a 所示。小头与活塞销相配合的支撑面，除了小型压缩机的铝合金连杆（图 3-49b）外，通常都压有衬套。衬套材料一般采用锡磷青铜合金、铁基或铜基粉末冶金等。

连杆小头的润滑方式有两种。一种是靠从连杆体钻孔输送过来的润滑油进行压力润滑（图 3-49a），另一种是在小头上方开有集油孔槽（3-49b）承接曲轴箱中飞溅的油雾进行润滑，润滑油可通过衬套上开的油槽和油孔来分配。

小头轴承也采用滚针轴承（图 3-49c），如 S812.5 型单机双级压缩机中的高压缸连杆。由于高压级活塞上气体压力的增高，使小头中用一般衬套轴承不能正常工作。

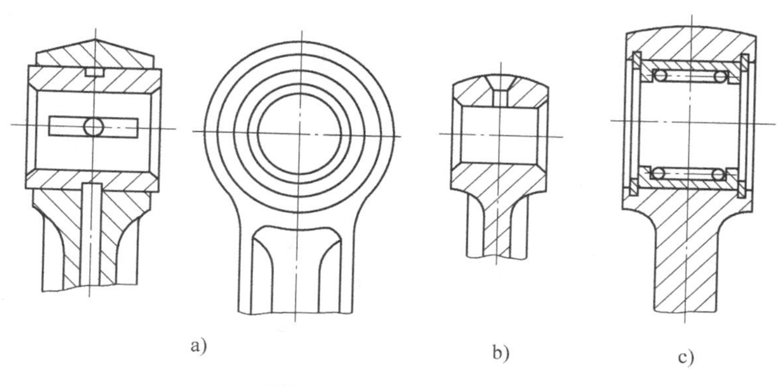

图 3-49　连杆小头结构

2. 连杆大头

连杆大头有剖分式和整体式两种。前者用于曲拐结构的曲轴上，后者用于单曲柄曲轴或偏心轴结构上。剖分式连杆大头分为直剖式和斜剖式两种。直剖式如图 3-48a 所示，其剖分面垂直于连杆中心线，连杆大头刚性好，易于加工，且连杆螺栓不受剪切力的作用，但是它的大头横向尺寸大，为了能使连杆通过气缸装卸，这种结构形式限制了曲柄销直径的增大。斜剖式连杆大头如图 3-50所示，在拆除大头盖后连杆大头横向尺寸将大大减少，将有可能增大曲轴的曲柄销直径，以提高曲轴的刚度，而且方便装拆。剖分式连杆大头内孔与大头盖是单配加工的，不具备互换性，靠固定搭配由定位装置方向记号来确保大头内圆的正确形状。

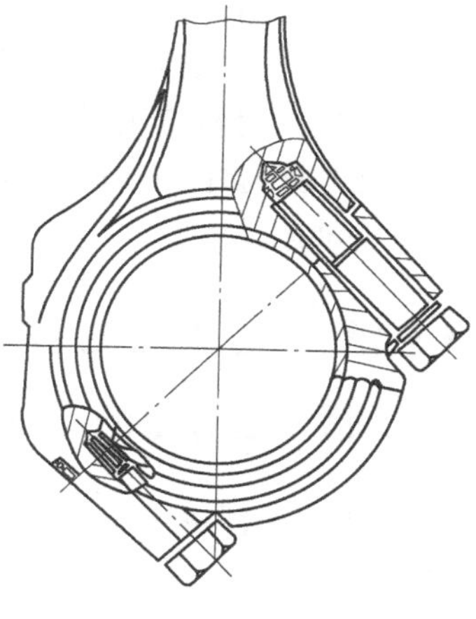

整体式连杆大头的结构简单，如图 3-48b 所示，无连杆螺栓，便于制造，工作可靠，容易保证其加工精度。由于整体式连杆大头用于偏心轴时其尺寸显得过大，因此，这类连杆只应用于缸径小于 70mm 的小型制冷压缩机中。

图 3-50　斜剖式连杆大头

3. 连杆体

连杆体的截面形状有工字形、圆形、矩形等，如图 3-51所示。在大批量生产的高速压缩机中，可采用模锻或铸造成受力合理、质量小的工字形截面，圆形和矩形截面加工简单，但材料利用不够合理，只用于单件或小批量生产的压缩机中。各截面中心所钻油孔应能使润滑油从大头经油孔送到小头，润滑衬套。

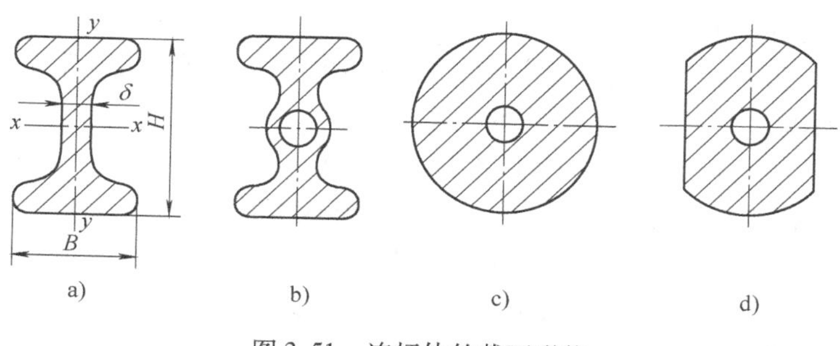

图 3-51　连杆体的截面形状

4. 连杆螺栓

剖分式连杆大头盖与连杆体用连杆螺栓联接。典型的连杆螺栓如图 3-52 所示。它对大头盖与连杆体之间既起紧固作用，又起定位作用。图中的表面 B 即为连杆螺栓的定位面，其直径大于螺纹部分的外径。螺栓头部 A 处为一平面，它与连杆体上支承座上的平面配合，起拧紧螺母时防止螺栓转动的作用。

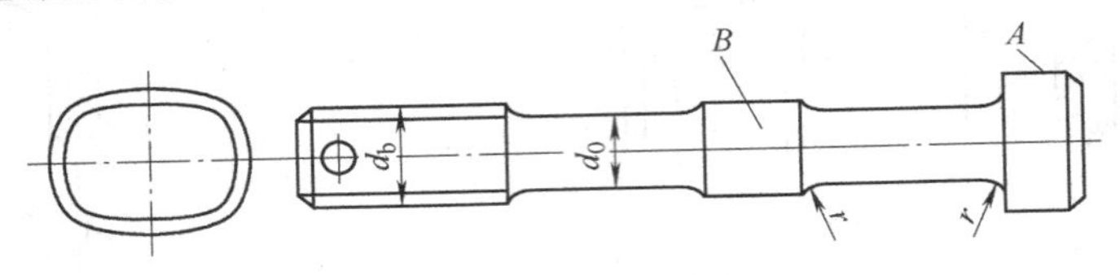

图 3-52 典型的连杆螺栓

连杆螺栓虽小，但它承受严重的冲击性脉动拉伸载荷，有时还承受一定程度的剪切载荷。由于连杆螺栓的破坏会造成压缩机的严重损坏，甚至危及人身安全，所以对连杆螺栓的设计、制造要引起高度重视。

实践证明，连杆螺栓往往由于应力集中而造成疲劳断裂，所以螺栓结构和选材应着眼于提高其耐疲劳能力。螺栓体较细的结构可降低螺栓刚度，增加弹性，利于吸收应变性能，相对提高疲劳能力。螺栓过渡处应取较大圆角，以降低应力集中敏感性。

连杆螺栓的材料应用优质合金钢，如 40Cr、35CrMoA、25CrMoV 等，加工时应保证螺栓头的承压面与螺栓中心线的垂直度，加工后应进行磁粉检测及超声波检测，以确保其表面和内部均没有缺陷。

10.3 活塞连杆组的拆装

10.3.1 活塞连杆组的安装

（1）活塞连杆组安装步骤 可参考图 3-53。

具体安装步骤为：

1）将小头衬套装入连杆小头内，连杆小头放入活塞体内。

2）将活塞销插入销座和小头衬套孔内，转动应灵活。

3）用钢丝钳将弹簧挡圈放入活塞销座孔的槽内。

4）再将大头体与大头盖内部的大头轴瓦装上，注意卡口对应。

（2）活塞连杆组向机体内装配的步骤

1）将对应的气缸套上放上压套。

2）将吊环旋入活塞体顶部的螺纹孔内，用吊环将活塞连杆组件托好后放入气缸内，连杆大头要对准曲柄销，再把活塞连杆组往下送。

3）当活塞环与压套相接触时，用手挤压活塞环的切口，逐个送入。在送入活塞环的过程中，为提高此活塞的密封性，应注意把各切口错开成 120°角。

4）三个活塞环全部挤入后，继续把活塞连杆组往下送，直到正好卡在曲柄销上为止。

5）从侧盖处合上大头盖，用螺栓固定好。装配大头盖时应注意让其上的标号与大头体的标号相同并在同一侧。

6）放上开口销。

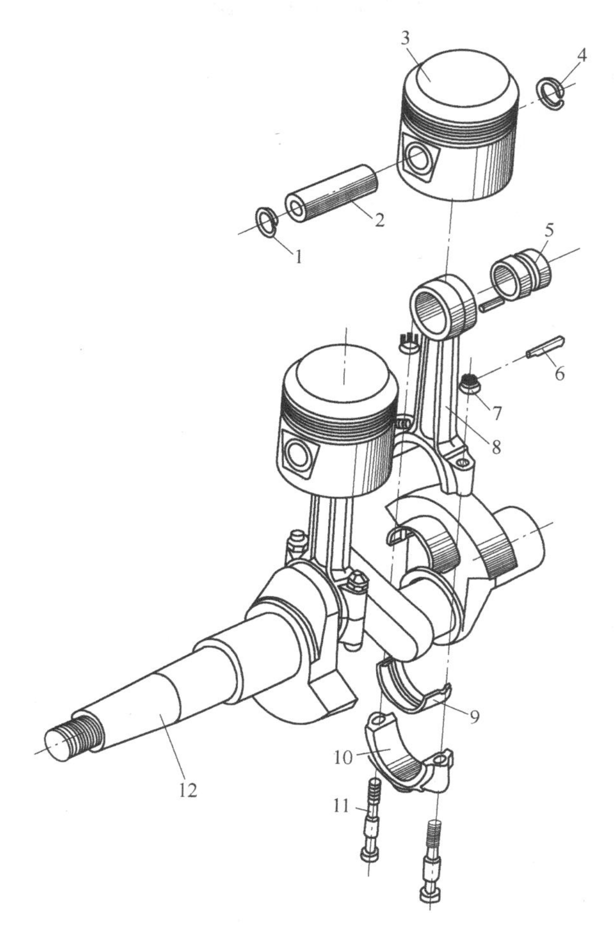

图 3-53　直剖式活塞连杆组的装配
1、4—弹簧挡圈　2—活塞销　3—活塞　5—连杆小头衬套
6—开口销　7—连杆螺母　8—连杆　9—连杆大头轴瓦
10—连杆大头盖　11—连杆螺栓　12—曲轴

10.3.2　活塞连杆组的拆卸

拆卸活塞连杆组的步骤如下：

1）用钢丝钳取出螺栓或螺母上的开口销，松掉螺母，如图 3-54 所示。

2）取出下瓦和两个螺栓。

3）转动曲轴，使活塞升至上止点位置。

4）把吊环拧进活塞顶部的螺纹孔内，轻轻用手托住取出活塞。

5）取出活塞连杆组件后，把大头盖合上去，防止大头盖的号码弄错而影响装配。

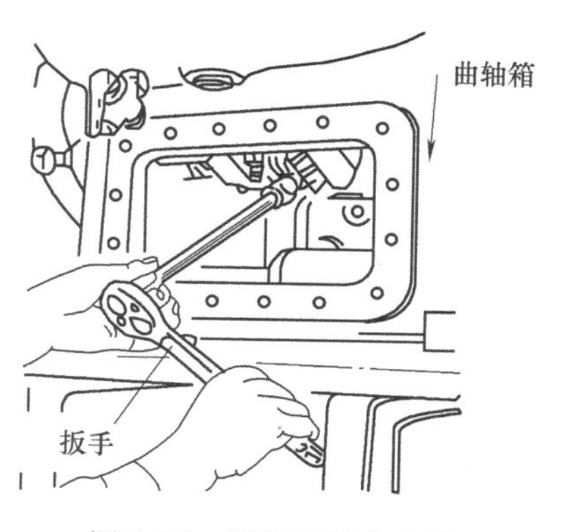

图 3-54　拆卸连杆大头盖

思考题与练习题

1. 制冷压缩机的曲轴起什么作用?
2. 双曲拐轴由哪几部分组成?
3. 连杆按连杆大头结构不同如何分类?
4. 直剖式与斜剖式连杆各有什么优、缺点?
5. 活塞连杆组件的装配步骤及注意事项有哪些?

单元十一　轴封及安全器件的结构与拆装

一、学习目标

- **终极目标**：能够进行制冷压缩机轴封部件的拆卸与装配操作，掌握安全器件的结构。
- **促成目标**：

1）掌握轴封的基本结构以及轴封的拆卸和装配操作。

2）掌握制冷压缩机常用的安全器件。

3）了解安全阀的工作原理。

二、相关知识

11.1　轴封

11.1.1　轴封的作用

压缩机的整个系统中都充满着制冷剂。在高温工况的制冷设备中，高、低压制冷剂的压力都大于周围的大气压力。在低温工况的制冷设备中，其低压级压力往往低于周围大气压力，即处于真空状态。为防止制冷剂向外泄漏或外界空气渗入系统内，影响正常运行，要求整个压缩机系统必须是严格的密封系统。为此，在开启式压缩机中，曲轴的伸出端和机体之间必须设置轴封，以保证压缩机在运转、停车以及曲轴发生少许轴向窜动时，均能阻止机体内的制冷剂泄漏或外界空气渗入。

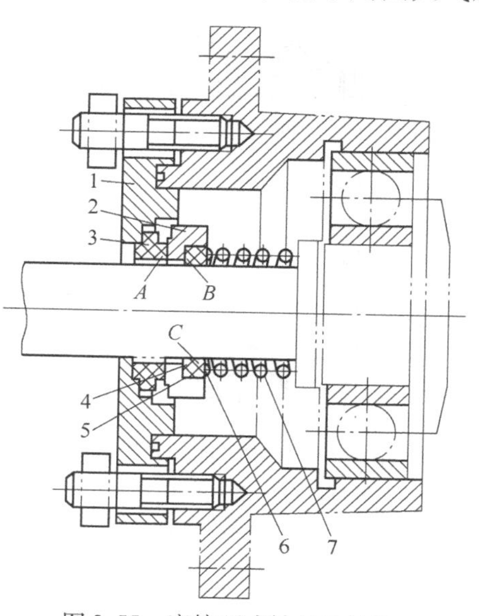

图 3-55　摩擦环式轴封的结构

1—端盖　2—转动摩擦环　3—静止环　4—垫片　5—密封橡胶圈　6—弹簧座圈　7—弹簧

11.1.2　轴封的结构

我国开启式压缩机系列产品中广泛采用摩擦环式轴封，它具有结构简单、维修方便、使用寿命长等优点。摩擦环式轴封的结构如图 3-55 所示，其结构从内向外依次为：轴封弹簧、弹簧座、垫片、橡胶密封圈、转动摩擦环、固定摩擦环及轴封端盖。

这类轴封中有三个密封面：

1）*A* 为径向动摩擦密封面。它由转动摩擦环 2 和静止环 3 的两相互压紧磨合面组成，压紧力由弹簧7和曲轴箱内气体压力产生。

2）*B* 为径向静密封面。它由转动摩擦环与密封橡胶圈5之间的径向接触面组成，靠弹簧压紧，并与轴一起转动。

3）*C* 为轴向密封面。它由密封橡胶圈的内表面与曲轴的外表面组成，因密封橡胶圈的自身弹性力使其与曲轴间有着一个适当的径向密封弹力。当曲轴有轴向窜动时，密封橡胶圈与轴间可以有相对滑动。

径向动摩擦密封端面 *A* 是轴封装置的主端面，主轴旋转时，该端面会产生大量摩擦热和磨损，为此必须考虑密封端面 *A* 的润滑和冷却，使其在摩擦面上形成油膜，减少摩擦和磨损，增强密封效果。因而安装轴封的空间要有润滑油的循环并设置进、出油道，以保证端面润滑和冷却。通常，为延长这种端面摩擦式轴封的使用寿命，允许端面 *A* 有少量的油滴泄漏，但需要设置回收油滴的装置。

为了保证 *C* 密封面的安装要求，对橡胶圈的装配要求较高。在810F70压缩机中，其橡胶圈4的形状经改进后做成波纹形，如图3-56所示。这样，即使紧固段的橡胶圈在轴颈上不能滑动，还可以由波纹段的伸缩来补偿曲轴的轴向窜动，从而降低轴封的装配要求，同时又可加强密封的可靠性。

在小型氟利昂压缩机中，也有的采用图3-57所示的波纹管式轴封。这种轴封的波纹管6具有较大的轴向伸缩能力，它由黄铜轧制而成，波纹管一端焊在压盖8上，另一端焊在固定环4上。固定环在弹簧5和气体压力的作用下紧压在转动摩擦环3上，构成相对转动的动密封面，而转动摩擦环3与曲轴1之间是靠密封圈2来实现密封的。

压缩机在运转时，需要不断地用润滑油冷却轴封和润滑密封面，使摩擦面间形成油膜层，以增进其密封能力。

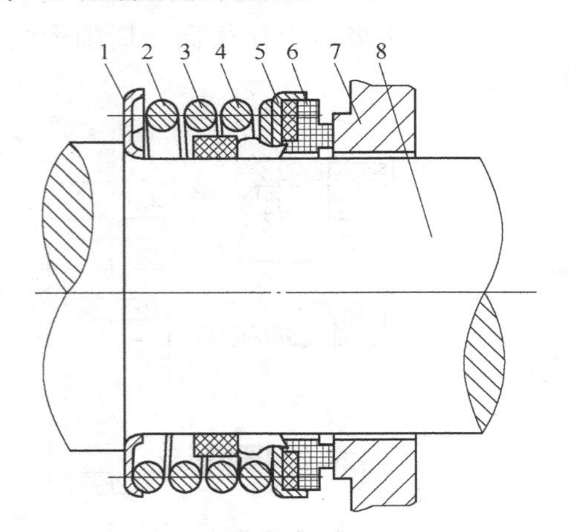

图3-56 810F70压缩机的轴封结构

1—弹簧座 2—弹簧 3—压紧圈
4—波纹状密封橡胶圈 5—钢圈
6—转动摩擦环 7—压盖 8—轴颈

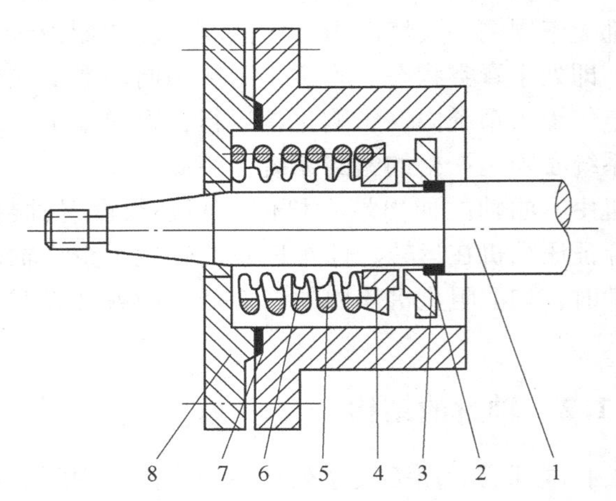

图3-57 波纹管式轴封结构

1—曲轴 2—密封圈 3—转动摩擦环
4—固定环 5—弹簧 6—波纹管 7—垫片 8—压盖

11.1.3 轴封的拆装操作

拆卸轴封时，先用专用工具对称均匀地松开压盖螺母，用手推住压盖，依次松下各个螺母。当螺母马上要拿下时，要用力顶住压盖，以免轴封弹簧弹出而伤人。取下端盖后，依次取出定环、动环、轴封弹簧和弹簧座，要注意保护活动环和固定环的摩擦面。

轴封的装配如图 3-58 所示。装配时，先将轴封盖处的耐油橡胶密封圈及固定环装好，要注意固定孔与定位销对正。将弹簧座装入，再将轴封弹簧、钢圈、耐油橡胶密封圈及活动环的整体一起套入曲轴，装平。然后将已经装配好的密封盖整体慢慢推进，使固定环密封面对正，然后均匀拧紧螺栓。要注意轴封盖推入时，以松手后能自动而缓慢地弹出为宜。若松手后轴封盖根本不动，则为橡胶密封圈过紧；若很快弹出，则为橡胶密封圈太松。橡胶密封圈过紧与过松都会造成轴封的泄漏，均应更换橡胶密封圈。

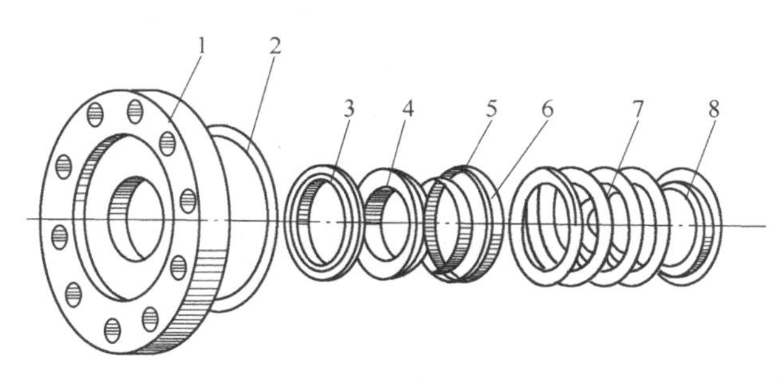

图 3-58　轴封的装配

1—压板　2—橡胶密封圈　3—固定摩擦环　4—转动摩擦环
5—压紧圈　6—钢圈　7—轴封弹簧　8—弹簧座

11.2　安全器件

制冷压缩机设置有安全器件，如安全弹簧、安全阀和安全薄膜等，其目的是防止制冷系统或气缸中的压力过高，以致危及整个装置的安全。

通常，制冷压缩机装有高压控制器。当机器的排气压力超过规定值时，它能控制压缩机自动停机。但为防其失灵或误调，在开启式和半封闭式压缩机中同时设有安全装置。

安全弹簧是为防止气缸内压力过高而设置的安全器件。有了它，就可避免在机器发生湿冲程时气缸压力急剧升高的情况下损坏气缸套、气阀组件或相关零部件，其工作原理在单元九中已有较详细叙述，不再赘言。这里重点介绍安全阀及安全膜片。

11.2.1　安全阀

安全阀设置在压缩机排气腔和吸气腔之间的管路上。图 3-59 所示为 8FS10 型压缩机的安全阀。它由阀座、塑料密封垫、阀盘、弹簧及阀体等零件组成。

安全阀的工作原理如下：安全阀弹簧的压力和吸气压力从下部作用于阀盘上，排气压力则从上部作用于阀盘上。当排气压力超过安全弹簧压力和吸气压力之和一定值时，阀盘就开启。由于阀盘开启后上部承压面积增大，从而使它迅速打开，使排气腔和吸气腔连通。排气腔的压力因而迅速下降，直至降到某压差值时阀盘又自动关闭。在关闭状态时，安全阀应保证气密性。

开启压力可通过调节螺钉对弹簧的预紧力进行调定。一般规定 R22 压缩机和氨压缩机

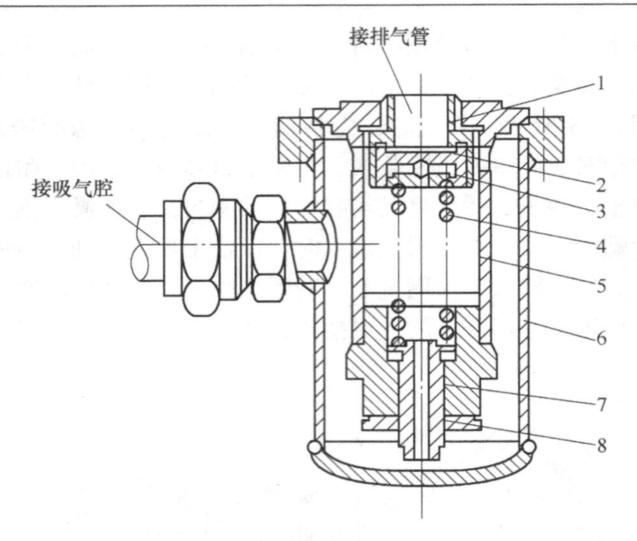

图 3-59 8FS10 型压缩机的安全阀

1—阀座 2—塑料密封垫 3—阀盘 4—弹簧 5—阀体 6—外罩 7—调节螺钉 8—锁紧螺母

的排气压力与吸气压力之差不得超过 1.67MPa（$17kg/cm^2$）。当超上述规定值时，安全阀自动开启。当排气压力与吸气压力之差比上述规定值低 0.2～0.29MPa（2～3 kg/cm^2）时，安全阀自动关闭。

安全阀须在规定压力下进行启闭试验和气密性试验。调定后用铅封将锁紧螺母锁住，不得轻易拆开。安全阀一经动作后，阀口密封面就会受到机械磨损、化学腐蚀并粘有杂质，导致关闭不严，应经检修后才能再次使用。

安全阀设置在压缩机排气腔和吸气腔之间的管路上。通常情况下安全阀的拆卸和装配就是与机体相连的螺栓的拆卸和装配。

11.2.2 安全膜片

安全膜片为一极薄的金属片，通常装在压缩机吸、排气腔之间，如图 3-60 所示。

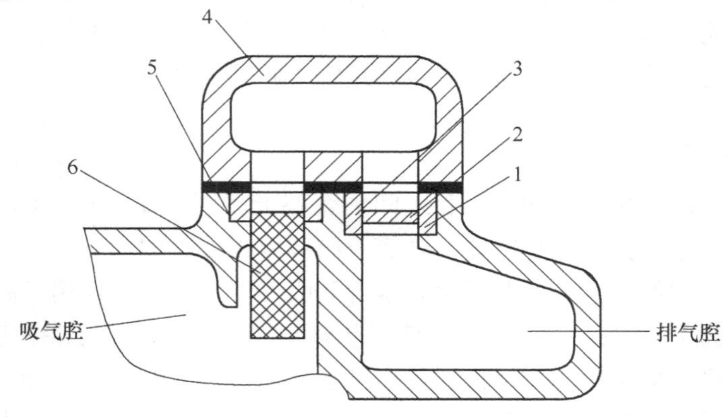

图 3-60 安全膜片

1、5—垫片 2—安全膜片 3—垫圈 4—盖板 6—滤网当吸、排气压差超过规定数值时，膜片即被压破，从而起到安全保护作用。为防止破碎膜片落入吸气腔，在吸气腔一侧装有滤网。由于压缩机排气温度较高，安全膜片的材料通常为镍、钢或铸铁，其厚度因直径及压差值的不同而在0.05～0.3mm选定。

思考题与练习题

1. 开启式制冷压缩机的轴封在压缩机中起什么作用？
2. 摩擦环式机械轴封由哪些零件构成？
3. 摩擦环式机械轴封形成哪些密封面？
4. 活塞式制冷压缩机包括哪些安全器件？

单元十二　润滑油循环路线与润滑设备拆装

一、学习目标

● **终极目标：**能够清晰地讲解制冷压缩机中润滑油循环路线，掌握部分润滑设备的结构和拆装操作。

● **促成目标：**

1）掌握润滑油的作用及润滑方式。

2）掌握活塞式制冷压缩机常用的润滑设备。

3）掌握活塞式制冷压缩机的润滑油循环路线。

4）掌握油泵、过滤器的拆装步骤。

二、相关知识

润滑系统对压缩机的性能指标、工作可靠性和耐久性都有着重大的影响，因为在运转过程中，润滑不良会使压缩机过热，运动零件加剧磨损而降低使用寿命，严重时可引起轴瓦烧毁，活塞在气缸中咬死，也可能导致窜油液击等事故。因此，润滑系统是压缩机正常运转必不可少的部分。

12.1　润滑油的作用

1）润滑油在做相对运动的零件摩擦表面形成一层油膜，从而降低压缩机的摩擦功和摩擦热，从而减少零件的磨损量，提高压缩机的机械效率、运转的可靠性和耐久性。

2）润滑油带走摩擦热量，使摩擦零件表面的温度保持在允许的范围内。

3）由于有润滑油的存在，活塞与气缸镜面的间隙及轴封密封效果提高，从而提高了压缩机的效率和阻止制冷剂蒸气的泄漏。

4）润滑油不断地冲刷金属摩擦表面带走磨屑，便于使用过滤器将磨屑清除。

5）润滑油建立的油压可作为控制顶开吸气阀机构的液压动力。

12.2　润滑方式

机械润滑按所使润滑材料的不同，分为固体润滑（无油润滑）和液体润滑（油润滑）两种。固体润滑指使用石墨、陶瓷等超导体进行润滑。制冷压缩机中只有离心式压缩机少部分结构用到固体润滑，其余全部采用液体润滑方式。液体润滑可分为飞溅润滑和压力润滑两种。

1. 飞溅润滑

飞溅润滑是利用运动零件的击溅作用，将润滑油送至需要润滑的摩擦表面。图 3-61 所示为一个较典型的采用飞溅润滑的立式两缸半封闭压缩机，其连杆大头装有溅油勺，当机器运转时，溅油勺以高速击溅具有一定高度的润滑油面，使油上升至气缸镜面，从而润滑活塞和气缸这对摩擦副表面。曲轴靠近电动机的一端装有甩油盘，当机器转动时，润滑油被甩向壁面，然后利用设在电动机端盖上的漏斗状集油器把沿壁面流下的润滑油收集起来，并引入曲轴的中心油道中。中心油道中的润滑油在离心力的作用下，分别流向主轴承和连杆轴承进行润滑。

飞溅润滑不需要设置油泵，润滑油路中只能达到 0. 098 ~0. 196MPa 的油压，且润滑油循环量较小，对摩擦表面的冷却效果较差。此外，油路中这样低的油压无法安置油过滤器，因此，润滑油的污染较快，这加剧了机器的磨损。但由于这种润滑系统设备简单，目前在小型开启式和小型半封闭式压缩机中还有采用。

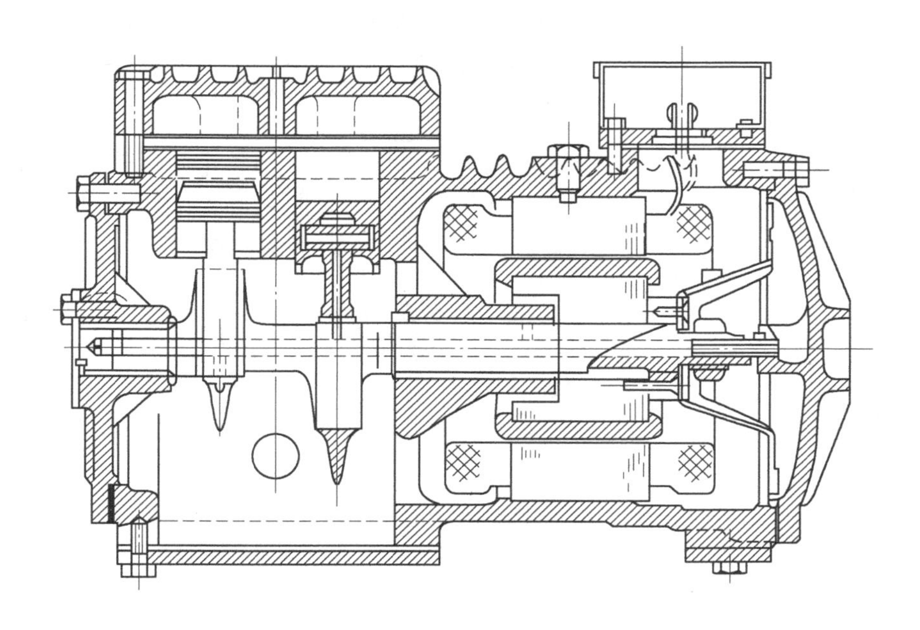

图 3-61　半封闭式压缩机的飞溅润滑

2. 压力润滑

压力润滑系统利用油泵产生的油压，将润滑油通过输油管道输送到需要润滑的各摩擦表面，润滑油压力和流量可按照给定要求实现，因而油压稳定、油量充足，还能对润滑油进行滤清和冷却处理，所以整个系统安全可靠。

12. 3　压力润滑系统

图 3-62 所示为典型的压力润滑系统简图。曲轴箱中的润滑油通过粗过滤器 1 被油泵 2

吸入，提高压力后经过细过滤器 3，然后分成三路。第一路进入油压调节阀，如果油压合适，此路不通；若油压过高，顶开油压调节阀，部分润滑油泄回低压曲轴箱，油压降低。第二路进入曲轴自由端，润滑后主轴承，并通过曲轴内部的油路润滑邻近的连杆大头轴瓦，再通过连杆体中的油路将油输送至连杆小头，润滑小头衬套，多余的润滑油流回曲轴箱。第三路进入轴封室，润滑和冷却轴封摩擦面，自此再分成两路，一路从曲轴功率输入端主轴颈上的油孔流入曲轴内的油路，润滑前主轴承及邻近的连杆大头轴瓦，再通过连杆体中的油路将润滑油输送至连杆小头，润滑小头衬套，多余的润滑油流回曲轴箱；另一路从轴封室出来去能量调节机构的油分配阀和油缸以及油压压差控制器，为能量调节机构提供动力，卸载时润滑油流回曲轴箱。

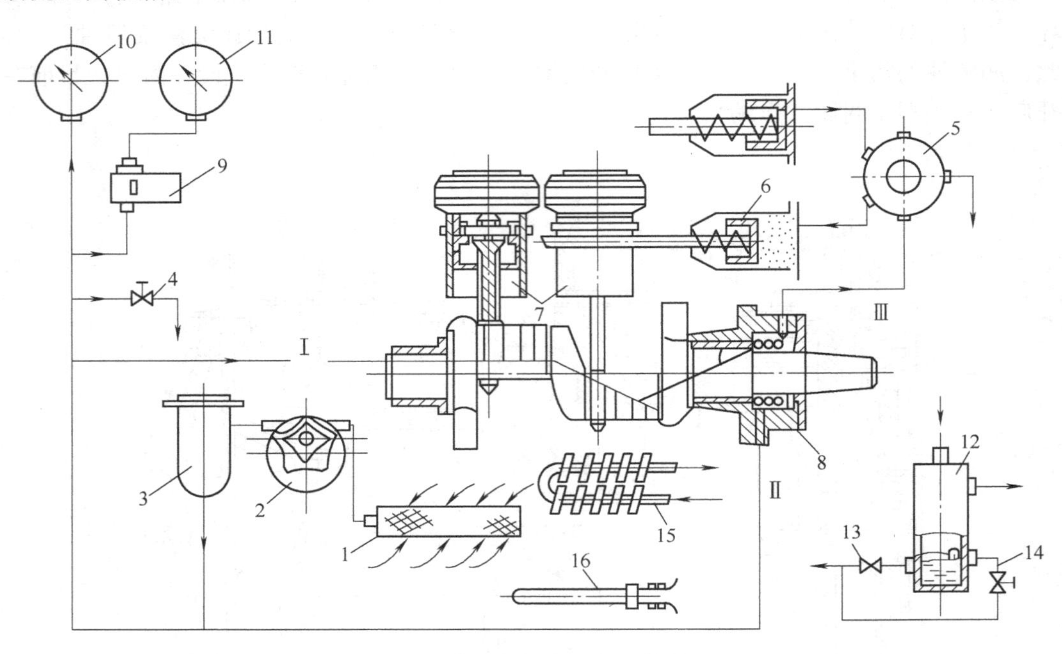

图 3-62　典型的压力润滑系统简图

1—粗过滤器　2—油泵　3—细过滤器　4—油压调节阀　5—输气量控制阀　6—卸载油缸
7—活塞连杆及缸套　8—轴封室　9—油压压差控制器　10—油压表　11—低压表
12—油分离器　13—自动回油阀　14—手动回油阀　15—油冷却器　16—油加热器

气缸壁面和活塞间的润滑采用飞溅润滑方式，利用曲轴旋转时从曲拐和连杆轴承甩出的润滑油进行润滑。

被压缩和排气带出的润滑油在油分离器 12 中被分离出来，并通过自动回油阀 13 或手动回油阀 14 回流到曲轴箱中。同时，为了防止润滑油的油温过高或过低，在氨压缩机和低温用的氟利昂压缩机中可设置油冷却器 15 和油加热器 16。

在压力润滑系统中，其吸、排油压差应为 0.06 ~0.15MPa，如果压缩机设有输气量调节装置，此值应提高到 0.15 ~0.3MPa。润滑油的温度按照规定，当环境温度高达 40℃时，曲轴箱中的油温不应高于 70℃（开启式压缩机）或 80℃（半封闭压缩机）。

压力润滑系统中所需的润滑油量通常考虑两个条件：一个是能带走摩擦热量。另一个是能使摩擦零件表面形成液体润滑。一般按前一个条件计算输油量已能满足后面一个条件。假定压缩机中，摩擦产生的热量中有 $a\times100\%$ 是供给润滑油的，则所需润滑油的供油量 Q_{i} 为

$$Q_{\mathrm{i}}=1000\frac{aN_{\mathrm{m}}}{c_p\rho\Delta t} \tag{3-1}$$

式中　a——系数，可取0.5。

N_{m}——压缩机所消耗的摩擦功率（kW）；

c_p——润滑油的比热容（J/kg·K）；

ρ——润滑油的密度（kg/m^3）；

Δt——润滑油通过润滑表面后的温升（℃）。对于无油冷却系统，可取10～15℃；对于有油冷却系统，可取20～25℃。

油泵设计的供油量要顾及油泵的制造精度和使用后的磨损等因素而选用略大一点的，一般取1.5～$2Q_{\mathrm{i}}$。另外，从“三化”考虑，不同缸数的同系列产品往往只采用一种或两种油泵，如4缸、6缸、8缸的压缩机，均按8缸压缩机选择油泵时，过多的润滑油可由润滑系统中的油压调节阀旁通回流到曲轴箱中去。

12.4　润滑设备

12.4.1　油冷却器

压缩机曲轴箱或机壳内的油温要限制在70℃或80℃以下，为此，功率较大的压缩机通常需要对润滑油进行强制冷却。例如812.5A100型开启式压缩机，其曲轴箱的油池内设置有水冷式冷却盘管（即润滑油冷却器），它通常装于机体侧盖上。对于低温用全封闭式压缩机（功率大于400W），其润滑油的热负荷也较大，为防止过热，可将从冷凝器来的制冷剂引入润滑油冷却器中对润滑油进行冷却。

12.4.2　油过滤器

润滑油过滤器的作用是滤去润滑油里的杂质（如金属磨屑、型砂）、润滑油分解时的氧化物及结焦等，使润滑油清洁纯净，保护输油管路畅通以及保护摩擦表面不致擦伤、拉毛，减轻磨损，延长润滑油的使用期限。

制冷压缩机中的润滑油过滤器分为粗滤器和细滤器两种，其形式分别为网式和片式。

图3-63所示为金属网式过滤器，多用薄金属板或金属丝网卷成衬胆，外绕一层或几层细金属丝网而制成，它一般装在曲轴箱中，并浸入油内。油泵吸入的油首先经过滤器滤清，网式过滤器的效果取决于金属丝网的细密程度，网眼越细，滤清效果越好，但油通过时的阻力也越大，并且越容易被污物阻塞，所以过滤网眼不宜太细，而且过滤器应有足够大的过滤表面。中小型制冷压缩机通常采用50～80目的过滤网。

有些压缩机的网式过滤器内还装有环状或棒状磁铁，用以吸附细小金属屑。

片式过滤器如图3-64所示。它由主片、中间片和刮片等组成，主片和中间片交替叠合，形成0.05～0.10mm的间隙。润滑油从外部经缝隙进入中空部位，从上部流出，送至各需要部位。当使用一段时间后，积存在过滤器缝隙外的杂质会变多，这样就阻碍了润滑油的流动。这时，可以转动转轴，使主片和中间片旋转，用刮片（用方柱固定不动）将缝隙里的杂质刮除。

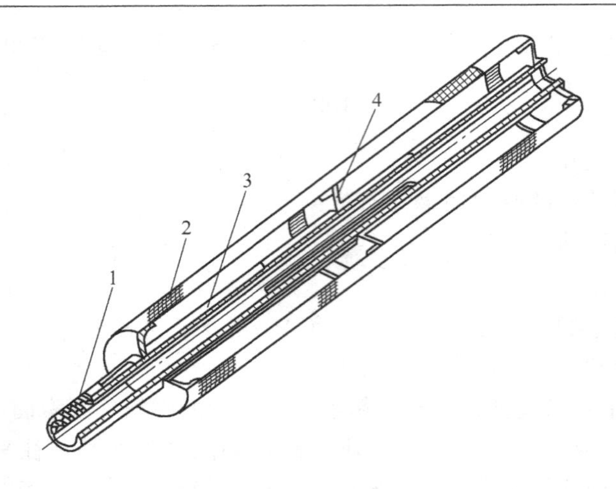

图 3-63　金属网式滤油器
1—锥管螺纹接头　2—三层滤网　3—输油管　4—衬圈

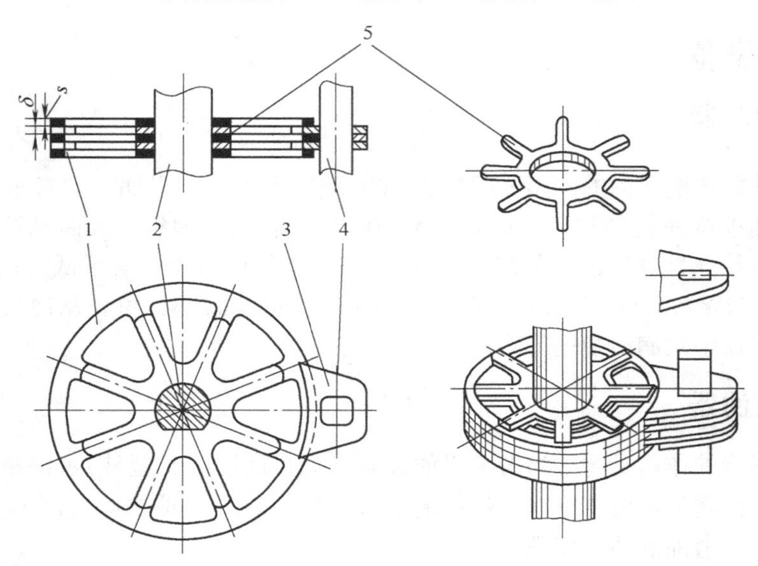

图 3-64　片式过滤器
1—主片　2—心轴　3—刮片　4—定轴　5—中间片
δ—间隙　s—主片厚度

12.4.3　油三通阀

油三通阀是为润滑油的注入、排放及更换操作而设置的。它安装在油泵下方的曲轴箱端面上，位于工作油面以下。油三通阀的转盘上标有“运转”“加油”“放油”三个工作位置，按需要将手柄转到指定位置即可进行相应的操作。新式压缩机可实现自动加油、放油操作，此处只设置油嘴。

12.4.4　油泵

润滑油泵的作用是将润滑油提高到一定的压力，并将其输送到所需要的部位（如运动摩擦表面及能量调节机构等）。目前，制冷压缩机润滑系统采用的油泵主要有外啮合齿轮油泵和转子式内啮合齿轮油泵两种。油泵一般装在曲轴的自由端，由曲轴通过联接块带动油泵的主动齿轮旋转。

（1）外啮合齿轮油泵的工作原理　如图3-65所示，它利用齿轮的啮合运动，使吸油腔2和排油腔4发生容积扩大和缩小的变化来实现吸油和排油。吸入的油充满着齿轮凹谷，随着齿轮的转动，从吸油腔沿着周向移动到排油腔一侧并排出。残存于啮合齿间所形成的封闭空间中的润滑油通过侧盖端面上的卸压槽5泄向排油腔，从而避免了强烈的挤压。这种泵工作可靠，使用寿命长，又由于齿数多，具有油压波动小的优点。但是，它若反转，其输送的润滑油也反向流动。因此，如果不采取专门措施（如加装相位控制装置等），这种油泵不适用于使用三相电动机的封闭式压缩机。

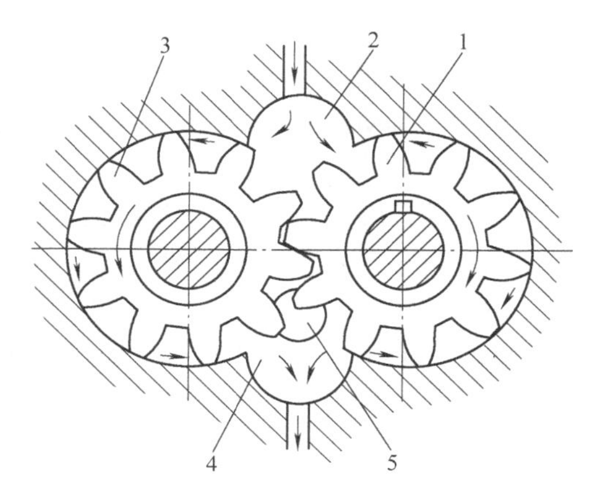

图3-65　外啮合齿轮油泵的工作原理图

1—主动齿轮　2—吸油腔　3—从动齿轮
4—排油腔　5—卸压槽

（2）内啮合转子油泵　它简称转子泵，如图3-66a所示。它主要由内转子（主动转子）、外转子（被动转子）、换向圆环及泵体等组成。

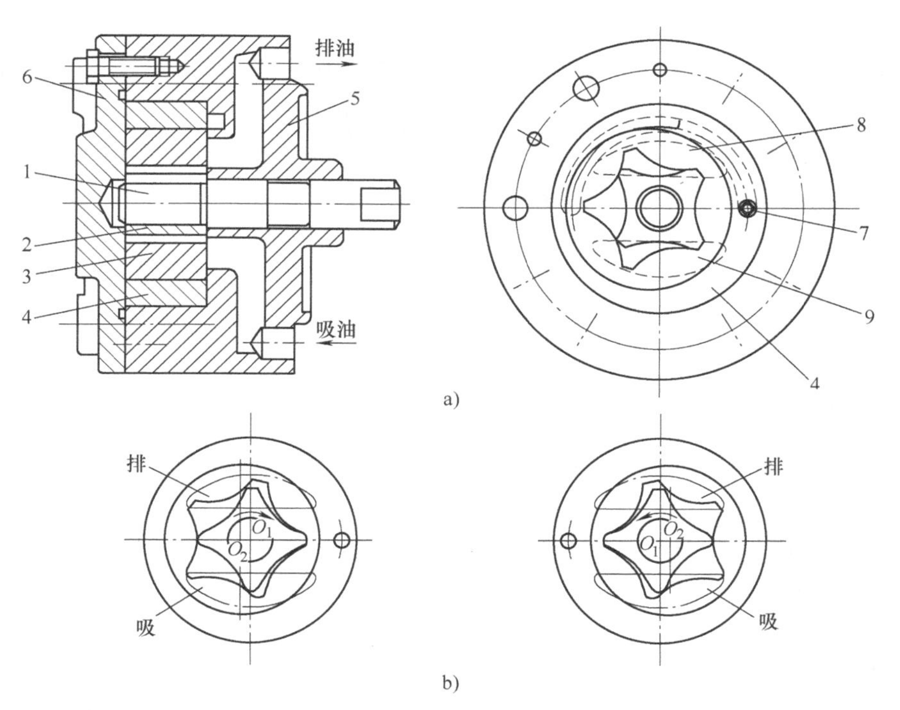

图3-66　内啮合转子式油泵

1—转动轴　2—内转子　3—外转子　4—换向圆环　5—泵体　6—泵盖
7—定位销　8—排油口　9—吸油口

由图中可以看出，内转子是具有四个齿的外齿轮，外转子是具有五个齿的内齿轮。

换向圆环上加工有偏心孔，外转子安置其中，换向圆环偏心孔的轴线与外转子的轴线重合，而换向圆环的外圆柱面轴线则与内转子的旋转中心重合，内、外转子保持一定的偏心距。当曲轴驱动内转子旋转时，外转子也随之旋转。内、外转子的齿形设计成使其转到任何位置内齿和外齿都能对应啮合，形成几个时而变大、时而变小的贮油空间，以完成油泵的吸油和排油作用。其动作分析如图 3-67 所示。这种油泵中，其吸油和排油是通过开在泵体内腔端面上的吸、排油槽来实现的。

转子泵无论正转还是反转，均能使油泵按不变的输油方向供油。当转子泵反转时，外转子与换向圆环自动绕内转子旋转轴线转动 180°，外转子的回转轴线移向内转子回转轴线的另一侧，由定位销定位后进行工作，如图 3-66b 所示。

转子泵结构简单、紧凑，其内、外转子可采用粉末冶金成形，加工容易，材料省，精度高，使用寿命长，价格便宜。因此，目前制冷压缩机广泛采用转子泵。

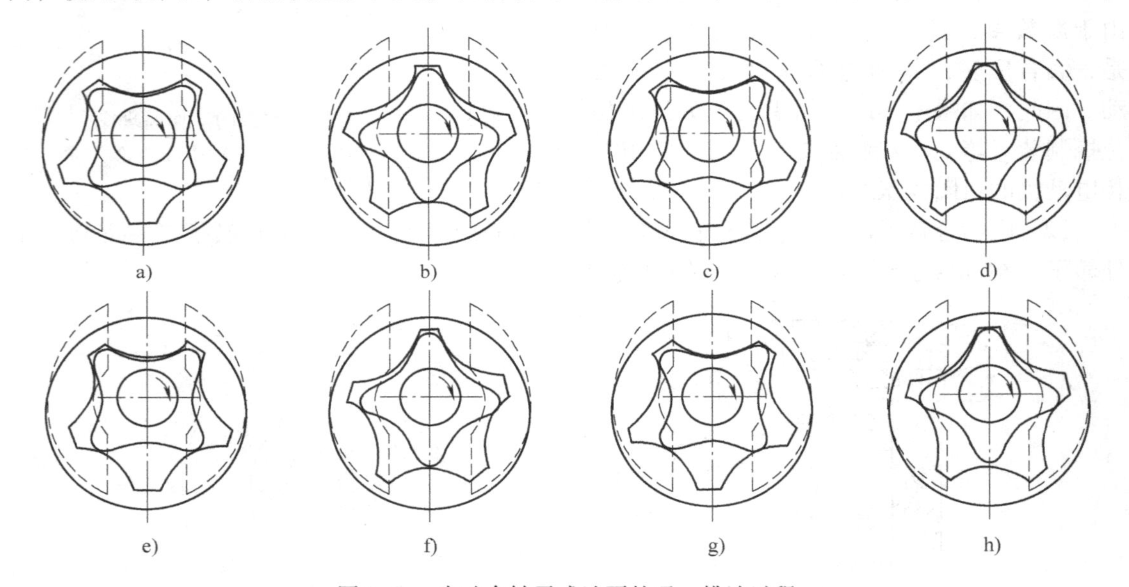

图 3-67 内啮合转子式油泵的吸、排油过程

12.4.5 油压调节阀

油压调节阀用于调节润滑系统中的油压，如图 3-68 所示，一般安装在压缩机的后主轴承上。

油压调节阀由阀芯、弹簧、阀体和调节阀杆等组成。阀芯的下侧空间与压力油相通，其右侧空间与曲轴箱相通。阀芯由弹簧压在阀座上，改变弹簧力的大小就能改变工作时阀芯的开启度，从而调节压缩机润滑系统中的油压。若油压偏低，则顺时针旋转调节阀杆，以增大弹簧力，减少阀芯的开启度。反之，则逆时针旋转调节阀杆，使油压下降。调整油压调节阀时，应同时观察油压表和吸气压力表，看油压差是否达到要求。目前，有些制冷压缩机上装有油压差表。从中可直接读出润滑油压力与吸气压力差值。此外，压缩机上往往还装有油压压差控制器，当油压差低于规定数值时，它就控制压缩机进行保护性停车。

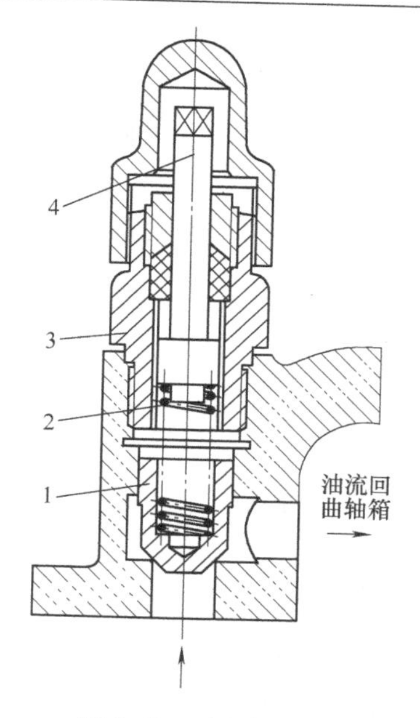

图 3-68 油压调节阀

1—阀芯 2—弹簧 3—阀体 4—调节阀杆

12.5 润滑油的性能及选用原则

为了保证压缩机工作的可靠性、耐久性和使用的经济性，在润滑系统中正确选用润滑油是非常重要的。现将评定润滑油的主要性能参数简介如下。

1. 黏度

黏度是润滑油最重要的性能参数。它将决定滑动轴承中油膜的承载能力、摩擦功耗和密封面的密封能力。高黏度润滑油的承载能力大，易于保持液体润滑，但其流动阻力大，增加了压缩机的摩擦功耗和起动阻力。低黏度的润滑油的流动阻力小，摩擦热量少，但不易形成润滑油膜，油封效果差。

各种润滑油的黏度都随温度升高而有不同程度的下降。在制冷压缩机中要选用黏度随温度变化小的润滑油。

润滑油的黏度还和制冷工质在润滑油中的互溶性有关。图 3-69 所示为 R12 润滑油饱和溶液的动力黏度与 R12 的重量浓度 ζ_r 在不同温度 t_i 时的关系曲线。

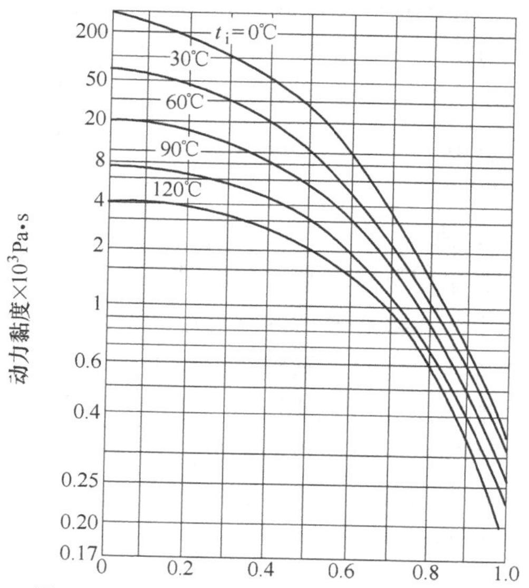

图 3-69 R12 润滑油饱和溶液的动力黏度与 R12 的重量浓度在不同温度时的关系曲线

由图 3-69 可见，当温度 t_i 上升或 ζ_r 增大时，润滑油黏度降低。溶有其他氟利昂制冷工质的润滑油也大致符合这一规律。因此，在选用润滑油时，除了必须考虑压缩机的转速、轴承比压和工作温度等因素外，还要注意不同制冷工质溶入润滑油后的黏度变化。

图3-70所示为曲轴箱中R12润滑油溶液的黏度随温度、压力的变化关系。当曲轴箱中的压力不变时，在低温区域内，润滑油中溶入的氟利昂随温度上升而下降，因此，其黏度也随之上升。而在高温区域内，润滑油中所溶解的氟利昂量很少，致使其黏度接近纯净润滑油的黏度，因此，若再进一步加热，其黏度就会下降。

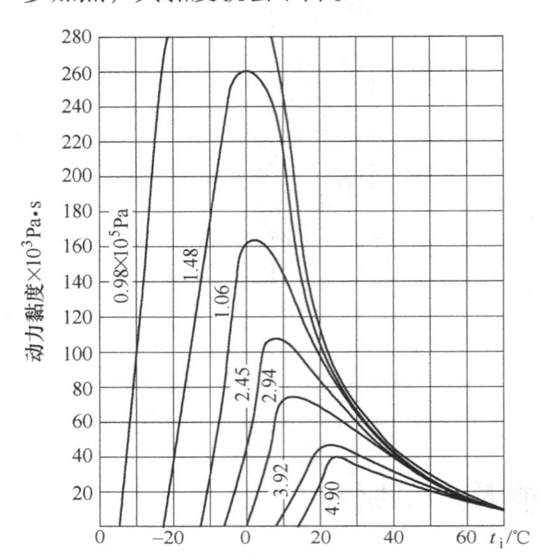

图3-70 曲轴箱中R12润滑油溶液的黏度随温度、压力的变化关系

现代高速压缩箱的曲轴箱温度较高（>50℃），所以对在长时间运行中的机器，可忽略因润滑油中溶有氟利昂而引起的黏度下降。但当压缩机长期停车，曲轴箱压力上升而温度下降到环境温度时，氟利昂在油中的渗入量会显著增加，这就会造成R12润滑油溶液量的增加和黏度的大大降低，给以后的重新起动带来不利的影响。

R12是属于完全可溶解于润滑油中的制冷工质。在常温下，当润滑油中溶入20%～30%的R12时，其黏度可降低一半。因此，对于以R12为制冷工质的压缩机可选用黏度较高的润滑油。

2. 浊点

当温度下降到某一数值时，润滑油中开始析出石蜡（变浑浊），这个温度称为浊点。润滑油中溶有氟利昂后的浊点温度要高于纯润滑油。因此，测定润滑油的浊点，规定要在润滑油中加入一定量的氟利昂后再进行。

制冷压缩机中使用的润滑油应该在机器工作温度范围内不析出石蜡，也就是说润滑油的浊点应该低于制冷机的最低蒸发温度。这是因为部分润滑油随制冷工质一起流动到制冷系统的各处，若润滑油中有石蜡析出，它会积存在膨胀阀处引起堵塞，或积存在蒸发器的换热表面，减弱换热效果。

3. 凝固点

按照某些给定条件，润滑油开始完全失去在自身重力作用下的流动性时的最高温度，称为凝固点。在制冷压缩机中，润滑油的凝固点应该越低越好。用于氨压缩机的润滑油，其凝固点应该低于-30℃；用于R12压缩机，应低于-40℃；用于R22压缩机，应低于-55℃；用于复叠式低温装置中，应低于-60℃，甚至更低。

润滑油中溶有制冷工质后，其凝固点会降低一些。例如润滑油和R22溶合后，凝固点随ζ_r和润滑油的种类而要比纯润滑油低15~35℃。

4. 闪点

润滑油在开口盛油器内被加热时，所形成的油气与火焰接触，能发生闪火的最低油温称为该润滑油的闪点（开口）。它表征了润滑油的挥发性。

制冷压缩机所用的润滑油，其闪点应比其排气温度高25~35℃，以免引起润滑油的燃烧和结焦。通常对R22、R12和氨用润滑油，其闪点应在160℃以上。

5. 化学稳定性

制冷压缩机中的润滑油在高温和金属的催化作用下与内垫片、制冷工质、水和空气等接触，会引起分解、聚合和氧化反应，生成沥青状沉淀物和焦炭等，这些物质多数积聚在温度最高的气阀部分，破坏其密封性，流入系统后会堵塞过滤器、输油管及膨胀阀等通道。润滑油分解后会生成具有腐蚀性的酸，它在封闭式压缩机中会腐蚀电气绝缘材料，会导致电气绝缘不良和电动机烧毁等事故。因此，要求润滑油具有良好的稳定性和抗氧化性。

6. 含水量和机械杂质

润滑油中含有水分时，会加剧化学反应和引起对金属、绝缘材料的腐蚀作用，同时还会在膨胀阀中造成冰堵。

当氟利昂压缩机中有铜零件时，它和润滑油中的水和氟利昂相互作用，并会在其他零件表面上析离出铜来，即“镀铜”作用。镀铜最容易积聚在光洁的钢质摩擦表面上，如轴颈、气缸壁、活塞和气阀等处，这样就会使这些相对运动零件之间的间隙减小，使气阀密封性降低，甚至使压缩机不能正常工作。因此，选择润滑油时要注意润滑油的含水量指标小于20~40mg/kg，水分越少越好。润滑油在贮存时必须密封，否则会吸收空气中的水蒸气而使其含水量增加。

润滑油中的机械杂质会加速零件的磨损，也为油路的堵塞增加了可能性，所以机械杂质也是越少越好，一般规定不得超过0.01%（以质量计）。

7. 击穿电压

击穿电压只针对封闭式制冷压缩机中使用的润滑油，因为润滑油和内置式电动机绕组有直接接触，其绝缘性能是很重要的。润滑油中含有水分、纤维、灰尘等微小杂质时，其绝缘性能会降低。一般击穿电压（25℃时）在25kV以上。

国产冷冻机油的黏度等级在1996年前的国家标准中是按50℃时的运动黏度来确定牌号的。分为13#、18#和25#等牌号；GB/T 16630—1996和GB/T 16630—2012同国际标准一样，按40℃时的运动黏度确定，分为15#、22#、46#、68#、100#和150#等牌号。

根据GB/T 16630—2012的规定，冷冻机油分类及各品种的应用见表3-4。

此外，选用冷冻机油时，对每台压缩机应选用固定牌号的冷冻机油。如果需要更换，必须选用同一厂家同一牌号的，不允许混合使用。因为各种牌号冷冻机油的组成成分和添加剂各不相同，混合使用会加速润滑油的老化。更换不同的冷冻机油时，应将原油放尽，并将整个润滑系统清洗干净，然后注入新油。R12和R22与润滑油互溶或部分互溶，所以原用的润滑油无法全部取出。这样，在更换润滑油后的短期运行中，应及时检查润滑油的质量，并重新更换一二次。

表 3-4　冷冻机油分类及各品种的应用

分组字母	主要应用	制冷剂	润滑剂分组	润滑剂类型	代号	典型应用	备注
D	制冷压缩机	NH_3（氨）	不相溶	深度精制的矿油（环烷基或石蜡基），合成烃（烷基苯，聚α烯烃等）	DRA	工业用和商业用制冷	开启式或半封闭式压缩机的满液式蒸发器
			相溶	聚（亚烷基）二醇	DRB	工业用和商业用制冷	开启式压缩机或工厂厂房装置用的直膨式蒸发器
		HFC_s（氢氟烃类）	相溶	聚酯油，聚乙烯醚，聚（亚烷基）二醇	DRD	车用空调、家用制冷、民用商用空调、热泵、商业制冷包括运输制冷	—
		$HCFC_s$（氢氯氟烃类）	相溶	深度精制的矿油（环烷基或石蜡基），烷基苯，聚酯油，聚乙烯醚	DRE	车用空调、家用制冷、民用商用空调、热泵、商业制冷包括运输制冷	—
		HC_s（烃类）	相溶	深度精制的矿油（环烷基或石蜡基），聚（亚烷基）二醇，合成烃（烷基苯，聚α烯烃等），聚酯油，聚乙烯醚	DRG	工业制冷、家用制冷、民用商用空调、热泵	工厂厂房用的低负载制冷装置

12.6　内啮合转子泵的拆卸和装配

进行油泵拆卸时，应先拆下油泵和油三通阀之间的油管，然后拆下过滤器上的螺母，取下细过滤器和泵盖即可进行油泵的拆卸。

内啮合转子泵装配时，将油槽润滑后，将油道垫板装好，再把内、外转子装入泵体，泵轴转动灵活即可。然后，将泵盖对准定位销装在泵体上，对称旋紧螺钉。最后，将传动块装入曲轴端槽内，并转动曲轴数周，以保证油泵转动灵活。

思考题与练习题

1. 润滑油在压缩机中起什么作用？
2. 压缩机内液体润滑分为哪几种方式？
3. 压力润滑循环路线是怎样的？
4. 内啮合转子泵是如何泵油的？
5. 油压调节阀如何调节油压？

单元十三　能量调节装置的原理与拆装

一、学习目标

● **终极目标**：能够清晰地讲解制冷压缩机中能量调节的工作过程，掌握油缸拉杆机构的结构和拆装操作。

● **促成目标**：

1）掌握压缩机设置能量调节装置的作用。

2）掌握常用的能量调节方法。

3）掌握油缸拉杆（全顶开吸气阀片式）的结构及工作过程。

4）掌握油缸拉杆机构的拆装步骤。

二、相关知识

13.1　压缩机设置能量调节装置的目的

在制冷系统中设置能量调节装置的目的有两个。一是因为制冷系统的制冷量是根据其工作时可能遇到的最大热负荷选定的。但在使用过程中，常因季节气温的变化导致进货数量的变化。而温度的不同也使制冷系统的热负荷发生变化。这实际上也就是需要其蒸发器的蒸发量和蒸发温度发生相应的变化。只有这样，才能达到实际所需的降温过程，保持恒定低温的要求。二是在制冷压缩机的起动过程中，最好能把其输气量调到零或是尽量小的数值，以使电动机能在最小的负荷状态下起动。这有许多好处，例如可以给压缩机选配一般笼式电动机，而不必选配其他结构复杂、价格昂贵的高起动转矩电动机。可以减少起动电流，缩短起动时间，减轻电网电压的波动和节约电能；可以避免因高低压侧压差太大以致起机太重，甚至无法起机而烧毁起动装置甚至电动机的事故。

13.2　常用的能量调节方式

1. 间隙运行

这是能量调节中最简单的方法，即当库（室）温降到超过规定的下限时，就控制压缩机使其停止运转，而当库（室）温回升到超过规定温度的上限时，又使压缩机重新起动运转。这种“两点式”控制，通常是靠温度控制器或低压继电器来实现的，它可使机器在冷库等使用的全部时间里的平均输气量和这段时间里所需的平均蒸发量相等。但由于仪表精度或其热惰性的影响，压力或温度的调节范围较大，这样，蒸发温度或压力可能发生较大波动，从而满足不了较高的恒温要求。所以，这种能量调节方法只适用于对恒温要求不高的小型制冷设备中，如冰箱、低温箱及窗式空调、分体式空调中。对于较大功率的制冷设备，由于起动装置复杂，而且开、停频繁，对机器的使用不利，也使电动机的使用寿命相对缩短。因此，还必须使用其他的调节方法。

2. 顶开吸气阀片

当前国产系列高速多缸压缩机，主要是以顶开吸气阀片来进行能量调节。它是在压缩机全部压缩行程中顶开吸气阀片进行能量调节，也称为全顶开吸气阀片调节。这种调节可使机器中某几个气缸的吸气阀一直处于开启（卸载）状态，低压蒸气可由开启的吸气阀进入气缸，但因吸气阀不能关闭，无法实现对吸入蒸气的压缩，缸内不能建立高压，排气阀始终关闭，被吸入的气体又返回到吸气腔中去。这样，尽管压缩机依然运转着，但卸载的气缸无法向排气腔中排气，故有效工作的气缸数目减少，从而达到能量调节的目的。

全顶开吸气阀片的调节方法是在机器不停车的情况下进行能量调节，灵活地实现上载或卸载，使压缩机的制冷量增加或减少。另外，这种调节机构还能使压缩机在卸载下起动，这对机器是非常有利的。

对多缸压缩机，通过控制被顶开吸气阀片的缸数，能实现从无负荷到全负荷之间的分段调节。例如对 8 缸压缩机，可实现 0、25%、50%、75% 和 100% 五种负荷；对 6 缸压缩机，可实现 0、1/3、2/3 和全负荷四种负荷。

压缩机某缸吸气阀片被顶开后，它所消耗的功仅用于克服机械摩擦和气体流经吸气阀时的阻力。因此，这种调节方法经济性较好。图 3-71 所示为顶开吸气阀片后的气缸示功图（图中影线部分）。由图可知：被顶开吸气阀片的气缸耗功小，但不等于零。

3. 旁通调节

在老式顺流式压缩机中，由于吸气阀装在活塞顶上，不能用顶开吸气阀片的方法进行能量调节，因而采用气缸内与吸气腔旁通的办法，如图 3-72 所示。当旁通阀开启，活塞向上移动时，气缸内的气体通过旁通阀回流到吸气腔，无压缩和排气。这时，压缩机的工作情况和全顶开吸气阀片的情况完全一样。旁通调节装置还有将旁通口开在气缸中部、活塞行程的一半左右位置，这样，当旁通阀开启时，压缩前半程中气体回流到吸气腔中，只有后半程有压缩和排气，排气量约降低一半。螺杆式压缩机的滑阀调节原理属于旁通调节。

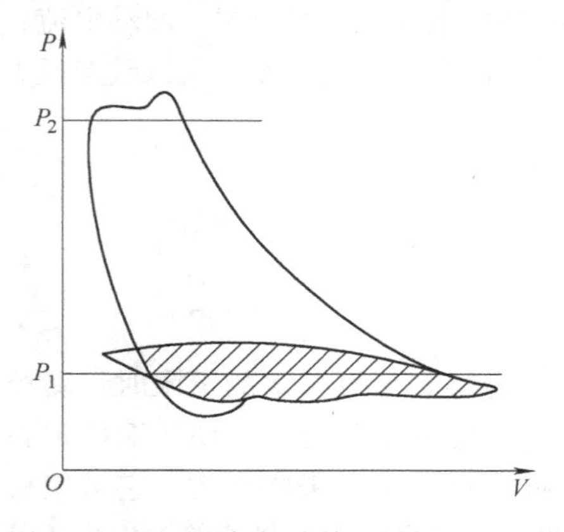

图 3-71 顶开吸气阀片前后的气缸示功图

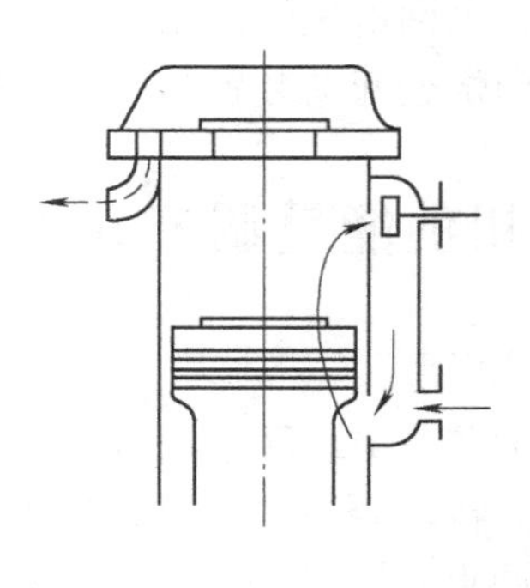

图 3-72 旁通调节示意图

4. 附加余隙容积

对大型压缩机，如卧式双作用压缩机，可采用附加余隙容积的方法来调节，即在气缸头部连接一个附加容积，内有活塞，通过调节杆移动活塞位置，使余隙容积的大小相应变化，从而改变压缩机的输气系数，这也就改变了输气量。

5. 吸气节流

通过改变压缩机的吸气截止阀通道面积来实现能量调节。当通道面积减小时，吸入蒸气的流动阻力增加，使蒸气受到第二次节流。这样，吸气腔压力相应降低，蒸气比体积增大，压缩机的质量流量减小，从而达到能量调节的目的。吸气节流压力的自动调节可用专门的主阀和导阀来实现。这种调节方法不够经济，在大中型制冷设备中有所应用，但目前国内应用较少。

除以上所述的几种能量调节方法外，目前值得重视的是变频技术的应用。它是一种性能优良、节能的能量调节方法。其工作原理是改变电源频率（同时也改变电压）来调节电动机的转速，从而达到调节压缩机输气量的目的。目前由于其器件、成本等原因，这种方法多用于小型设备上，如水泵、风机和家用空调等。

13.3　油缸拉杆式全顶开吸气阀片能量调节装置

这种调节装置的工作原理是利用润滑系统的压力油来控制拉杆的移动，从而实现能量调节目的的。图3-73所示为制冷压缩机油缸拉杆式全顶开吸气阀片的调节机构。它主要由卸载油缸、卸载活塞、弹簧、拉杆、顶杆、转动圈和顶杆弹簧等零件组成。

当压缩机起动并正常运转时，润滑系统油压建立，这时可通过油分配阀进行能量调节，其具体过程如下。当需要上载时，拨动油分配阀，压力油输油管接通，油进入油缸，卸载活塞在压力油的推动下克服弹簧弹力，顶着拉杆向右移动，拉杆又带动转动圈做相应的转动。当转动圈斜面最低处对准顶杆时，顶杆在弹簧的作用下沿斜面下降到最低点，从而释放吸气阀片，使之正常启闭（见图3-74a），压缩机投入正常工作。当需要卸载时，拨动油分配阀，切断对卸载油缸的供油，油缸中的油压消失，卸载活塞和拉杆一起在弹簧力的作用下移向左端转动圈反转，顶杆沿着转动圈的斜面上升，吸气阀阀片随之顶起，并保持全开（见图3-74b），实现气缸的卸载。

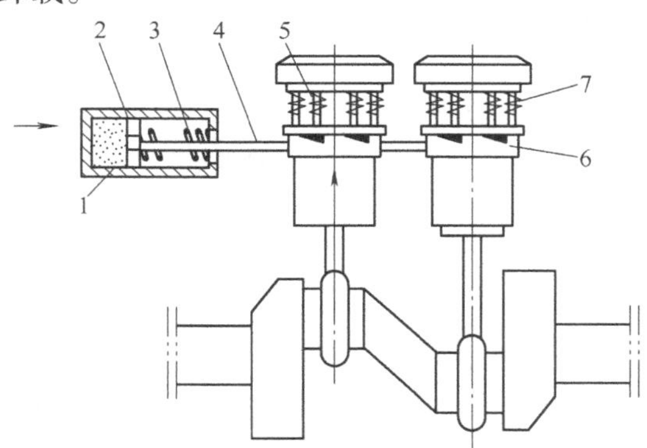

图3-73　油缸拉杆式全顶开吸气阀片的调节机构

1—卸载油缸　2—卸载活塞　3—弹簧　4—拉杆　5—顶杆　6—转动圈　7—顶杆弹簧

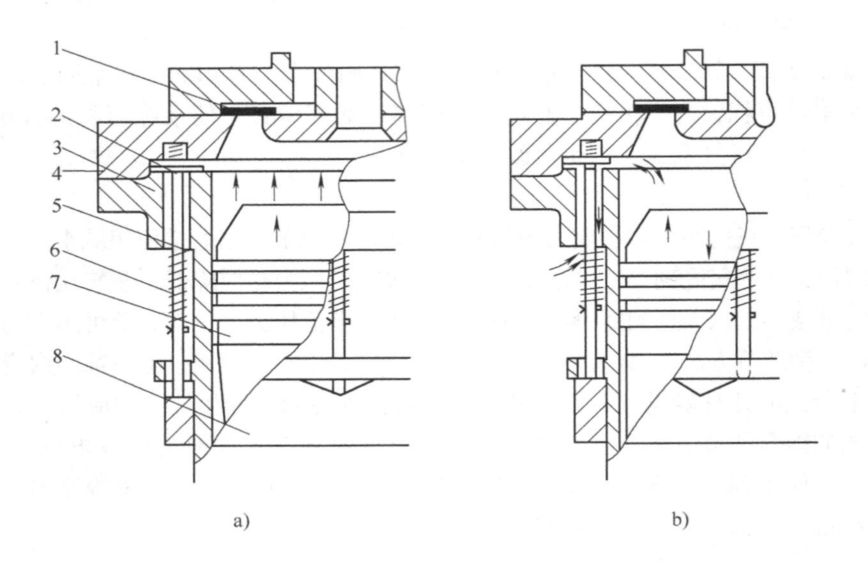

图 3-74 转动环和小顶杆工作过程

a）气缸工作 b）气缸卸载

1—排气阀片 2—吸气阀片 3—气缸套 4—排气阀座 5—顶杆 6—弹簧 7—活塞 8—转动环

在这种能量调节机构中，压力油的供给或切断一般是通过油分配阀（或电磁阀）来控制的。图 3-75 所示为 8 缸压缩机压力润滑系统中的油分配阀（手动）的结构。

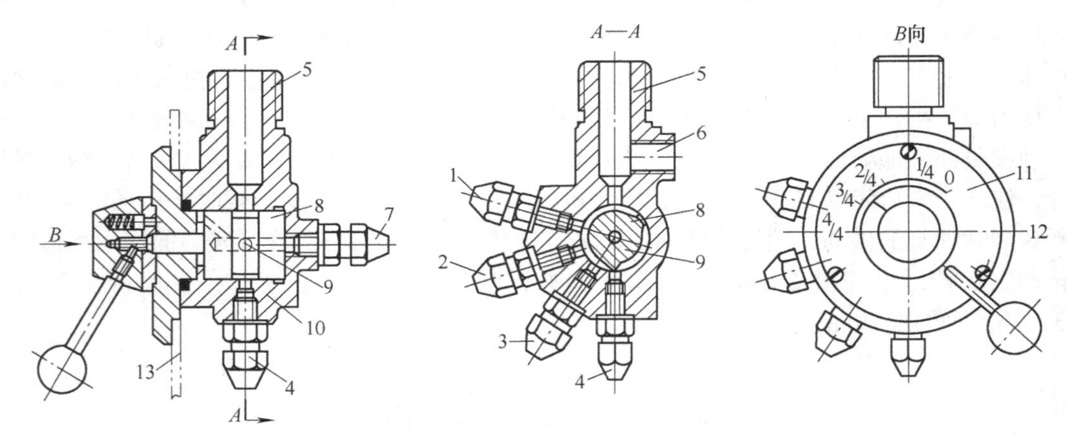

图 3-75 8 缸压缩机压力润滑系统中的油分配阀（手动）的结构

1、2、3、4—配油管接头 5—进油管接头 6—压力表接头 7—回油管接头 8—阀芯

9—回油孔 10—阀体 11—刻度盘 12—手柄 13—仪表盘

由图可见，阀体上有四个配油管接头，一个进油、一个出油和一个压力表管接头。油泵的压力油从进油管进入，可通过配油管接头分别流至四对气缸的四个卸载机构油缸。回油管接头通过油管与曲轴箱相连，卸载时油缸中的油通过回油管接头和与它相连的回油管泄回。阀芯将阀体内腔分隔为进油腔和回油腔，可通过旋转其角度方便地实现上载和卸载。如进行能量调节时，通过手柄转动阀芯，由刻度盘上的刻度 0（全部卸载）、1/4（2 缸）、1/2（4 缸）、3/4（6 缸）和 1（8 缸）即可知道工作的气缸数。图示为六缸工作位置。若需要进

一步增载，可将手柄转至1处，于是配油管接头4与回油腔隔开而与进油腔接通。压力油则经配油管接头4和与它相连的油管进入其余两个气缸的卸载机构油腔，压缩机就由6缸增至8缸全部投入工作。

13.4　油缸拉杆机构的拆卸和安装

拆卸油缸拉杆时，先将油管接头拆下，再拆与机体相连的法兰。法兰内有弹簧，应注意防止油缸盖弹出。然后取出油活塞，即可拿下油缸和拉杆。

装配油缸拉杆时，按与拆卸相反的顺序进行。若拉杆不能顺利到位，可从吸气腔部分伸进手去，将拉杆推过机体内部的加强肋。在油缸盖法兰装好后，用螺钉旋具插入法兰中心的通孔，推动油活塞，检查卸载装置是否灵活。

思考题与练习题

1. 压缩机中设置能量调节装置的目的是什么？
2. 压缩机常用的能量调节方式有哪几种？
3. 油缸拉杆全顶开吸气阀片式能量调节装置的工作过程是怎样的？
4. 油分配阀是如何工作的？

单元十四　整机的拆卸与装配

一、学习目标

●**终极目标：**熟悉单级、单机双级等典型活塞式制冷压缩机的结构，能够熟练进行活塞式压缩机的拆卸与装配。

●**促成目标：**

1）掌握单级活塞式制冷压缩机的结构与各部分的作用。

2）掌握单机双级活塞式制冷压缩机的结构与各部分的作用。

3）掌握活塞式制冷压缩机的拆卸与装配方法及步骤。

二、相关知识

前已述及，制冷压缩机按压缩级数可分为单级和单机双级压缩机。制冷压缩机根据所采取的防泄漏方式和结构不同，可分为开启式制冷压缩机和封闭式制冷压缩机。封闭式制冷压缩机分为半封闭式制冷压缩机和全封闭式制冷压缩机。活塞式制冷压缩机的结构多有相似之处，下面通过我国生产的几种不同结构形式的制冷压缩机，分别对其总体结构的一般情况进行说明。

14.1　单级制冷压缩机的结构

14.1.1　开启式压缩机的总体结构

1. 812.5A100 型开启式制冷压缩机

812.5A100 型制冷压缩机的结构如图 3-76 所示。这是一种典型的开启式中等制冷量的活塞式制冷压缩机，是我国自行设计、制造的 125 系列活塞式制冷压缩机之一，可根据负荷大小进行能量调节。该机以氨为制冷剂，结构形式为 8 缸、扇形、单作用、逆流式。相邻气缸中心线夹角为 45°，气缸直径为 125mm，活塞行程为 100mm，转速为 960r/min，标准制冷量为 240kW。812.5A100 型制冷压缩机结构紧凑、外形体积小，动力平衡性良好，振动小，运转平稳。

812.5A100 型制冷压缩机结构比较复杂，组合件较多，可以概括为机体、气缸套及吸排气阀组合件、活塞及曲轴连杆机构、润滑系统、能量调节装置和轴封等几大部分。机体为整体式，排气腔顶部端面用气缸盖封闭，气缸盖上设有冷却水套，用冷却水冷却。机体的两端安装有吸、排气管。气缸体下部为曲轴箱，主要用来装润滑油及固定压缩机各机件的机座，起着机架的作用。曲轴箱两端设有两个轴承用来放曲轴，下部留有一定容积装润滑油等。曲

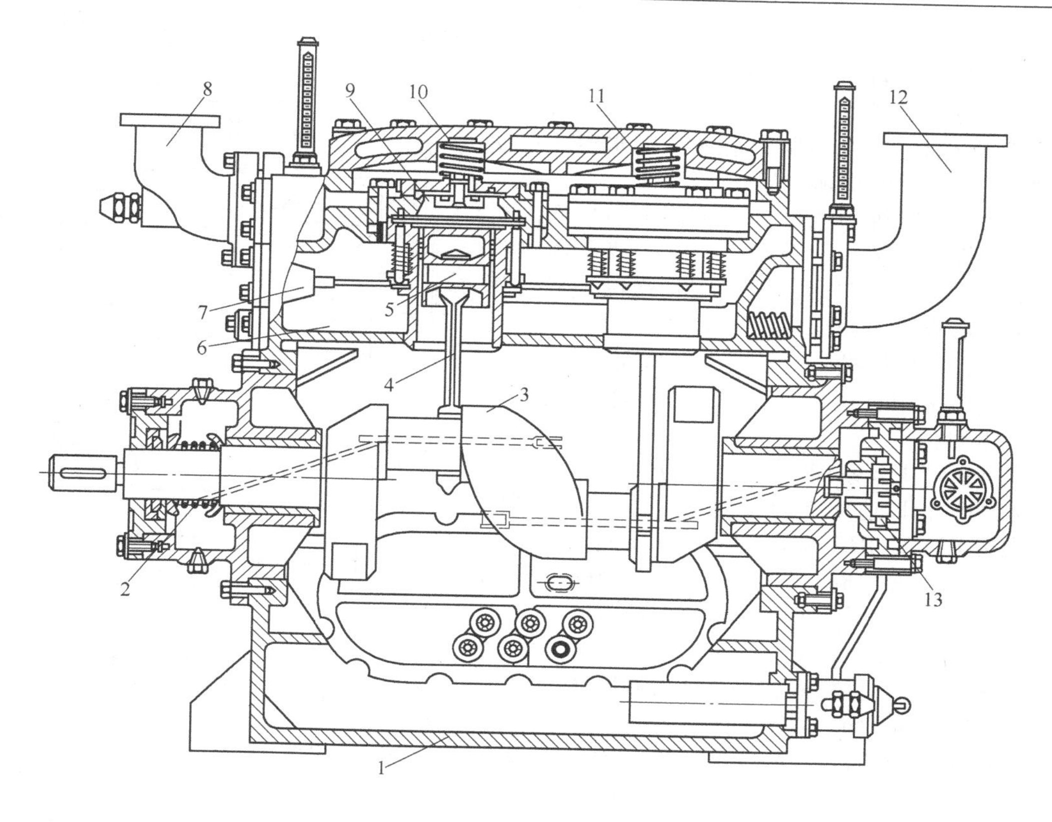

图 3-76　812.5A100 型压缩机的结构
1—曲轴箱　2—轴封　3—曲轴　4—连杆　5—活塞　6—吸气腔　7—油压推杆机构　8—排气管
9—气缸套及进排气阀组合件　10—缓冲弹簧　11—气缸盖　12—吸气管　13—油泵

轴箱两侧的窗孔用侧盖封闭，侧盖上装有油面指示器和油冷却器，分别用来检测油量和冷却润滑油。

压缩机采用两曲拐错角为180°用球墨铸铁铸造的曲轴，由两个主轴承（滑动轴承）支承。平衡块与曲柄铸成一体，每个曲柄销上装配四个工字形连杆。各个连杆小头部位通过活塞销带动一个铜硅铝合金的筒形活塞，使之在气缸内做往复运动。活塞顶部呈凹陷形，与排气阀的形状相适应，以减少余隙容积。活塞上装有两道气环和一道刮油环，当活塞向下运动时可将气缸壁上的润滑油刮下，刮油环的环槽中有回油孔，润滑油通过回油孔流回曲轴箱。其环片气阀按图 3-77 所示结构进行布置。低压蒸气从吸气管经过滤网进入吸气腔，再从气缸上部凸缘处的吸气阀进入气缸，经压缩的气体通过排气阀进入排气腔再经排气管排出。吸、排气腔之间设有安全阀，排气压力过高时，高压气体顶开安全阀后回流至吸气腔，保护机器零件不致损坏。气缸套的中部周围设有顶开吸气阀阀片的顶杆和转动环，转动环由油缸拉杆机构控制，用以调节压缩机的排气量和起动、卸载之用。

轴封采用摩擦环式机械密封装置，设置在前轴承里，运转时轴封室内充满润滑油，用以润滑摩擦面并起油封和冷却的作用。

压缩机采用压力润滑，由曲轴自由端带动转子式内啮合齿轮油泵供油，润滑油从曲轴箱底部经金属网式粗过滤器清除杂质后，从曲轴两端进入润滑油道，润滑两端主轴承、轴封、各连杆大头轴承和活塞销等。控制能量调节机构的动力油也由油泵供给。气缸壁采用飞溅润滑方式。曲轴下部装有充放润滑油用的三通阀。曲轴箱内装有润滑油冷却器，油冷却器浸入曲轴箱底部润滑油中，冷却器中通入冷却水时，可使曲轴箱内的润滑油得到冷却。

活塞式压缩机的能量调节机构由顶杆启阀机构、油缸推杆机构、油分配阀组成。当所需制冷量降低时，将几个气缸的吸气阀片强制顶开，使气缸不能形成一个封闭的工作容积，失去压缩气体的功能，使压缩机制冷量减少，从而卸载。

压缩机采用直接传动方式，用联轴器由电动机直接驱动。

我国国产125系列活塞式制冷压缩机有2、4、6、8缸四种，以适应不同容量的需要。该系列的压缩机按R717、R12和R22三种工质通用要求设计，只需调整安全阀、气阀弹簧、安全弹簧及轴封等零部件就可以分别使用不同的制冷剂。

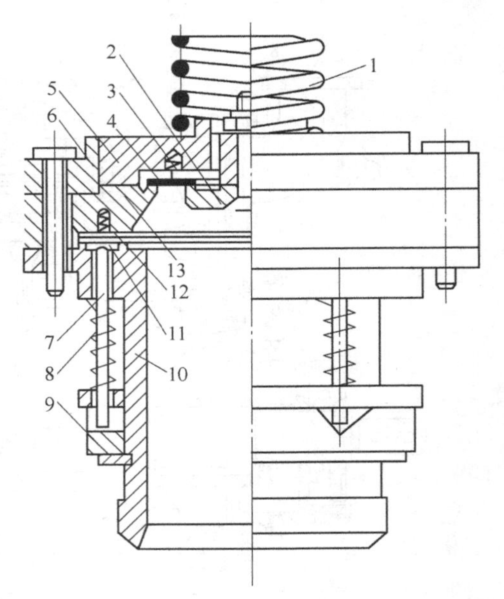

图3-77 气缸套及吸排气阀组合件

1—缓冲弹簧 2—内阀座 3—排气阀片弹簧 4—排气阀片 5—阀盖 6—导向环 7—顶杆 8—顶杆弹簧 9—转动环 10—气缸套 11—吸气阀片 12—吸气阀片弹簧 13—外阀座

2. 斜盘式制冷压缩机

图3-78所示的汽车空调斜盘式制冷压缩机为三列6缸，它通过斜盘16的转动，把主轴10的旋转运动转变为活塞20的往复运动。斜盘式制冷压缩机结构紧凑，质量小，在汽车空调中有较多的应用。其主轴通过电磁离合器11和带轮8与原动机相连。当车内温度超过设定值时，电

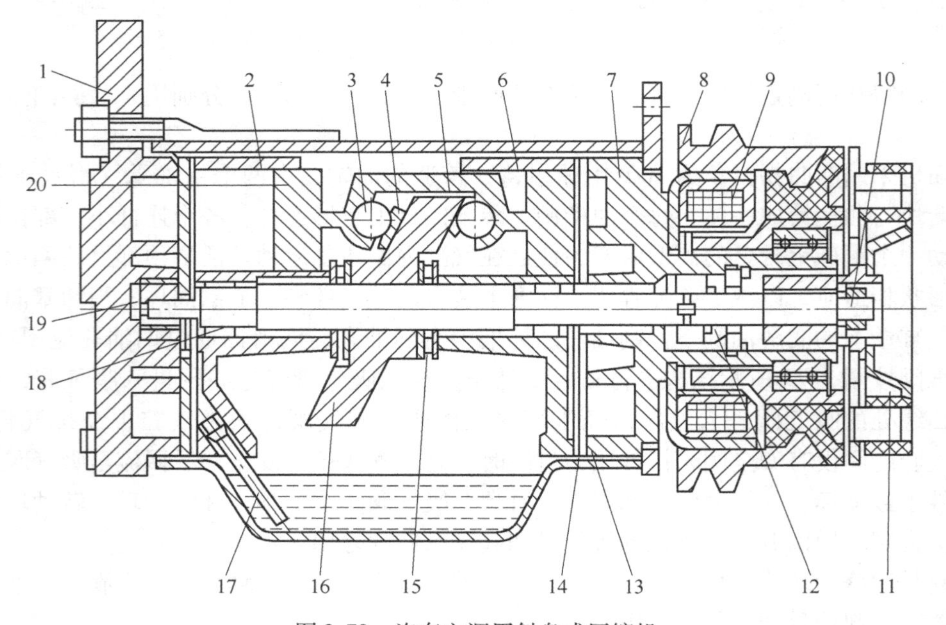

图3-78 汽车空调用斜盘式压缩机

1、7—气缸盖 2、6—气缸 3—滚珠 4—滑履 5—轴承架 8—带轮 9—电磁线圈 10—主轴 11—离合器 12—轴封 13—密封圈 14—阀板 15—推力轴承 16—斜盘 17—吸油管 18—轴承 19—油泵 20—活塞

磁线圈9通电，离合器在电磁力作用下吸合，空调器工作。车内温度降至低于设定值时，离合器线圈断电，离合器打开，主轴停止转动。

由主轴带动的斜盘通过滑履4、滚珠3传递作用力，使活塞做往复运动，斜盘转一圈，6个气缸各完成一个循环，因而输气量较大，又省去了连杆，使结构很紧凑。气缸盖上有阀板和等宽度的条状排气阀片固定在阀板上。压缩机每一侧有三片吸气阀片，它们位于同一块钢板上，从而使结构简化，且阀片上具有良好的应力分布。对汽车空调器而言，这一点是特别重要的，因为汽车空调器的转速范围很大，使作用在阀片上的气体推力大幅度的变化，导致气阀受力状况的恶化。主轴的一端设有油泵19，它通过吸油管17将机壳底部的润滑油抽入泵内，加压后送至各摩擦副，斜盘旋转时产生的离心力也将沾在斜盘表面的润滑油飞溅至需要润滑的部位。受环境的影响，汽车空调器的冷凝温度是很高的，因此需选用冷凝压力不会太高的制冷剂。

14.1.2 半封闭式压缩机的总体结构

1. B47F55型半封闭制冷压缩机

B47F55型氟利昂制冷压缩机为半封闭、4缸、气缸扇形布置的压缩机，缸径为70mm，活塞行程为55mm，相邻气缸中心线夹角为45°。当采用R22作制冷剂时，考核工况的制冷量约为18kW。这种压缩机结构紧凑，动力平衡性良好，运转平稳，用作车、船上的制冷压缩机也很适宜。图3-79所示为B47F55型半封闭活塞式制冷压缩机的总体结构。

B47F55型制冷压缩机的机体呈圆筒形，用灰口铸铁铸造，采用整体式结构形式，吸、排气腔设置在机体上，电动机外壳是机体的延伸部分，压缩机主轴悬伸段就是电动机转子轴。电动机借助吸入的制冷剂蒸气冷却。机体上设有回油阀，使油分离器内的润滑油通过浮球阀自动 流回曲轴箱。机体侧盖上有视油镜。配有冷却水套的气缸盖使排气得到冷却，以避免排气温度过高。曲轴箱和电动机室有孔相通，以保证压力的平衡。机体上设有回油阀，从油分离器分离出来的润滑油通过浮球阀自动流回曲轴箱。

B47F55型制冷压缩机的曲轴为单曲拐，由球墨铸铁制造，平衡铁用螺钉连接在曲柄上。曲轴的一端安装油泵传动块，带动油泵工作。曲柄销上安装有4个工字形截面的连杆，可用锻铸铁制造，连杆大头为垂直剖分式，大头轴瓦为薄壁轴瓦，小头衬套用铁基粉末冶金制成，连杆螺栓用40Cr优质钢制造。活塞为筒形，顶部呈凹形，用铝合金铸造，活塞环部有两道气环，一道油环。吸、排气阀结构与812.5A100型制冷压缩机基本相同。气缸套外壁安装有顶开吸气阀片的能量调节装置，依靠油压传动顶开吸气阀片。液压泵采用月牙形内啮合齿轮液压泵，正、反转均能正常供油。曲轴箱底部装有油过滤网。电动机用高强度漆包线绕制，E级或F级绝缘。

2. B24F22型半封闭制冷压缩机

如图3-80所示，B24F22型制冷压缩机为半封闭式、直立、2缸、单作用、逆流式压缩机。气缸直径为40mm，活塞行程为22mm。B24F22型压缩机与B47F55型压缩机相比较有很多不同之处，气缸呈直立布置，曲轴是两错角为180°的偏心轴，采用整体式连杆大头。微形活塞平顶结构，吸、排气阀均装在气缸顶部的阀板上，靠缸盖内隔条分开。气缸盖内分为吸、排气腔，分别与吸、排气管相连。机体底部设可拆封盖，便于装拆和检修传动零件。这种压缩机采用飞溅式润滑，不设输气量调节装置，所吸制冷剂蒸气不通过电动机，而是由

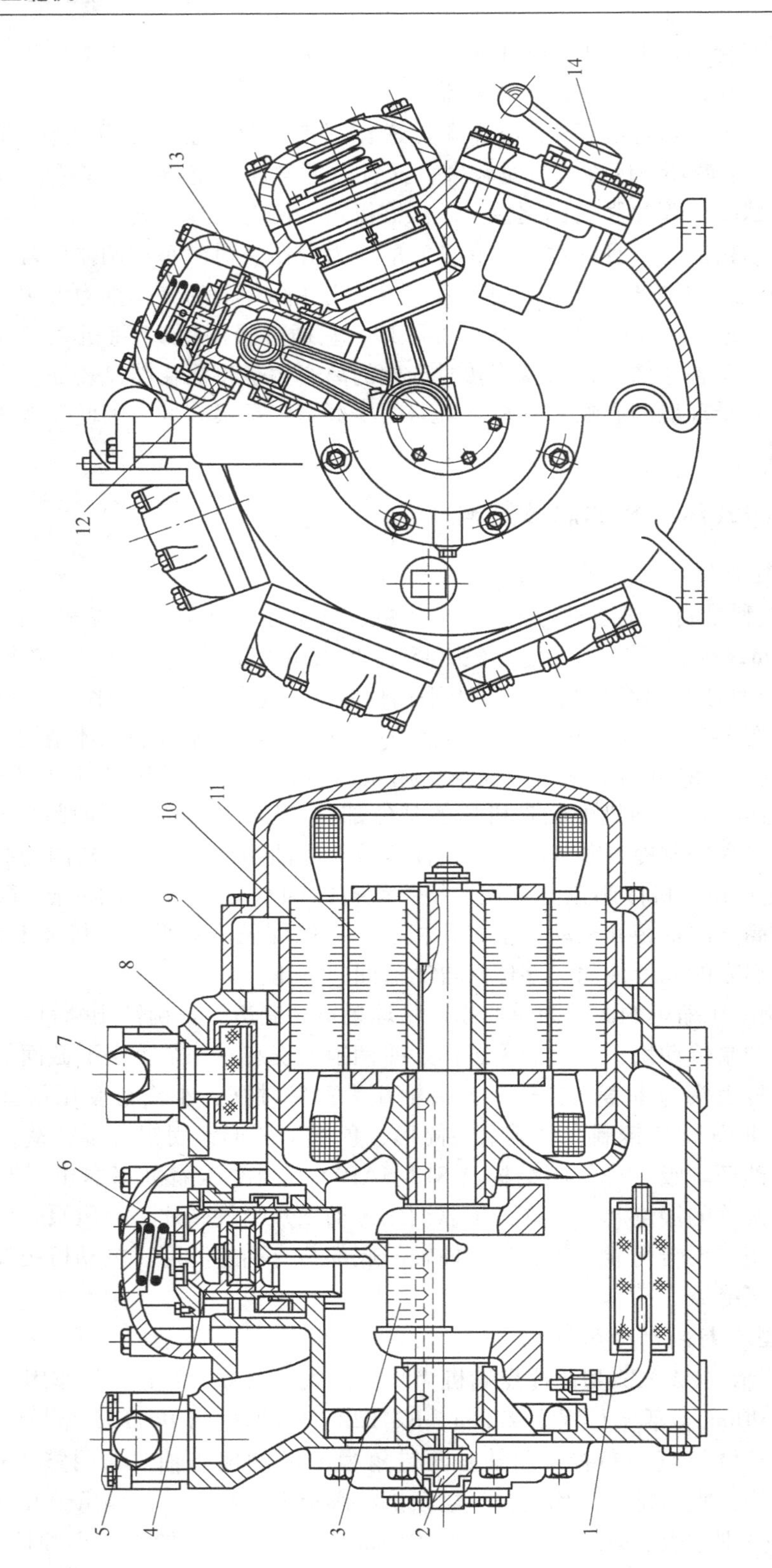

图 3-79 B47F55 型半封闭活塞式制冷压缩机的总体结构

1—油过滤器 2—液压泵 3—曲轴 4—活塞 5—排气管 6—安全弹簧 7—吸气管 8—压缩机壳体
9—电动机壳体 10—电动机定子 11—电动机转子 12—气缸套 13—卸载顶杆 14—卸载转换

吸气管直接进入气缸内，故电动机仅靠定子外面的散热肋片进行冷却，其冷却效果不佳，不适宜较大功率的压缩机。但这种吸气方式有利于提高压缩机的容积效率，降低其排气温度，且气体中含油量较少。

B24F22 型制冷压缩机是一种节能、小型压缩机，设计先进、结构简单、合理、工艺性好、通用化、标准化程度高。其质量小、噪声低、性能可靠、效率高，适合与小型制冷设备的主机配套，可广泛用于工业、农业、商业、交通运输、医疗卫生、科学实验等国民经济各个领域，如食品冷冻、冷藏、种子疫苗储存、生产冷冻饮料等，是目前国内需求量较大的制冷压缩机之一。

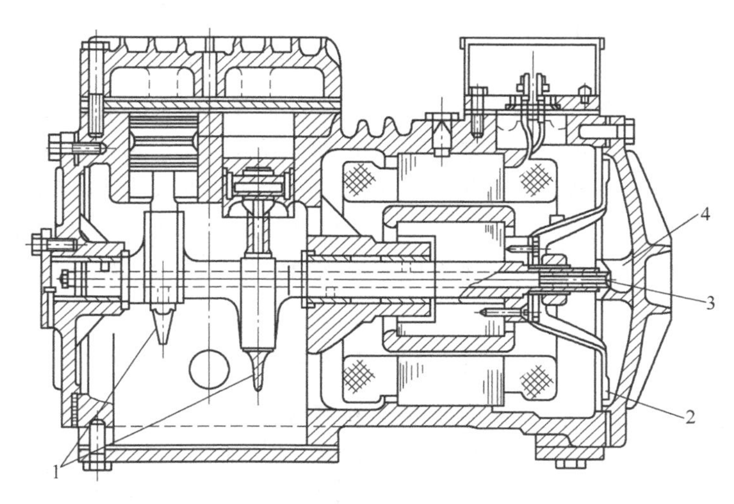

图 3-80　B24F22 型半封闭制冷压缩机
1—溅油勺　2—甩油盘　3—曲轴中心油道　4—集油器

3. 带 CIC 系统的半封闭制冷压缩机

用于 R22 大制冷量低温制冷的 4 缸和 6 缸半封闭制冷压缩机，为了降低排气温度，除了使用风扇外，还使用喷注液态 R22 的方法进行喷液冷却。实现喷液冷却的机构称为 CIC 系统，它由控制模块、温度传感器、喷嘴和脉冲喷射阀组成，如图 3-81 所示。安装于排气腔上的温度传感器 6 测量排气温度，若排气温度超过限定值，控制模块 2 指令喷液，液态制冷剂呈雾状喷出。排气温度降至限定值以内时，控制模块发出指令，喷液停止。配有风扇和 CIC 系统的半封闭制冷压缩机，运行界限得以扩充，蒸发温度可达 -50℃。

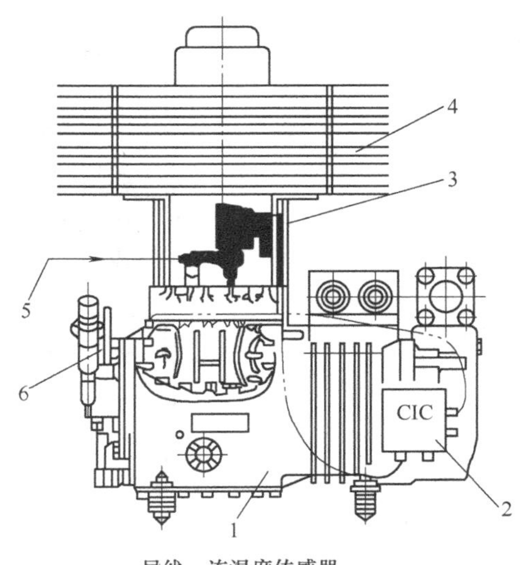

图 3-81　带 CIC 系统的半封闭制冷压缩机
1—压缩机　2—控制模块　3—脉冲喷射阀
4—散热片　5—喷嘴　6—温度传感器

14.1.3　全封闭式压缩机的总体结构

在全封闭式压缩机中，往复活塞式的结构型式问世最早，发展时间最长，技术也最成熟，它在封闭式压缩机中至今仍生产最多，使用也最广。

往复活塞式全封闭压缩机可分为曲轴活塞式、曲柄活塞式和滑管式三种。

1. Q25F30 型全封闭制冷压缩机

图 3-82 所示为国产 Q25F30 型全封闭活塞式制冷压缩机剖面图。压缩机的 2 个气缸呈 V 形布置，气缸直径为 50mm，活塞行程为 30mm。压缩机的机壳由钢板冲制而成，分上、下两部分，装配完毕后焊死。与半封闭压缩机相比，全封闭压缩机结构更紧凑，体积更小、密封性能更好。电动机布置在上部，压缩机布置在下部。气缸体、主轴承座及电动机定子外壳铸成一体，气缸体卧式布置。偏心主轴垂直布置，上部直轴端安装电动机转子，下部偏心轴端安装两个整体式大头的连杆。活塞为筒形平顶结构，因直径较小，活塞上不装活塞环，仅开两道环形槽，使润滑油充满其中，起到密封和润滑作用。吸、排气阀采用带臂柔性环片阀结构，阀板由三块钢板钎焊而成。主轴下端开设偏心油道，浸入壳底油池内，主轴旋转后产生离心力起泵油的作用，将润滑油连续不断经主轴油道送至主、副轴承及连杆大头等摩擦副进行润滑，活塞与气缸之间供油是用润滑了连杆大头的润滑油飞溅进行的。电动机布置在上部，不仅可避免电动机绕组浸泡在润滑油中，还可以利用电动机室内空腔容积作为吸气消声器，再在排气通道上设置稳压室，故压缩机消减噪声效果较好。为减少机器的振动，采用三

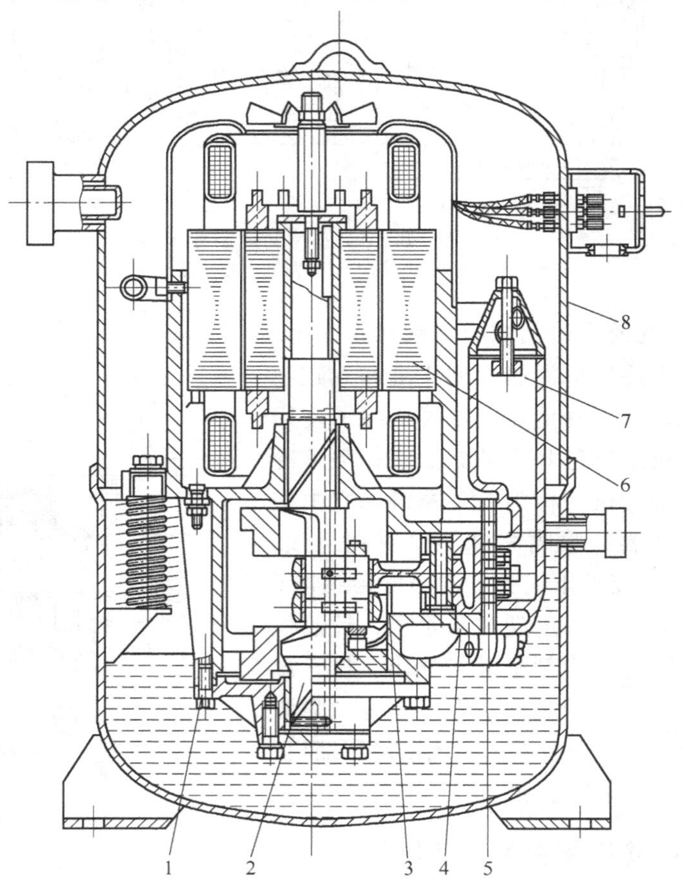

图 3-82　国产 Q25F30 型全封闭活塞式压缩机剖面图

1—机体　2—曲轴　3—连杆　4—活塞　5—气阀　6—电动机　7—排气消声部件　8—机壳

个弹性减振器支承整个机芯，其减振效果较好。

这种压缩机具有效率高，运转平稳、振动小、噪声低、运行可靠等特点，主要适用于以R22为制冷剂的压缩冷凝机组或整体制冷装置（如电冰箱、空调器等）。

2. 滑管式全封闭制冷压缩机

在小型的（功率一般小于400W，最大不超过600W）单缸全封闭制冷压缩机中，有时为了简化压缩机的结构，采用曲柄滑管式驱动机构来代替曲柄连杆机构。如图3-83所示，中空的筒形活塞与滑管焊接成相互垂直的丁字形整体，滑块为一个圆柱体，可在滑管内滑行，滑块的中部开有一个圆孔，曲轴上的曲柄销穿过滑管管壁上下的导槽，垂直插入这个圆孔，形成一个旋转副。当曲轴旋转时，滑块既绕曲轴中心旋转又沿滑管内壁往复滑行，并带动滑管活塞在气缸内做往复运动，完成压缩气体的任务。

目前，滑管式压缩机是用在冰箱上的主要压缩机机型，因为这种形式结构简单，对曲轴中心线与活塞中心线的垂直度要求比曲柄连杆机构低，且顶部的间隙可以自由调节，因而加工、装配容易，适合大批量生产中采用流水线的作业形式。滑管式全封闭制冷压缩机的结构如图3-84所示。为了减少活塞和气缸之间的侧向力，其气缸中心线与曲轴中心有一定的偏心距，数值为0.75～4mm。压缩机的吸、排气阀采用余隙容积极小的舌簧阀，以适应冰箱压缩机蒸发温度低的需要。压缩机的润滑为离心供油管和螺旋供油槽的组合。压缩机机体上铸有降低吸气噪声和排气噪声的空腔膨胀式消声器，它由一个或几个有狭小孔道连通的空腔组成。此外，还有管式消声器，用管子弯曲而成，既有降低排气噪声的作用，也有减少因气流脉动引起的振动的作用。管式消声器弯弯曲曲的形状使它有很好的变形性能，以适应排气温度反复变化导致的热变形，且有利于安装。但是，由于曲柄销以悬臂形式受力，滑块与滑管之间作用的比压较大，因而这种压缩机不能用于功率较大和气缸数较多的机型。

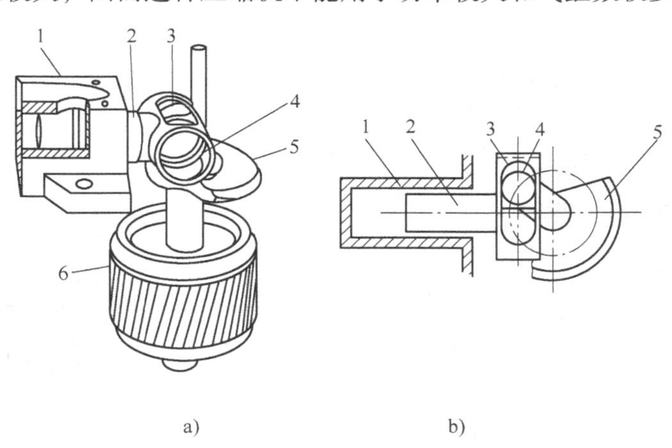

图3-83　滑管式制冷压缩机的驱动机构

a）结构图　b）运动机构示意图

1—气缸　2—活塞　3—滑管　4—滑块　5—曲柄轴　6—电动机

3. 滑槽式全封闭制冷压缩机

采用滑槽式驱动机构的全封闭压缩机（Q－F制冷压缩机）是性能优良的热泵用压缩机，如图3-85所示。压缩机上有两个按90°角度布置的滑槽，带动四个活塞。吸气阀装在活塞顶部，排气阀装在气缸盖上，构成压缩机的顺流吸、排气。

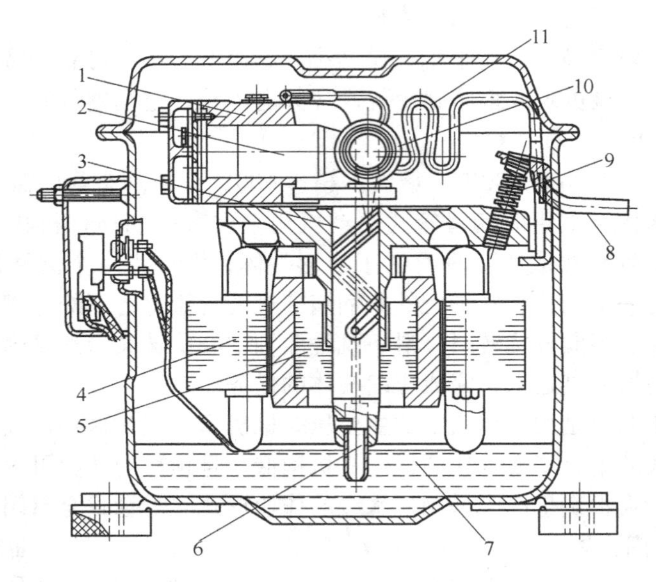

图 3-84 滑管式全封闭制冷压缩机的结构
1—气缸 2—活塞 3—曲轴 4—定子 5—转子 6—吸油管 7—冷冻机油
8—排气管 9—悬挂弹簧 10—滑管 11—管式消声器

图 3-86 所示为滑槽式驱动机构示意图，它也是一种无连杆的往复活塞式驱动机构。图中的止转框架相当于滑管式驱动机构中的滑管，但止转框架上的滑槽表面为平面，因而在滑槽中滑动的滑块表面也是平面，而非滑管式中的圆柱表面。图中所示的滑槽式驱动机构

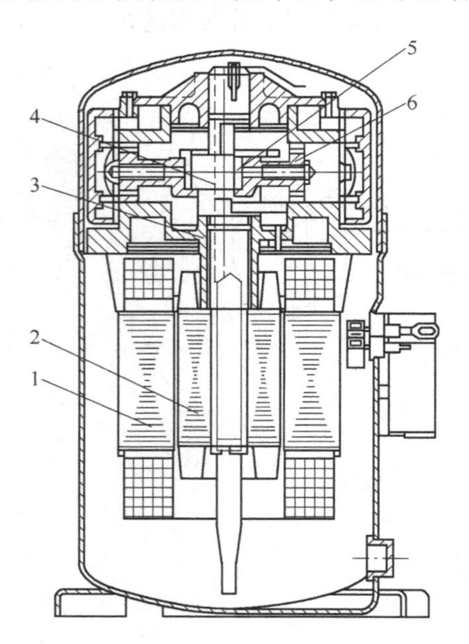

图 3-85 滑槽式全封闭制冷压缩机
1—定子 2—转子 3—主轴承 4—曲轴
5—滑块 6—活塞 - 滑槽 - 框架组合件

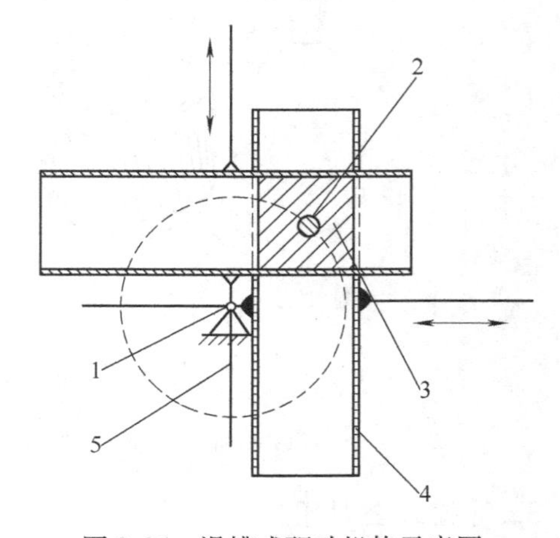

图 3-86 滑槽式驱动机构示意图
1—曲轴 2—曲柄销 3—滑块
4—止转框架 5—活塞杆

带动的活塞有四个，每个止转框架的两侧装两个，构成对置式，两个框架相互垂直。当曲轴旋转时，曲柄销带动滑块运动，因为止转框架与活塞刚性地连接在一起，只能在活塞中心线的方向运动，从而限制滑块只能做垂直方向和水平方向的运动而不能转动，这一点与滑管式驱动机构中的滑块的运动是相同的。曲轴旋转使活塞往复运动，完成压缩机的工作循环。

图3-87所示为采用滑槽式驱动机构的Q－F压缩机的驱动机构。曲轴上有一个曲柄销，它与方形滑块中的孔配合使滑块运动。因为一个曲柄销驱动四个活塞，因此曲轴受到的载荷比较大，为了减小曲轴的变形，Q－F压缩机的曲轴两端均有轴承支承（左端的轴承与轴颈配合）。为平衡惯性力而采用的平衡块有两块，其中右侧的一块直接制造在曲轴上，成为曲轴的一部分；左侧的一块与曲轴并不是一个整体，因为它位于轴颈的左侧，若与曲轴构成一个整体，就无法装配。利用止转框架将两个活塞连接在一起是Q－F压缩机的一个特色，使得Q－F压缩机具有对置式压缩机的布置而无一般对置式压缩机的复杂结构。两个止转框架相互垂直并应用正方形的滑块保证了四个活塞的中心线能处在同一平面内，从而最大程度地缩短了曲柄销的长度及相应的曲轴长度。采用导向面为平面的滑槽和正方形滑块使加工和装配简便、易行，保证了各摩擦表面的尺寸精度和几何形状。

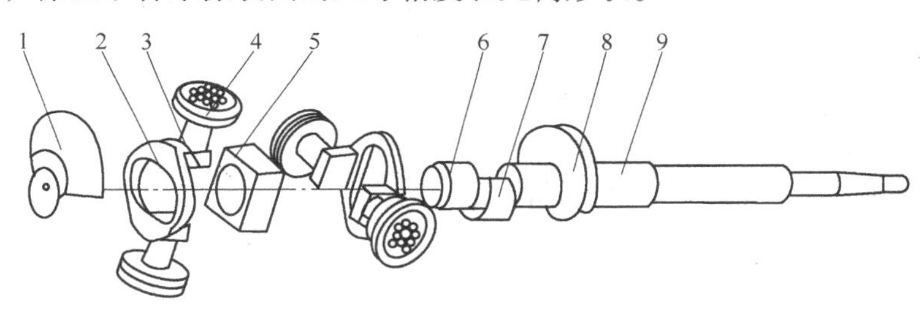

图3-87　Q－F压缩机的驱动机构

1、8—平衡块　2—止转框架　3—止转框架滑槽　4—活塞　5—滑块　6—轴颈　7—轴柄销　9—曲轴

14.2　单机双级制冷压缩机的结构

1. S812.5型制冷压缩机

S812.5型压缩机的气缸呈扇形排列，缸径为125mm，活塞行程为100mm，气缸数为8个（高压和低压缸数分别为2个和6个）。转速为960r/min、制冷剂为R22时，名义工况下制冷量为71.6kW；转速为1160r/min、制冷剂为R717时，名义工况下制冷量为79.6kW。高、低压级容积比范围为1:3、1:2、1:1。S812.5型压缩机是一种开启式单机双级制冷压缩机，总体结构如图3-88所示。它是812.5A100型压缩机的派生产品，该机在与相应的附属设备配套后，可用于化学工业、石油工业、食品工业、国防工业和科学研究事业，以获得需要的低温。压缩机按R717、R12、R22三种制冷剂通用设计，使用时需换上与制冷剂相适应的安全阀及气阀弹簧等。

S812.5型压缩机的基本结构与812.5A100型压缩机大体相同，不同之处在于压缩机机体的高、低压级吸气腔和高、低压级排气腔分别铸出。与这四个腔室相应的吸、排气截止阀，吸、排气管，吸、排气用温度计及压力表也各为四个。高压级缸套下部与曲轴箱隔板配

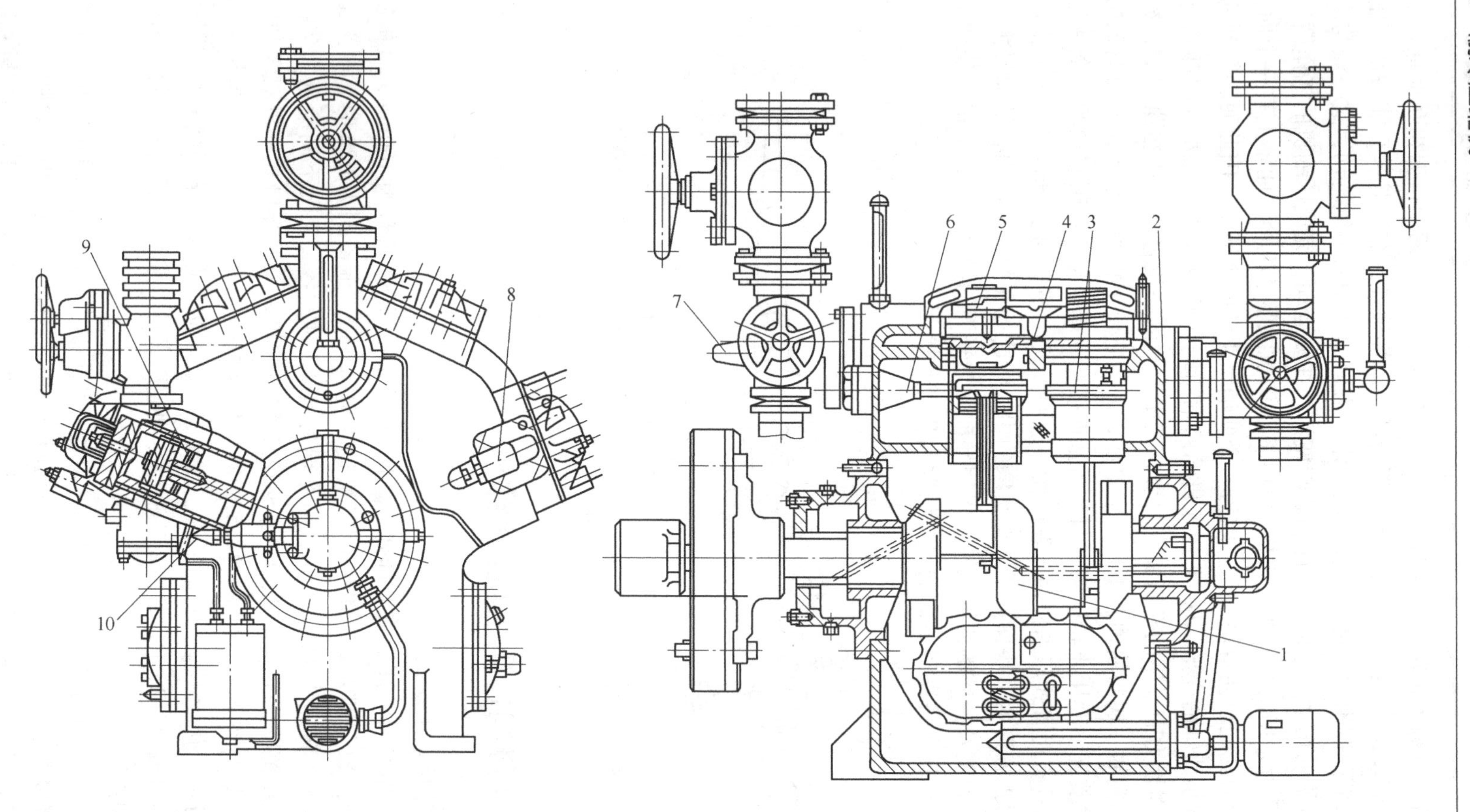

图3-88 S812.5型压缩机

1—曲轴 2—机体 3—高压级气阀缸套组件 4—低压级气阀缸套组件 5—安全盖
6—能量调节部件 7—放空阀 8—安全阀 9—高压级连杆活塞 10—油压调节阀

合处用 O 形橡胶圈密封，以使高压级吸气腔不与曲轴箱串气。压缩机低压级的气阀弹簧采用弹力较小的软弹簧，以改善低压下吸气阀的工作能力。压缩机采用内啮合转子式液压泵，用电动机直接驱动，液压泵安装于曲轴箱下部，使泵室沉浸在润滑油中，在机器工作于吸气压力较低的工况下，仍能保证正常工作。高压级的连杆小头采用滚针轴承。因为高压级负荷形式不同于单级压缩机或低压级气缸，其活塞销总是紧压连杆小头，没有载荷转向，因此难于形成油膜，故采用衬套则润滑不良不能正常工作。

2. 半封闭单机双级制冷压缩机

与开启式压缩机相同，半封闭活塞式制冷压缩机也有单机双级产品。图 3-89 所示的半封闭活塞式单机双级制冷压缩机有四个低压缸和两个高压缸。来自蒸发器的制冷剂经吸气管过滤器进入低压缸，压缩后与具有中间压力的低温制冷剂两相流混合，使低压缸排气温度降低。混合后的制冷剂流经电动机，对其进行冷却后进入高压缸，压缩后排入油分离器中，分离出来的润滑油从回油管返回曲轴箱，高压气体流向冷凝器。这样，保证了内置电动机得到足够的冷却，其曲轴箱处于中间压力下运行。这种压缩机可在很低的蒸发温度下工作，并在压力比达到一定数值后其可比容积效率超过单级压缩机的容积效率。

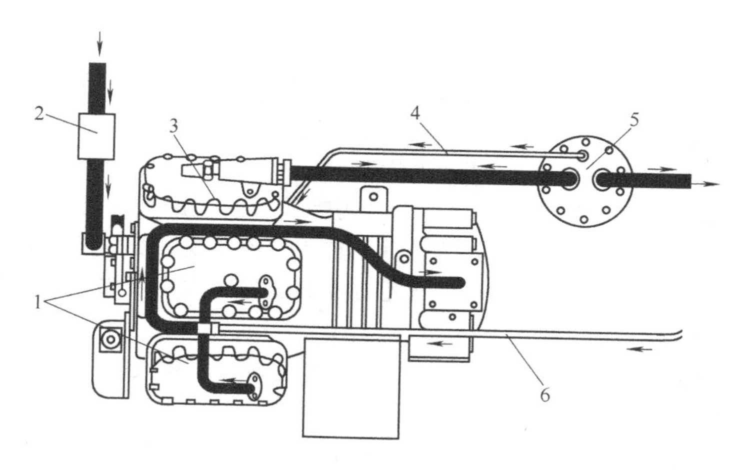

图 3-89　半封闭活塞式单机双级制冷压缩机
1—低压缸　2—吸气管　3—高压缸　4—回油管　5—油分离器　6—制冷剂两相流管道

14.3　开启式单级制冷压缩机的拆装

14.3.1　拆卸基本原则

活塞式制冷压缩机的结构复杂，各零部件间的配合性能要求较高，所以拆卸时一定要讲究步骤和方法，尽量避免损坏物件。开启活塞式制冷压缩机的拆卸一般应遵循下列原则：

1）压缩机拆卸前必须准备好扳手、专用工具及放油等的准备工作，尽量使用干净的专用工具。

2）拆卸操作应有计划按步骤进行，一般是从外部拆到内部，从上部拆到下部。先拆部件，再由部件拆成零件。先拆附件，后拆主件。有次序地进行，并注意防止碰撞。

3）拆卸所有螺栓、螺母时，应使用专用扳手。拆卸气缸套和活塞连杆组件时，应使用专用工具。一时拆不下的零部件，要找出原因，采用适当的拆卸方法（如可先用柴油、煤油浸润后再拆卸），切不可用力硬拆。拆卸零件时用力不宜过大。

4）对不易拆卸和拆卸后会降低连接质量的零部件，应尽量避免拆卸。

5）拆卸过盈配合的零件时应注意拆卸方向，用铜锤敲打零件时必须垫好垫子，以免击坏零件表面。

6）拆下的零件应按其编号（无编号时可自行打印），按一定顺序放置在专用支架或工作台上，切不可乱堆乱放，以免造成零件表面的损伤。

7）对于位置固定或不可改变方向的零部件，拆卸时应做好记号，以免装配时弄错。

8）零部件拆下后应及时用无水酒精、汽油、煤油、四氯化碳等清洗剂清洗，配合精度较高的零件清洗后，应浸没在冷冻油中或涂上油脂封好，以免锈蚀或落灰尘。拆卸下的其他零件应放在干燥通风或清洁的烘房中，并用布盖好。细小零件经拆卸、清洗后，可装回原来部件上，以免丢失或搞错。

9）开口销拆下后，必须更换，不允许重复使用。

10）拆下的管道、管件经清洗后，应用布条或木塞堵住管口，以免污物进入。

14.3.2 拆卸方法和步骤

各类活塞式制冷压缩机的拆卸工艺虽然基本相似，但由于结构不同，拆卸的步骤和要求也略有不同，应根据各类压缩机的特点制订不同的拆卸方法。下面以国产标准系列高速多缸开启活塞式制冷压缩机拆卸方法和步骤为例说明。

1）拆卸气缸盖。先拆连接水管，再拆卸缸盖螺栓，两边最长螺栓最后松开。松开时两边同时进行，缸盖随弹簧支承力升起，然后拆下缸盖。若发现缸盖弹不起时，采用一字旋具轻轻撬开贴合面，但螺母不能松得过多，防止缸盖突然弹出发生事故。缸盖垫片尽量不要拆破，损坏的垫片必须换新。

2）拆卸排气阀组件。取出安全弹簧，再取出排气阀组件和吸气阀片若有灰尘粘结，拆卸时要防止其落进气缸套里。拆下的排气阀组件应检查、编号。

3）拆卸卸载装置。这一工作在拆卸气缸套以前进行。先拆油管接头，再拆油活塞、法兰。法兰螺栓应均匀拧出，并用手推住法兰，拧下螺母，取出法兰、油活塞、弹簧和拉杆。拉杆长度因安装位置不同而不同，应记下各拉杆的位置，以防装错。

4）拆卸曲轴箱侧盖。将曲轴箱两旁的侧盖螺母拆下，用一字旋具把气缸盖撬开一条缝，然后取下曲轴箱侧盖。要避免损坏油冷却器，并注意面部不应正对侧盖，避免曲轴箱内残余制冷剂损伤皮肤。

5）拆卸活塞连杆部件。转动曲轴到适当位置，拆取连杆大头开口销和连杆螺栓螺母，取下大头盖，将活塞升至上止点位置，用吊环螺栓将活塞和斜剖式连杆部件轻轻取出。若连杆大头为平剖式，可将活塞连杆部件和缸套一起取出。若缸套嵌入太紧，可用木棒轻轻敲打气缸底部或稍微转动曲轴即可提出。提出时应注意连杆下端不要碰撞曲轴箱隔板，以免撞坏。提取顺序可按气缸编号进行，连杆和大头瓦都是成组配套，应按编号放在一起，不能混同。

6）拆卸气缸套。用吊环螺栓提出缸套时，应注意缸套台阶底部的调整垫片，防止损坏。

7）拆卸油三通阀和粗过滤器。先拆与三通阀连接的油管和液压泵接头，再拆油三通阀，注意六孔盖不能掉下，以免损坏，并注意其中纸垫层数，取出粗滤器。

8）拆卸细过滤器和液压泵。先拆下细滤器与液压泵连接螺母，取下梳状过滤器、液压泵和传动块。

9）拆卸吸气过滤器。拆卸法兰螺母，留下对称的两螺母均匀地松掉，并用手推住法兰，避免压紧弹簧弹出，取出法兰、弹簧和过滤器。

10）拆卸联轴器。先将压板和塞销螺母拆下，移开电动机及电动机侧半联轴器，从电动机轴上取出半联轴器，取下平键。拆下压缩机半联轴器挡圈和塞销，从曲轴上取下半联轴器和半圆圈。

11）拆卸轴封。对称地均匀拧松压盖螺母，对角留下两个螺母暂不拧下，将其他螺母拧下，用手推住压盖，再拧余下两个螺母，以防轴封弹簧将轴封盖和其他零件弹出，损伤零件或者伤人。然后，顺轴取出压盖、外弹性圈、静止环、转动摩擦环、内弹性圈、压圈及轴封弹簧，应注意不要碰坏静止环与转动摩擦环的密封面。

12）拆卸后轴承座。用布包好曲柄销，防止碰撞，再用方木在曲轴箱内垫好，拆下轴承座连接的油管，然后拧下后轴承座的螺母。用两根专用吊环螺栓拧进后轴承座螺孔内，把轴承座均匀顶开，注意不要损坏纸垫和轴瓦的摩擦面，慢慢地将轴承座取出。

13）拆卸曲轴。先用布条缠好后轴颈，从后轴承座孔取出，以防移动时滑脱。用M16的长螺栓拧进曲轴前端的两个螺孔内，套上圆管，以便推曲轴用。在曲轴箱中部用方木抬曲轴，这样前、中、后都做好准备，协同一致，慢慢把曲轴抽出放平。注意曲拐部分不要碰伤后轴承座孔。

14）拆卸前轴承座。拆卸时，将两根专用吊环螺栓拧到前轴承座的螺孔内，把轴承座顶开，然后用撬棍慢慢撬出。

14.3.3　部件的拆卸

1）拆卸吸、排气阀组件。取出气阀弹簧时，不能硬拉，以免变形。如果弹簧过紧，先用手轻扭，收紧弹簧使直径稍微变小，然后取出。拆钢碗时，注意气阀螺栓是否松动，拆下阀盖和外阀座连接的螺栓后，检查内阀座和外阀座上的密封线是否完整严密，并将密封面朝下放于平台的布上，避免损伤密封线。

2）拆卸活塞连杆组件。用尖嘴钳从销座孔内拆下弹簧挡圈，垫上软金属，用木锤轻击，将活塞销敲出。如果销子过紧，可用专用工具拉力器拉出。如果仍不能拉出，可将活塞和连杆小头一起浸入80～100℃的水或油中加热几分钟使活塞膨胀，然后用活塞销敲出或用专用工具拉出。

拆活塞环有三种方法：

① 用两块布条套在环的锁口上，两手拿住布条轻轻向外扩张把环取出，用力不能过猛，以免折断气环和油环。

② 用3根0.8～1mm厚、10mm宽的铁片垫在活塞环中间，以便活塞环滑动取出，如图3-90所示。

③ 用专用工具拆活塞环，如图3-91所示。

3）拆油三通阀。在拆之前将阀盖、指示盘、限位板、阀体用划针划上装配记号。拆下指示盘螺钉，取下指示盘，再拆下阀盖，取出阀芯。

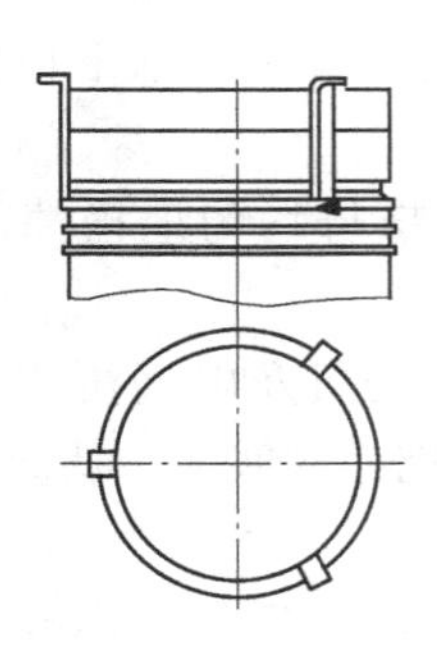

图 3-90 拆卸、装入活塞环的方法

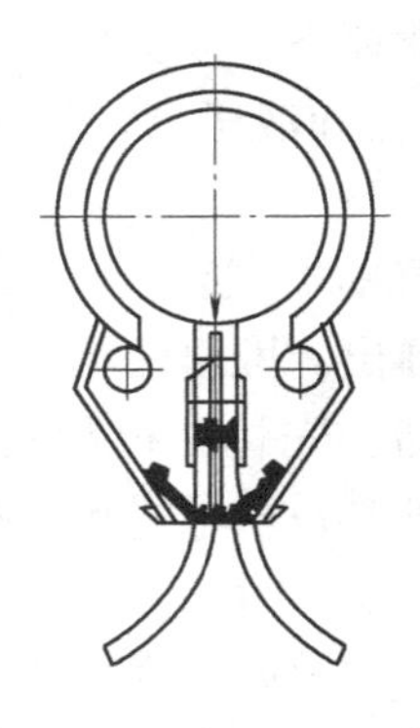

图 3-91 拆卸、装入活塞环的工具

14.3.4 压缩机的装配和调整

1. 装配注意事项

按拆卸相反的顺序进行装配，并注意以下几点：

1）零部件、曲轴箱要用煤油或汽油等清洗干净，吹干后涂上冷冻机油或黄油。

2）部件在组装以前各零件应涂上冷冻机油。

3）不宜用毛纺织物擦洗零部件。

4）密封垫片应在安装之前涂上冷冻机油。

5）旋紧螺母时应对称均匀地用力。

6）拆下的开口销不允许再次使用，必须换新的。

2. 部件的组装

1）气缸套的组装。将顶杆和弹簧装入缸套的外孔内，将转动环（分左、右）和垫环及弹性圈装好，检查转动环的移动应灵活，顶杆应能同时自如地被顶上或放下，顶杆到吸气阀片间的距离相等，误差不大于0.1mm。

2）活塞连杆部件的组装。先核对活塞和连杆编号，防止装错。装配前将活塞浸入80～100℃的油中加热，然后将弹簧挡圈装入一端活塞销座孔槽内，接着将活塞销插入另一端活塞销孔和连杆小头衬套孔内，用木棒敲打。最后，将另一弹簧挡圈装入。

装配活塞环与拆卸方向相反，用两块布条套在环的锁口上，用手拿住布条轻轻向外用力，将活塞环装入活塞环槽内。安装时须注意用力不宜过大，防止活塞环变形。进入环槽后要检查活塞环是否能自由转动，环与环槽间隙应符合相关要求。

3）气阀部件的组装。装配前将密封面擦干净，阀片要装平，气阀弹簧要求长短一致，用手旋转装入阀盖座孔内。将外阀座密封面与阀片贴合，使外阀座凸台嵌入阀盖凹槽内，然后拧紧螺母，检查阀片启用是否灵活。接着安装内阀座，将内阀座密封面与阀片贴合，将气阀螺栓装入内阀座和阀盖中央，用螺母拧紧，并要求内阀座下平面平整，防止撞击活塞。

4）油三通阀部件组装。装配油三通阀时，应将阀芯的孔对准出口，再把弹性圈、圆环和阀盖装好，然后将标牌面螺钉装平。安装手柄时，应注意手柄箭头指示与标牌位置相符，并用螺钉紧固。

5）油分配阀。装配时，应注意将阀芯带孔一侧对准上载接头，另一侧对准泄压管接头，要求阀芯与阀体的径向间隙为0.03mm。装好油分配阀后应从0位到1位逐个试通，并检查回油孔的通向是否符合要求，然后在控制台孔内装上标牌，将手柄箭头指示0位，用螺钉紧固，最后连接油管螺母。

3. 总装与调整

总装是将组装好的各种部件逐一装入机体。凡是与外部接合的部件结合面都应加石棉橡胶垫，以保证密封性。凡是不兼有调整间隙的结合面（如前、后主轴承与机体座孔的结合面），其垫片厚度应按要求选用，不得任意改变。总装程序及注意事项如下：

1）曲轴。将曲轴从后轴承座孔慢慢地水平移入机体内，注意不能碰伤部件。移至正常位置后，装配前、后轴承座，并测量轴向间隙，如果不符合要求，调整石棉垫片的厚度。

2）轴封。先将静止环密封圈套在静止环上，装入轴封盖，密封面要平整。然后，将弹簧、压圈、转动摩擦环密封圈及转动摩擦环装入，再将压盖慢慢推进，密封垫圈、静止环与转动摩擦环的密封面上充分涂上润滑油，使密封面对正，然后对称拧紧螺栓。要求转动摩擦环密封圈的松紧程度以动环推进后稍微弹出为好。

3）联轴器。在轴上稍擦点润滑油，并将半圆键装入键槽，半圆键两侧须和键槽贴合。套上联轴器，用锤敲击平面使锥度收紧，要注意不能上偏。半圆键顶面要与联轴器底槽略有些间隙。电动机的联轴器与机件的联轴器之间要保留有2~4mm的间隙，同时径向要用直尺找平。

4）液压泵与精滤油器。检查垫片油孔是否对准油路孔，把滤油器心装入壳体内，并检查壳体与液压泵之间垫片的油孔是否对准油路孔，装上过滤器，拧紧螺栓。液压泵装好后应转动曲轴，检查液压泵是否灵活。

5）油三通阀与粗过滤器。装配时应注意过滤器与曲轴箱的垫片浸油贴牢，将弹性圈装入孔盖凹槽内，并装到阀体上，将过滤器顶端加上垫片后装入油三通阀，用螺栓紧固。

6）卸载装置。安装时，要按拆卸时的编号安装，不要装错。先装液压缸外圈石棉纸垫，再将液压缸装入孔内，后装油活塞，然后装入卸载装置的法兰，螺栓要均匀上紧。法兰装好后，用旋具插入法兰中心的通孔，推动油活塞，检查卸载装置是否灵活。若不灵活，应查找原因，加以消除。

7）气缸套。装气缸套前要检查转动环和顶杆。转动环有左右旋之分，不能装错。顶杆的高度要相同。安装时要对号，利用吊栓平直地把气缸套插入机体的缸套孔内，注意定位销与定位槽的位置。垫圈要先装到缸套孔的密封面上，转动环槽要对准拉杆凸缘，插入时不能用力过猛。装好后，要检查卸载装置是否灵活，顶杆是否能升降。

8）活塞连杆组。把曲柄销转到上止点位置，将导套放到缸套上，用吊栓吊起活塞连杆件，从大头轴瓦油孔向活塞销加油，并向缸套内面、活塞外表面及曲柄销上加油。要求活塞环锁口错开120°，将活塞经导套装入缸套内，随后安装大头轴瓦及大头盖，拧紧连杆螺栓，并测定大头瓦与曲柄销间隙，转动曲轴是否灵活，最后装上开口销。

在装配另一活塞连杆组时，需拨动曲轴到对应的位置。为了避免刚装的活塞连杆把气缸套顶起，拨动曲轴时要压住气缸套。安装最后一个活塞连杆组时，可能会出现连杆大头解不下，可将其他三个大头瓦拨向一边即可。

若连杆大头轴瓦为平剖式，装配时应将活塞连杆件和缸套一同装入机体内。

9）排气阀组与安全弹簧。装排气阀组前，应使卸载装置顶杆落下，处于工作状态，保证吸气阀片放正，防止滑到缸套顶面，装好排气阀组，检查无卡住现象后，装上安全弹簧，并要求安全弹簧必须与气阀端面垂直。

10）气缸盖。安装气缸盖时，首先检查石棉纸垫是否完好，要注意里面的安全弹簧座孔要与安全弹簧对准，若没有对正，可用旋具拨正。同时，要注意气缸盖的冷却水管进、出水方向，避免冷却水短路。

气缸盖装上后，先均匀地拧上两根较长螺栓的螺母，拧紧后检查卸载装置是否灵活，再均匀地上紧螺母。

其他零部件（如曲轴箱侧盖、气体过滤器、安全阀、控制台、油管、水管等）均按原位置放好。最后，进行一次全面检查，若没有发现问题，可拧下曲轴箱侧盖上的加油孔帽，向曲轴箱加冷冻机油，为试车做准备。

思考题与练习题

1. 简述我国开启式压缩机的总体结构。
2. 简述半封闭活塞式制冷压缩的结构特点。
3. 全封闭活塞式制冷压缩机的主要结构特点有哪些？
4. 试述滑管式和滑槽式压缩机驱动机构的工作原理。
5. 试述单机双级机的总体结构。
6. 开启式单级制冷压缩机拆卸的基本原则是什么？
7. 简述国产标准系列高速多缸开启活塞式制冷压缩机的拆卸方法和步骤。
8. 开启式单级制冷压缩机装配注意事项有哪些？

项目四　螺杆式制冷压缩机的拆卸与装配

单元十五　螺杆式制冷压缩机轴封及轴承的拆卸与装配

一、学习目标

- **终极目标**：能够进行螺杆式制冷压缩机轴承部件及轴封部件的拆卸与装配操作。
- **促成目标**：

1）掌握螺杆式制冷压缩机的基本结构。
2）掌握螺杆式制冷压缩机轴封的结构及拆装操作。
3）掌握螺杆式制冷压缩机轴承的结构及拆装操作。

二、相关知识

螺杆式制冷压缩机属于工作容积做回转运动的容积型压缩机，最早是由德国人 H. Krigar 在 1878 年提出的，直到 1934 年瑞典皇家理工学院 A. Lysholm 才奠定了螺杆式压缩机 SRM 技术，并开始在工业中应用，取得了迅速的发展。20 世纪 50 年代时，就有喷油螺杆式压缩机应用在制冷装置上，由于其结构简单，易损件少，能在大的压差或压力比的工况下工作，排气温度低，对制冷剂中含有大量的润滑油（常称为湿行程）不敏感，有良好的输气量调节特性，很快占据了大容量往复式压缩机的使用范围，而且不断地向中等容量范围延伸，广泛地应用在冷冻、冷藏、空调和化工工艺等制冷装置上。以它为主机的螺杆式热泵从 20 世纪 70 年代初便开始用于采暖空调方面。在工业方面，为了节能，亦采用螺杆式热泵作热回收。

目前，螺杆式压缩机应用越来越广泛，各种开启式和半封闭式螺杆式压缩机已经形成系列产品，近几年又出现全封闭系列螺杆式压缩机。

15.1　螺杆式制冷压缩机的基本结构

螺杆式制冷压缩机的外形和结构简图如图 4-1、图 4-2 所示。其结构按功能分为机壳、螺杆、轴承与油压平衡活塞、轴封、能量调节装置和喷油系统六大部分。

15.1.1　机壳

螺杆式制冷压缩机的机壳相当于活塞式压缩机的机体组，其在压缩机中所起的作用是支承压缩机的零件，并保持各部件之间准确的相对位置；形成各种密封的空间通道，以组织工质和润滑油的流动；承受与平衡力和力矩的作用，并将不平衡的外力和外力矩传给基础。

螺杆式制冷压缩机的机壳一般为剖分式，如图4-3所示。它由机体（气缸体）、吸气端座、排气端座及两端端盖组成。

图4-1　螺杆式制冷压缩机的外形

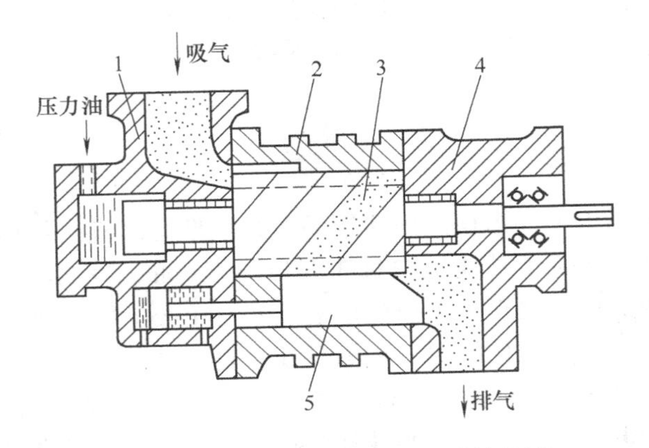

图4-2　螺杆式制冷压缩机的结构简图

1—吸气端座　2—机体　3—螺杆　4—排气端座　5—能量调节滑阀

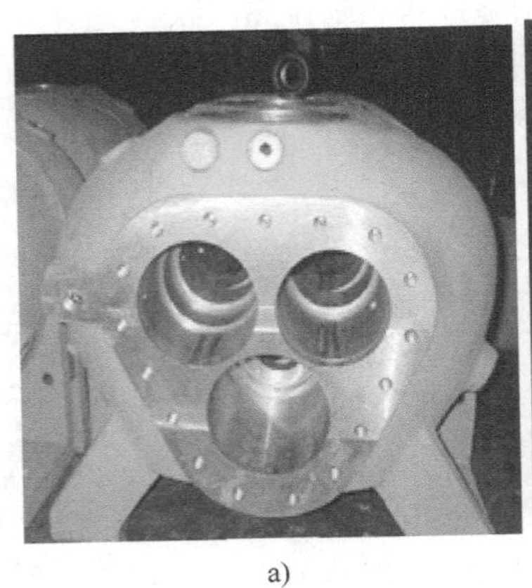

a)

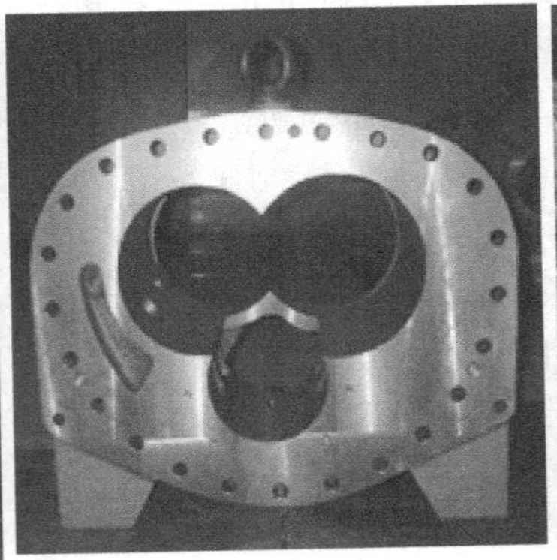

b)

c)

图4-3　机壳部件立体图

a）吸气端座　b）机体　c）排气端座

机体也称为气缸体，是连接各零部件的中心部件，它为各零部件提供正确的装配位置，保证阴、阳转子在气缸内啮合，可靠地进行工作。其端面形状为“∞”字形，这与两个啮合转子的外圆柱面相适应，使转子精确地装入机体内。机体内腔上部靠近吸气端有径向吸气孔口，它是依照转子的螺旋槽形状铸造而成的。机体内腔下部留有安装移动滑阀的位置，还铸有输气量调节旁通口，机体的外壁铸有肋板，可提高机体的强度和刚度，并起散热作用。

吸气端座上部铸有吸气腔，与其内侧的轴向吸气孔口连通，装配时轴向吸气孔口与机体的径向吸气孔口连通。轴向吸气孔口的位置和形状大小，应能保证基元容积最大限度的充气，并能使阴转子的齿开始侵入阳转子齿槽时，基元容积与吸气孔口断开，其间的气体开始被压缩。吸气端座中部有安置后主轴承的轴承座孔和平衡活塞座孔，下部铸有输气量调节用的液压缸，其外侧面与吸气端盖连接。

排气端座中部有安置阴、阳转子的前主轴承及推力轴承的轴承座孔，下部铸有排气腔，与其内侧的轴向排气孔口连通。轴向排气孔口的位置和形状大小，应尽可能地使压缩机所要求的排气压力完全由内压缩达到，同时，排气孔口应使齿间基元容积中的压缩气体能够全部排到排气管道。轴向排气孔口的面积越小，则获得的内容积比（内压力比）越大。装配时，排气端座的外侧面与排气端盖连接。

机壳的材料一般采用灰铸铁，如 HT200 等。

15.1.2　转子

转子是螺杆式制冷压缩机的主要部件。螺杆式制冷压缩机按配备转子的个数不同分为单螺杆式制冷压缩机和双螺杆式制冷压缩机。

单螺杆式压缩机是利用形似蜗轮截面的星轮，与蜗杆转子（又称螺杆转子）相啮合，故又有蜗杆压缩机之称。其工作原理如图 4-4 所示。单螺杆式制冷压缩机主要在中小型制冷空调和热泵装置上得到应用。

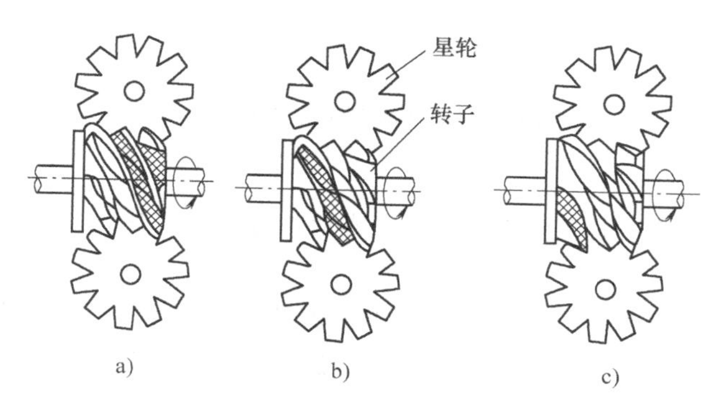

图 4-4　单螺杆式压缩机的工作原理
a）吸气过程　b）压缩过程　c）排气过程

双螺杆式制冷压缩机具有一对平行放置并相互啮合的螺杆，螺杆上具有特殊的螺旋齿型，其中具有凸齿型的称为阳转子，具有凹齿型的称为阴转子，两个转子按一定的传动比向相反方向旋转。

阴、阳转子如图 4-5 所示，常采用整体式结构，将螺杆与轴做成一体。转子的毛坯常为锻件，一般多采用中碳钢，如35钢、45钢等。有特殊要求时也有用40Cr等合金钢或铝合金的。目前，不少转子采用球墨铸铁，既便于加工，又降低了成本。常用的球墨铸铁牌号为QT600-3等。

转子精加工后，应进行动平衡校验。校验时，允许在吸气端面较厚的部分取重。允许的不平衡力矩因转子的尺寸和转速不同，通常是0.05～1.0N·m，可近似地取作$0.1\sim0.2G\times10^{-3}$N·m（G为转子重力，N）；尺寸小、转速高的机器应取偏低值。

图4-5　阴、阳转子

15.1.3　轴承与油压平衡活塞

螺杆式制冷压缩机的轴承包括滑动轴承（主轴承）和向心推力球轴承两种，如图4-6所示。

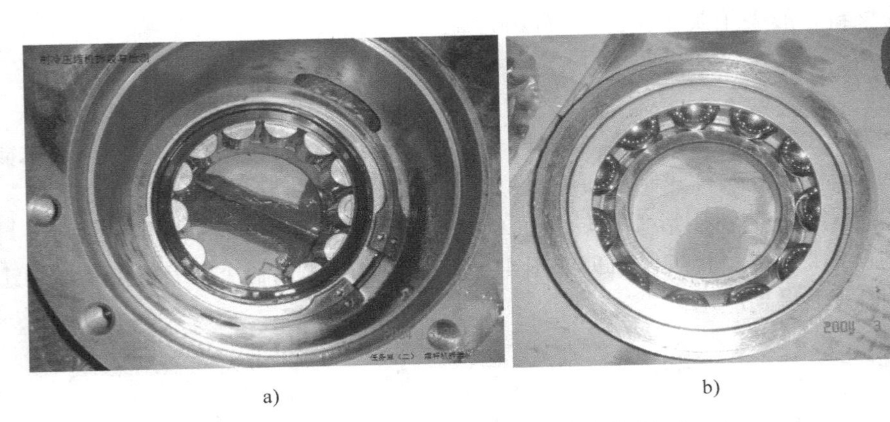

a)　　b)

图4-6　滑动轴承与向心推力球轴承
a）滑动轴承　b）向心推力球轴承

压缩机运转时，两螺杆的螺旋部分端面及螺旋齿面上都作用着气体压力，从而使螺杆产生径向力和轴向力。

径向力主要依靠滑动支撑。滑动轴承又称为流体动力轴承，轴被油膜支撑起来，不存在机械磨损部件，也无所谓轴承使用寿命，只要轴承被充以适当黏度和品质的润滑油，工作在适当的压力和温度下，并且油被很好的过滤，滑动轴承将永远工作下去。

阴螺杆上的轴向分力用向心推力球轴承。由于作用在阳螺杆上的轴向分力要比阴螺杆大得多，所以阳螺杆上的轴向分力需要向心推力轴承和油压平衡活塞。

15.1.4　轴封

轴封是开启式制冷压缩机的主要密封装置，它起到防止压缩机内部的制冷剂和润滑油外泄的作用；同时，当压缩机内压力低于大气压时，也起到防止空气和水分内渗的作用。

螺杆式压缩机通常采用密封性能较好的接触式机械密封，其结构如图 4-7 和 4-8 所示。使用中，需向此轴封处供以高于压缩机内部压力的润滑油，以保证在密封面上形成稳定的油膜。必须注意的是，轴封中有关零部件的材料要能耐制冷剂的腐蚀。

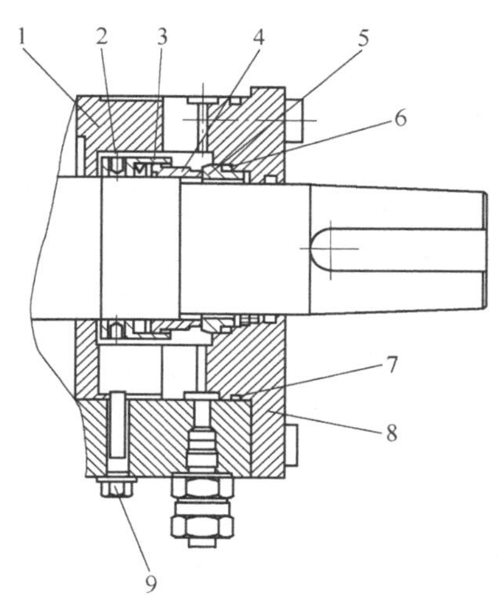

图 4-7　轴封的结构
1—轴封套　2—动环紧固螺钉　3—动环密封圈
4—动环　5—静环　6—静环密封圈
7—O 形圈　8—轴封盖　9—定位螺钉

图 4-8　轴封

15.1.5　能量调节装置

能量调节装置是螺杆式制冷压缩机中用来调节输气量的一种结构，虽然螺杆式制冷压缩机的输气量调节方法有多种，但采用滑阀的调节方法获得了普遍的应用。具体工作原理及结构见单元十六。

15.1.6　喷油机构

螺杆式制冷压缩机润滑大多采用喷油结构。如图 4-9 所示，与转子相贴合的滑阀上部开有喷油小孔，其开口方向与气体泄漏方向相反，压力油从喷油管进入滑阀内部，经滑阀上部喷油孔，以射流形式不断地向一对转子的啮合处喷射大量冷却润滑油，这些润滑油与被压缩的制冷剂气体均匀混合，吸收气体压缩过程产生的热量，降低压缩机的排气温度。此外，喷入的压力油在螺杆及机体内壁面形成一层油膜，起密封和润滑作用，从而减少气体内部泄漏，提高容积效率，降低运动时的噪声。

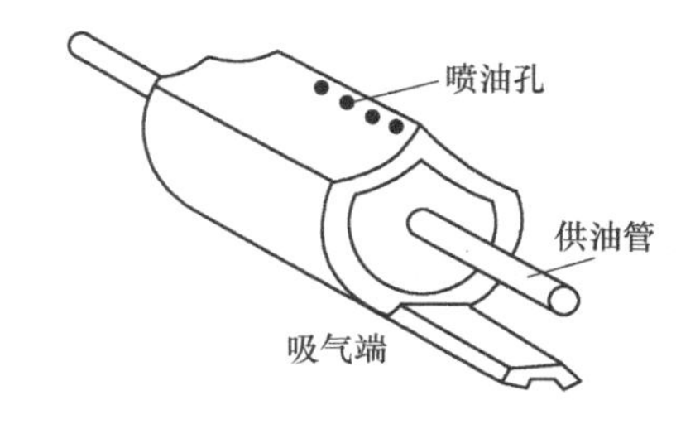

图 4-9　滑阀上的喷油孔

喷油量以输气量的 0.8% ~1% 为宜。喷油温度一般规定：制冷剂为 R717 时，油温为 25 ~55℃；制冷剂为 R12 和 R22 时，油温为 25 ~45℃。油压一般比排气压力高 196 ~294kPa。

15.2 螺杆式制冷压缩机轴封的拆装操作

轴封的拆装操作以图4-7和4-8的结构为例，以下步骤中括号内数字即为图4-7中的结构序号。

15.2.1 轴封的拆卸步骤与注意事项

1）拆去固定轴封盖（8）的内六角头螺钉，留下两个对称的螺钉，再交替地松开剩下的两个螺钉。使轴封弹簧轻轻地推动轴封盖。如果这时轴封盖与垫片粘在一起，松开螺钉后，用手将其分开。

2）拆去轴封盖。将轴封盖从轴的一端拉出，注意不要撞到轴上，如图4-10所示。

3）轴封盖拆去后，擦拭轴并仔细检验。如果轴上有任何划伤的痕迹，用精砂纸加工，以避免轴封拉出时损坏O形圈（7）。

4）拆下静环（5）、静环密封圈（6），松开固定动环（4）的紧固螺钉（2）。

5）松开动环紧固螺钉（2），用手抓住动环（4）仔细地向外拉，注意不要划伤轴，如图4-11所示。

图4-10 拆卸轴封盖

图4-11 拆卸轴封动环

6）拆下定位螺钉（9）将两个螺栓插入轴封套（1）的螺栓孔中，与轴平行地向外拉，注意拉时不要将轴封套倾斜。

15.2.2 轴封的基本检查事项

1）检查轴封动环（4）与静环（5）的摩擦表面。具有光滑的无污染表面的动环、静环可以再利用。如果有任何划伤的痕迹，则需更换，否则将导致泄漏。

2）检查O形圈。在氟利昂系统中，O形圈容易受腐蚀，如果发现O形圈有不正常的地方就要更换。轴封上共计有3个O形圈（7、3、6）分别用于轴封盖（8）、动环（4）与静环（5）。

3）检查轴封套的摩擦表面，若发现有磨损，更换新的零件。由于轴封套（1）是专为压缩机设计的，只能用专门的零件。

4）如果拆卸轴封时，轴封盖垫片没有损坏，就不需要更换。

15.2.3　轴封的装配步骤与注意事项

装配本质上与拆卸的操作正好相反。在装配之前，所有的工具及零件都要进行彻底地清洗，零件用压缩机油处理。具体的装配步骤与注意事项如下：

1）装配之前彻底清洗轴封接触面。

2）装配之前仔细检查密封面是否有划痕。

3）装入轴封套。擦干净轴封孔，装O形圈，如图4-12所示。

图4-12　装配密封圈

4）装轴封动环（4）以及动环密封圈（2）。上紧四个顶丝。注意装动环时松一下顶丝，防止高出空面的丝划伤轴径。

5）装轴封静环（5）以及静环密封圈（6）。注意对齐止动销。装轴封盖垫片。

6）装入轴封盖（8）。螺栓对称拧紧。

15.3　螺杆式制冷压缩机轴承的拆装操作

本书螺杆式制冷压缩机的拆装操作以烟台冰轮集团LG20机型为例，其结构爆炸图如图4-13所示。

15.3.1　吸气端座及滑动轴承的拆卸

1. 拆卸步骤及注意事项

1）拆去将吸气端座固定于机体上的所有螺钉。

2）将一些螺钉装到机体侧的盲丝孔中，以平衡地顶开吸气端座。螺钉应该交替地一点点地拧紧，使吸气端座均匀的压起。

3）定位销拆去后，将吸气端座移离机体。

4）拆去阴转子孔密封盖（13）。

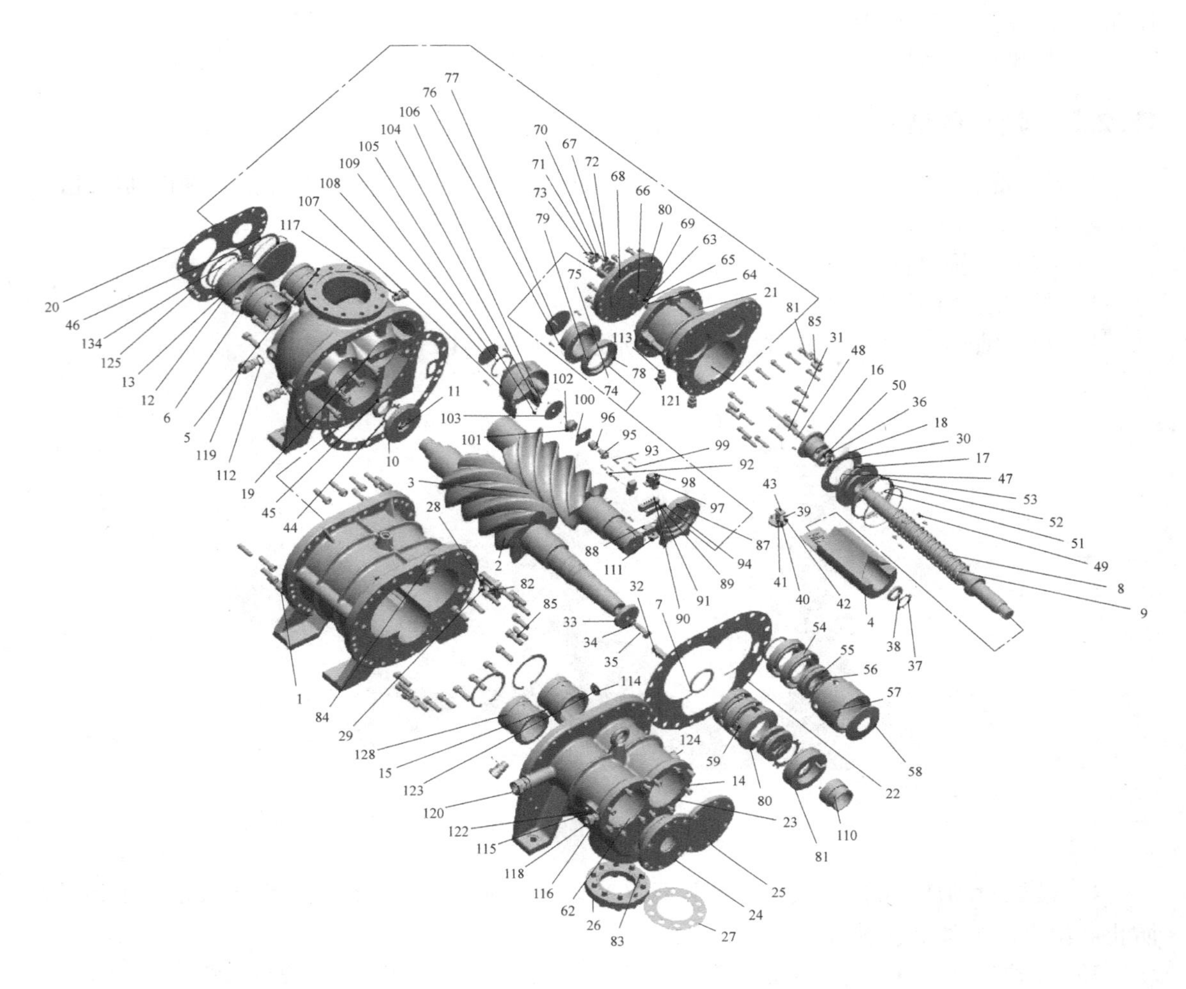

图 4-13　螺杆式制冷压缩机爆炸图

1—机体　2—阳转子　3—阴转子　4—滑阀　5—吸气端座　6—吸气端主轴承　7—轴承隔圈　8—滑阀导管　9—卸载弹簧　10—平衡活塞　11—平衡活塞销　12—平衡活塞套　13—阴转子孔密封盖　14—排气端座　15—阴轴排端主轴承　16—密封套　17—油活塞　18—油活塞压板　19—吸气端垫片　20—油活塞缸体垫片　21—油活塞缸体　22—排气端垫片　23—排气端座垫片　24—轴封盖　25—阴转子轴承压盖　26—排气法兰　27—排气法兰垫片　28—补气法兰垫片　29—补气法兰　30—螺旋导管衬套　31—螺旋杆　32—联轴器键　33—压板　34—垫圈　35—螺钉　36—垫片　37—垫圈　38—螺母　39—滑阀导块轴　40—销　41—螺钉　42—导块轴垫片　43—滑阀导块　44—垫圈　45—螺母　46—挡圈　47—O 形圈　48—螺钉　49—垫圈　50—销　51—O 形圈　52—密封环 B　53—密封环 A　54—滚动轴承　55—螺母　56—垫圈　57—阴转子轴承压套　58—F 碟簧　59—阳转子轴承压套　60—M 碟簧　61—轴封套　62—O 形圈　63—油活塞缸体盖板　64—深沟球轴承　65—轴用弹性挡圈　66—挡圈　67—螺旋杆压板　68—密封垫　69—O 形圈　70—压板 A　71—螺钉　72—螺钉　73—传动套　74—能量指针　75—螺钉　76—防护罩　77—指示板　78—帽盖　79—销　80～84—螺钉　85、86—销　87—指示器座　88—指示器座角铁　89—垫板　90—端子盘　91—螺钉　92—长支腿　93—短支腿　94—传动套　95—微动开关凸轮（乙）　96—微动开关凸轮（甲）　97—微动开关定位板　98—微动开关　99—螺钉　100—电位计支座　101—电位器　102—螺钉　103—指针盘　104—指针　105—垫圈　106—螺钉　107—指示器盖　108—指示器盖玻璃　109—挡圈　110—轴封　111—直型接头　112～117—垫片　118～121—接头组　122—定位螺栓　123、124—螺塞　125—接头组　126—阳轴排端主轴承　127—排气端盖垫片　128—轴承压盖　129—垫片　130—螺钉　131—排气端盖　132、134—O 形圈　133—外隔圈

5）要拆滑动轴承（6），首先要先拆去相应挡圈（46），然后从转子侧推出轴承。如需用小锤来拆下轴承，用木块或类似的东西垫在上面以免损坏。

6）记录拆吸气端座时拆下的定位销位置，组装时安装在原来位置。

2. 检查事项

1）检查O形圈是否有损坏，若有必要，更换新件。

2）检查轴承的内圈，看是否有异物附着在轴承金属上。

3）检查轴承的尺寸，具体要求见检修教材。

15.3.2　推力轴承的拆卸

1. 拆卸步骤及注意事项

1）将碟簧（58、60）与轴承压套（57、59）取出 。

2）将滚动轴承（54）的螺母（55）上的锁紧垫圈（56）的爪弄直，拆去螺母。推力轴承内圈与轴之间为间隙配合。

3）将一段直径为2mm左右的带有小勾的钢丝插入轴承外圈与轴承压套（57、59）之间，勾住轴承压套并将其拉出。

4）轴承隔圈（7）位于轴承之后。零件上都做了标记以区分哪些是阴转子的，哪些是阳转子的。将相关的零件放在一起以免混淆。不正确的装配将导致配合尺寸上的错误，引起压缩机铰死。

2. 检查事项

1）彻底地清洁轴承（54）并吹干。

2）检查轴承的滚珠及圈。轴承应光亮，滚珠架上无毛刺。检查滚珠与保持架之间的间隙。

3）水平抓住内圈，迅速旋转外圈。如果手指感觉有不正常的振动，则需进一步地仔细检查。振动有可能是由于加工残渣或轴承的异常引起。

4）虽然轴承的实际使用寿命取决于操作环境，原则上轴承应该每运行3年进行拆检。这个时间会由于载荷及温度的变化而减少。如果轴承有任何即使是最轻微的划伤，也要更换。

15.3.3　滑动轴承的装配

滑动轴承的装配步骤及注意事项如下：

1）主轴承（6、15、126）是过盈配合。用挡圈（46）来固定主轴承。如果轴承需要敲进去，用木块或塑料块垫上。

2）吸、排气端座主轴承在压装时应注意油槽位置，按照设计要求角度压装。

3）装上固定轴承的挡圈。

15.3.4　推力轴承的装配

向心推力球轴承（滚动轴承）的装配步骤及注意事项如下：

1）装轴承隔圈（7）。

2）装滚动轴承（54），注意滚动轴承使用时成对使用，背靠背。按轴承标记方向安装。

3）将阴阳转子滚动轴承（54）外安装圆螺母（55）、止动垫圈（56）拧紧。注意止动垫圈安装在两个螺母（55）之间。

4）用工具别起止动垫圈（56）的齿，使其卡紧圆螺母（55）的齿槽。

思考题与练习题

1. 螺杆式制冷压缩机由哪几部分组成？
2. 螺杆式制冷压缩机按螺杆的个数分为哪几种？
3. 螺杆式制冷压缩机的轴封由哪些零件构成？
4. 螺杆式制冷压缩机轴封的装配步骤是怎样的？
5. 螺杆式制冷压缩机滑动轴承的拆卸步骤是怎样的？

单元十六　螺杆式制冷压缩机能量调节机构的原理与拆装

一、学习目标

- **终极目标**：能够进行螺杆式制冷压缩机能量调节机构的拆卸与装配操作。
- **促成目标**：

1）掌握螺杆式制冷压缩机能量调节的原理。

2）掌握螺杆式制冷压缩机能量调节装置的基本结构。

3）掌握螺杆式制冷压缩机滑阀能量调节机构的增载、减载与定载工作过程。

4）掌握螺杆式制冷压缩机能量调节机构的拆装操作。

二、相关知识

制冷压缩机设置能量调节装置的目的有两个：一是因季节环境气温、热负荷等变化，需要的制冷量也要随之变化，以保持恒定的低温；二是减少电动机起动电流，减轻对电网冲击，避免因高、低压侧压差大导致起动困难甚至不能起动。

螺杆式制冷压缩机输气量调节的方法主要有吸入节流调节、转停调节、变频调节、滑阀调节、柱塞阀调节等，目前使用较多的为滑阀调节和塞柱阀调节。

16.1　滑阀能量调节的原理

滑阀能量调节是螺杆式制冷压缩机使用最为广泛的一种能量调节方式，属于旁通调节。

16.1.1　滑阀能量调节的基本原理

滑阀调节的基本原理是通过滑阀的移动，使压缩机阴、阳转子的齿间基元容积在齿面接触线从吸气端向排气端移动的前一段时间内，通过滑阀回流孔仍与吸气孔口相通，并使部分气体回流到吸气孔口，即通过改变转子的有效工作长度来调节输气量。

图 4-14 所示为滑阀调节的原理图，图 4-15 所示为滑阀满载与轻载的结构图。其中图 4-14a和图 4-15a 为全负荷的滑阀位置，此时滑阀的背面与滑阀固定部分紧贴，压缩机运行时，基元容积中的气体全部被压缩后排出。而在调节工况时滑阀的背部与固定部分脱离，形成回流孔，如图 4-14c 和图 4-15b 所示，基元容积在吸气过程结束后的一段时间内，虽然已经与吸气孔口脱开，但仍和旁通口（回流孔）连通。随着基元容积的缩小，一部分进气被转子从旁通口中排回吸气腔，压缩并未开始，直到该基元容积的齿面密封线移过旁通口之后，所余的进气（体积为 V_P）才受到压缩，因而压缩机的输气量将下降。滑阀的位置离固

定端越远，旁通口长度越大，输气量就越小，当滑阀的背部接近排气孔口时，转子的有效长度接近于零，便能起到卸载起动的目的。

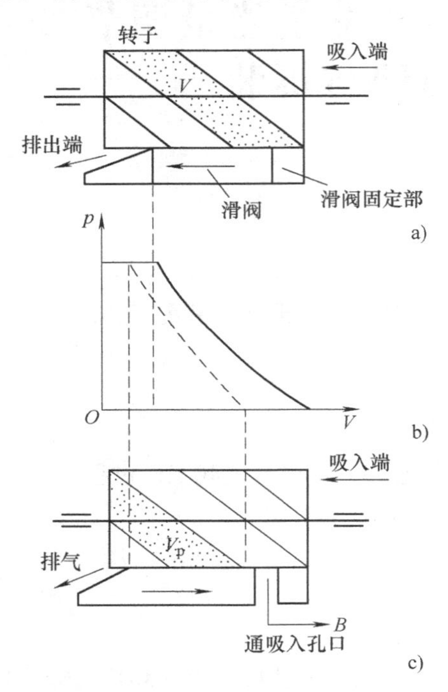

图 4-14　滑阀调节的原理图

图 4-15　滑阀满载与轻载的结构图

16.1.2　滑阀能量调节的范围

由前述可知，滑阀的位置离固定端越远，旁通口开启得越大，螺杆的有效工作长度越短，输气量就越少。图 4-16 所示为螺杆式制冷压缩机输气量与滑阀位置的关系曲线。滑阀背部同固定端紧贴时，为全负荷位置。当稍微移动滑阀，回流孔即开启。由于滑阀固定部分的长度约占机体长度的 1/5，故当滑阀刚刚离开固定端时，从理论上讲应使输气量突降到 80%，如图 4-16 实线所示。但压缩机实际运行中，由于回流孔的阻力，通过回流孔的回流气体减少，因此，输气量不会从 100% 立即降到 80%，而是连续变化，如图 4-16 虚线所示。

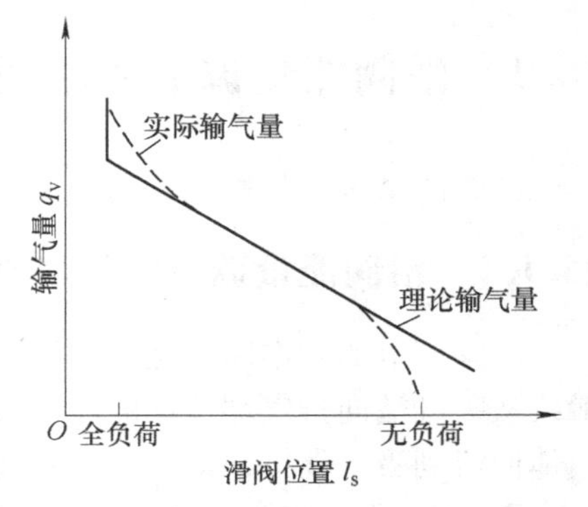

图 4-16　螺杆式制冷压缩机输气量与滑阀位置的关系曲线

随着滑阀向排气端移动，输气量继续降低。当滑阀向排气端移动至理论极限位置时，即当基元容积的齿面接触线刚刚通过回流孔，将要进行压缩，该基元容积的压缩腔已与排气孔口连通，使压缩机不能进行内压缩，此时压缩机处于全卸载状态。如果滑阀越过这一理论极限位置，则排气端座上的轴向排气孔口与基元容积连通，使排气腔中的高压气体倒流。为了防止这种现象发生，实际上常把这一极限位置设置在输气量为 10% 的位置上。因此，螺杆式制冷压缩机的输气量调节范围一般为 10% ~100% 内的无级调节。

在能量调节过程中，其制冷量与功率消耗的关系如图4-17所示。从图中可以看出，螺杆式制冷压缩机的制冷量与功耗的关系，在能量调节范围内不是成正比的，只有当压缩机负荷在50%以上时，功率消耗与负荷接近正比例关系；但在50%以下时，性能系数相应会大幅度下降，显得经济性较差。因此，从经济性方面考虑，一般认为螺杆式制冷压缩机在50%～100%运行为宜。

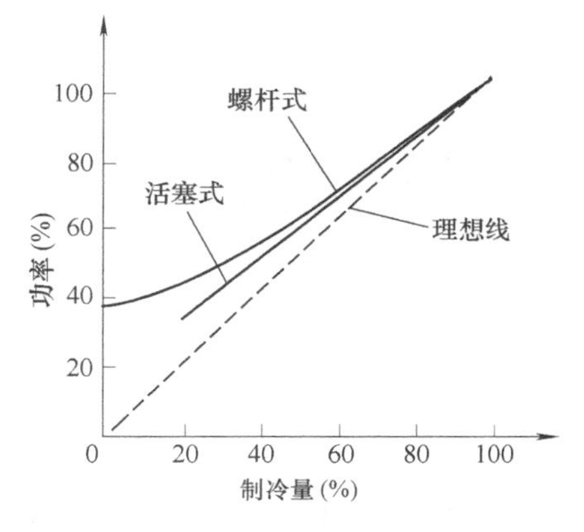

图4-17　不同负荷下制冷量与功率的关系

16.2　滑阀能量调节机构与工作过程

滑阀能量调节机构由执行机构、控制机构和指示机构三部分组成，如图4-18所示。执行机构包括滑阀、滑阀顶杆、油活塞、液压缸、压缩弹簧及端座。控制机构为油路及输气量调节控制阀。指示机构为输气量调节指示器。

16.2.1　滑阀能量调节机构的执行机构

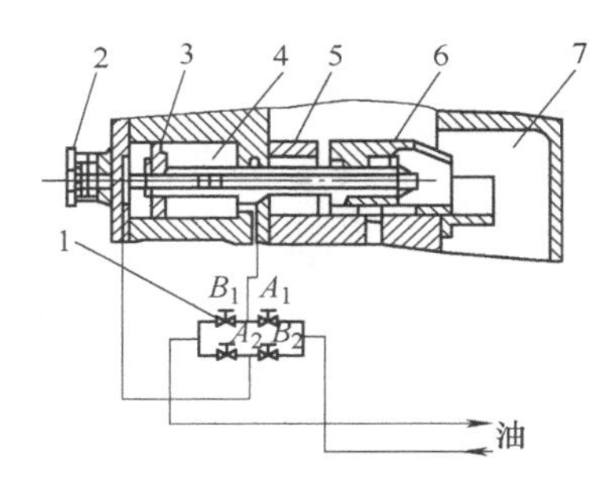

图4-18　滑阀能量调节机构
1—电磁阀组　2—冷量指示器
3—油活塞　4—油缸　5—固定块
6—滑阀　7—排气腔

滑阀能量调节机构的执行机构在控制机构的指令下，移动滑阀的位置、调整旁通口的大小，从而改变压缩机的负荷。执行机构主要包括滑阀、滑阀顶杆、顶杆弹簧、油活塞、液压缸及端座等。

滑阀如图4-19所示，放置于气缸体下部的滑阀移动腔内，它的上部是两个圆弧形状，与机体共同形成“∞”形密封容积。滑阀可以在其内拖动，下部设置了安装销键的槽，保证在运动过程中不会发生转动。滑阀一端为排气端，一端与滑阀导管相连。

滑阀顶杆和顶杆弹簧如图4-20、图4-21所示。滑阀顶杆一端与滑阀相连，另一端与油活塞相连。它起到传递动力带动滑阀移动的作用。滑阀顶杆外部套有弹簧，弹簧的一端卡在滑阀上，一端卡在机体上，在空载时弹簧处于自然状态。其连接如图4-22所示。

图4-19　滑阀

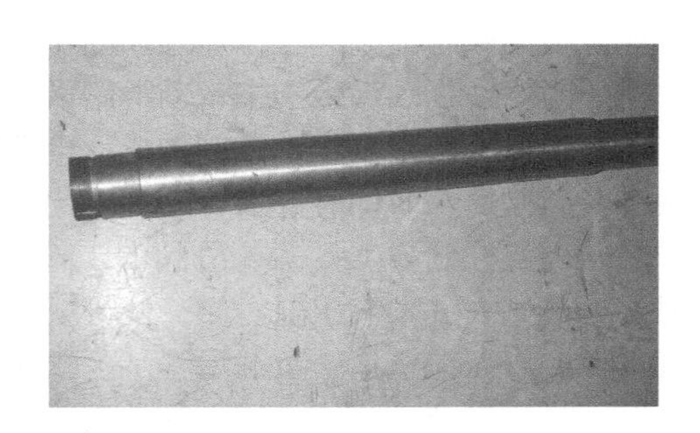

图4-20　滑阀顶杆

图 4-21 顶杆弹簧

图 4-22 滑阀、滑阀顶杆、顶杆弹簧连接图

油活塞如图 4-23 所示。油活塞放置在能量调节油缸内，中间有一个密封圈，这样就将油缸分成两个封闭的腔室：上载腔和卸载腔。如果两封闭腔室压力不同，那么油活塞就能向压力低的腔室移动，因为它与滑阀导杆连在一起，所以会带动导杆以及滑阀的移动。

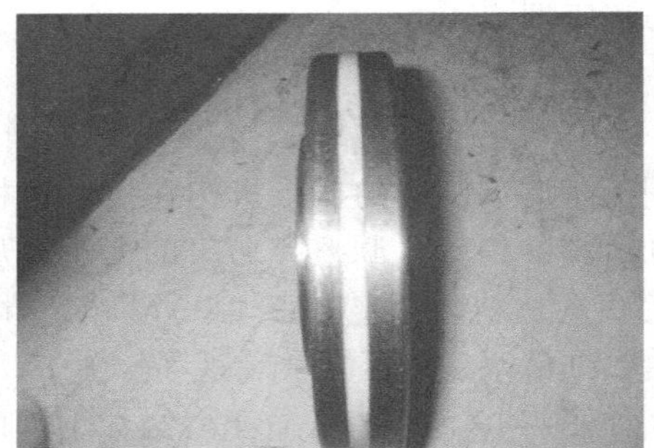

图 4-23 油活塞

16.2.2 滑阀能量调节机构的控制机构

滑阀的调节是靠滑阀的移动来实现的，而滑阀的移动是靠油活塞的移动推动的，能量调节机构的控制机构就是控制油活塞运动的装置。常用的有两种形式：四通电磁换向阀组和双电磁阀控制。

1. 四通电磁换向阀组控制

四通电磁换向阀组控制的工作原理如图 4-18 和图 4-24 所示。滑阀同液压缸的活塞连成一体，由液压泵供油推动油活塞来带动滑阀沿轴向左右移动，供油过程的控制元件是电磁换向阀组。电磁换向阀组由两组电磁阀构成，电磁阀 a 和 b 为一组，电磁阀 c 和 d 为另一组。每组的两个电磁阀通电时同时开启，断电时同时关闭。

电磁换向阀组控制输气量调节滑阀的工作情况如下：电磁阀 a 和 b 开启、c 和 d 关闭，高压油通过电磁阀 b 进入液压缸右侧，使活塞左移，油活塞左侧的油通过电磁阀 a 流回压缩机的吸气部位。当压缩机运转负载增至某一预定值时，电磁阀 a 和 b 关闭，供油和回油管路都被切断，油活塞定位，压缩机即在该负载下运行。反之，电磁阀 c 和 d 开启、a 和 b 关闭，即可实现压缩机减载。这种情况下，滑阀的增、减载是在油压差的作用下完成的。

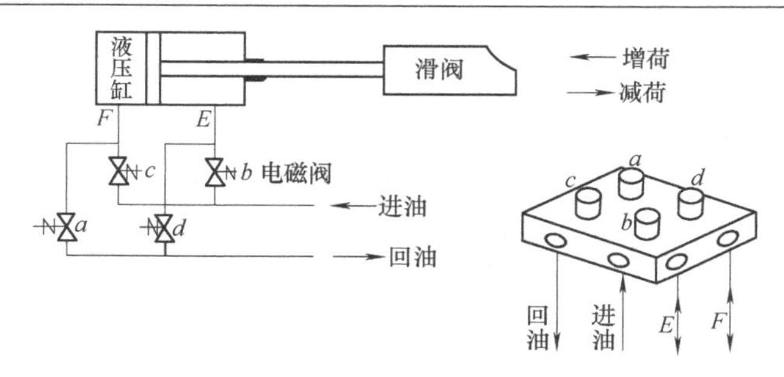

图 4-24　四通电磁换向阀组的控制

四通电磁阀组有增载和减载两个线圈。与它相通的有四条油管，分别是进油、增载、减载和回油，如图 4-25 所示。进油管与油泵出口相通，增载和减载油管分别与能量调节油缸体的增载腔和减载腔相通。回油管接到压缩机的吸气低压端。四通电磁阀在任一线圈得电时，其油管是两两相通的。若增载线圈得电后，其进油与增载油管相通，同时减载油管与回油相通。若减载线圈得电时，其进油管与减载油管相通，同时增载油管与回油管相通。

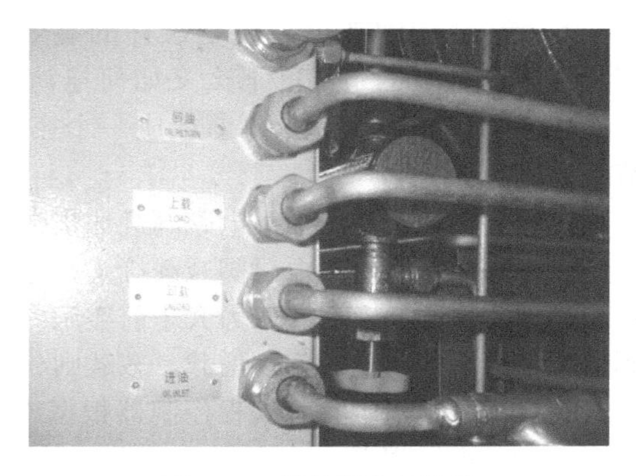

图 4-25　能量调节的油管

2. 双电磁阀控制

图 4-26 所示为两个电磁阀的控制。当压缩机增载时，增载电磁阀开启，减载电磁阀关闭，高压油进入油缸，推动油活塞，使滑阀与滑阀固定端之间的开口减小，从而增加螺杆的有效工作长度，提高压缩机的输气量。当压缩机减载时，增载电磁阀关闭，减载电磁阀开启，油缸与低压区连通，使油从油缸排向机体内吸气侧，油活塞在弹簧力的作用下向左移动，滑阀与滑阀固定端之间的开口加大，从而缩短螺杆的有效工作长度，减少压缩机的输气量。当压缩机处于定载工作时，同时关闭增载与减载电磁阀。

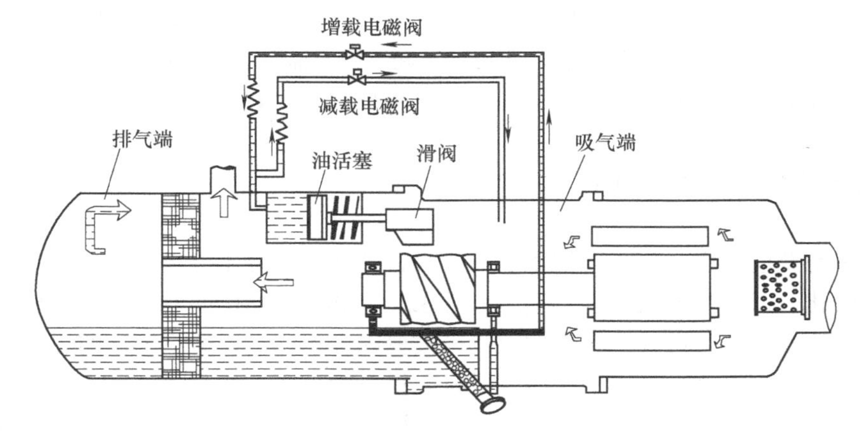

图 4-26　两个电磁阀的控制

16.2.3 滑阀能量调节机构的指示机构

压缩机在不同的载位与滑阀的位置有关系，由于滑阀安装在压缩机内部，在检测压缩机载位时不可能监测到滑阀的位置。所以，若要检测压缩机的负荷，还需要其他部件（如螺旋导管、喷油导杆等）将滑阀的直线运动转变为旋转运动，并用指针表示出来。能量调节指示器如图4-27所示。

图4-27 能量调节指示器

16.2.4 滑阀能量调节机构的工作过程

通过移动滑阀就可以改变螺杆的有效工作长度，即起到能量调节的目的。那么又如何拖动滑阀呢？将上述的各个部件连接起来，即组成一个完整的能量调节装置。

按增载按钮，高压油由电磁阀进油接头进入，然后从电磁阀增载接头流出进入油活塞后腔，此时油活塞前腔与电磁阀减载接头相通，并通过电磁阀回油接头与吸气端座上的回油接头相通，那么油活塞后腔压力大于前腔压力，在压差的作用下，油活塞向前腔运动，通过滑阀导管带动滑阀后移，实现增载。减载则与此过程相反。

在自动型机组中，可编程控制器根据冷冻水出水温度与设定水温（或吸气压力与设定压力）的偏差，以及出水温度（压力）的变化率，计算出增载或减载的频率和持续时间，控制增载电磁阀或减载电磁阀的开、关，通过油压驱动滑阀至所要求的工作位置，达到能量调节的要求。

可编程控制器完成实时检测、控制计算、调节输出，形成闭环控制，使机组控制更精确、稳定、可靠。当温（压）差较大时，增载电磁阀或减载电磁阀的动作时间较长且频率较高；而当温（压）差很小时，增载电磁阀或减载电磁阀很长时间才动作一次，这样既能保证出水温度稳定，又能延长电气元件的使用寿命。

注意：在压缩机卸载过程中，滑阀向排气端移动，如果滑阀移动至完全零载位状态，由于排气孔口与低压旁通口相通，会使排气腔中的高压气体倒流，为防止这种现象发生，实际上常把滑阀向排气端移动的实际极限位置设置在排气量为10%或15%的位置上。因此，螺杆压缩机的能量调节范围一般为10%～100%。起动螺杆制冷压缩机时，发现吸气压力会很快下降并能建立起排压，就是由于压缩机即使在空载状态也有一定的制冷量。

16.3 内容积比调节机构

在制冷和空调应用中，由于气候条件的改变，螺杆式制冷压缩机运行压缩比会在一个宽广的范围内变化，以致造成欠压缩或过压缩现象，降低了压缩机的效率。内容积比调节机构的目的，就是通过改变径向排气孔口的位置来改变内容积比，以适应不同的运行工况，节省能耗，这对带有经济器运行的螺杆式压缩机将显得更为重要。

螺杆式压缩机的径向排气孔口开在滑阀的前缘部位上，改变内容积比的传统办法是为同一型号的压缩机配置几种径向排气孔口形状大小不同的滑阀，使压缩机在全负荷运转时获得不同的内容积比，如图 4-28 所示。显然，滑阀上开设大的径向排气孔口时，获得小的内容积比；滑阀上开设小的径向排气孔口时，获得大的内容积比。

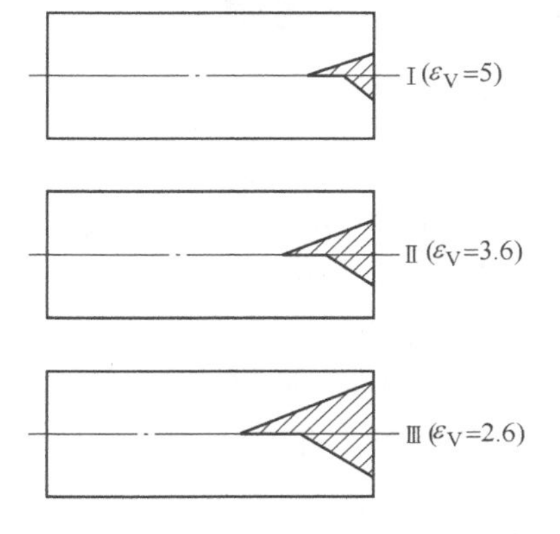

图 4-28　不同容积比时径向排气口的形状大小

我国螺杆式制冷压缩机系列的内容积比推荐值有 2.6、3.6、5 三种，以适应高温、中温及低温等不同蒸发温度的要求。但是，对于工况变化范围大的机组（如一年中夏天制冷、冬天供暖的热泵机组）有必要实现内容积比随工况变化进行无级自动调节。

图 4-29 所示为德国寇尔托马塔（Kiihlautomat）公司所采用的滑阀无级内容积比调节机构。图中输气量调节滑阀 1 和内容积比调节滑阀 3 都能左右独立移动。滑阀 1 同油活塞 7 连成一体，通过油孔 6 和 8 进、出油推动油活塞 7，实现滑阀 1 左右移动。而油孔 5 进、出油使作用在油活塞 4 上的油压力与弹簧 2 的弹簧力合力差推动滑阀 3 左右移动。在进行内容积比调节时，设有径向排气孔口的输气量调节滑阀 1 向左边移动，则排气孔口缩小，此时，内容积比调节滑阀 3 也必须向左移动，紧靠滑阀 1。在进行输气量调节时，滑阀 1 向左移动，滑阀 3 则通过油孔 5 放油，脱离滑阀 1，造成两滑阀有一定间距，制冷剂气体在两滑阀之间旁通。由上述可知，滑阀 1 的移动可以无级调节输气量和卸载启动，而滑阀 1 和 3 联动可以进行无级内容积比调节。

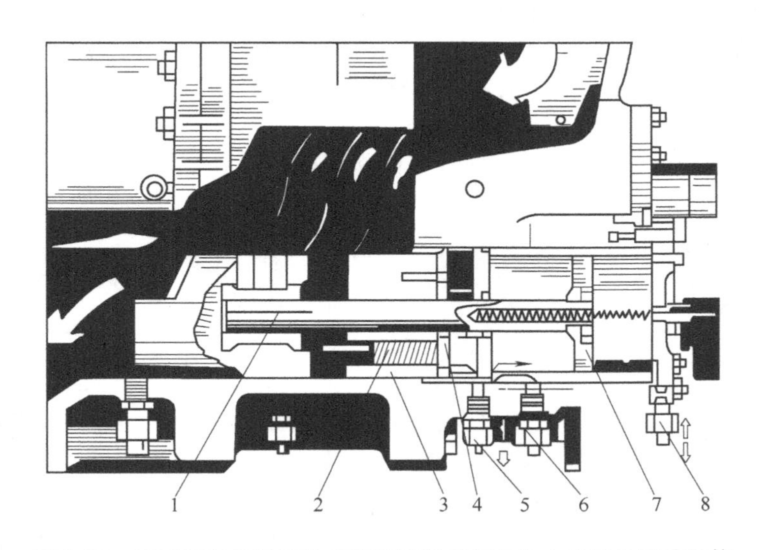

图 4-29　德国寇尔托马塔公司所采用的滑阀无级内容积比调节机构
1—输气量调节滑阀　2—弹簧　3—内容积比调节滑阀
4、7—油活塞　5、6、8—进、出油孔

注意：内容积比调节仅在满载位是有效的。由于结构和轴向排气口的影响，在冷凝温度确定的条件下，蒸发温度低于一定值，内容积比调节也无意义。受电动机配置等影响，内容积比调节也是受限制的。

16.4 塞柱阀调节

螺杆式制冷压缩机输气量调节的另一种方法是采用多个塞柱阀调节。图 4-30 中有两个塞柱阀，当需要减少输气量时，将塞柱阀 1 打开，基元容积内一部分制冷剂气体就回流到吸气口。当需要输气量继续减少时，则再将塞柱阀 2 打开。塞柱阀的启、闭是通过电磁阀控制液压泵中油的进、出来实现的。塞柱阀调节输气量只能实现有级调节，图中调节负荷仅为 75% 和 50% 两档。这种调节方法通常在小型、紧凑型螺杆式压缩机中可以看到。

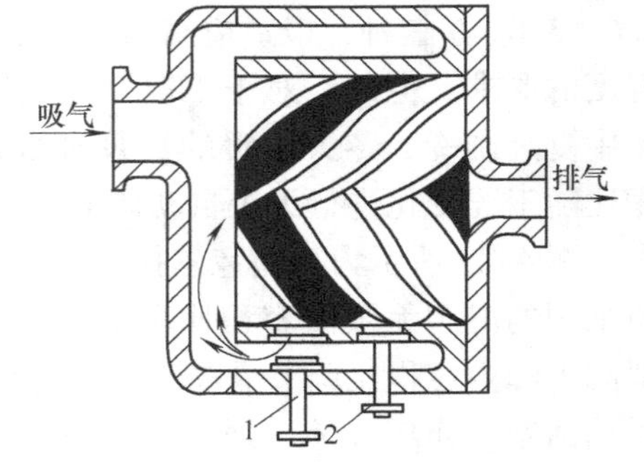

图 4-30 塞柱阀的输气量调节原理
1、2—柱塞阀

16.5 滑阀能量调节机构的拆卸与装配

滑阀能量调节机构的拆卸与装配参照图 4-13 螺杆式制冷压缩机爆炸图，其括号中的数字与图 4-13 的图注对应。

16.5.1 能量调节指示器的拆卸

当拆卸压缩机时，能量调节指示器应作为部件拆除。能量指示部件分为自动型与手动型两种，此处以自动型能量指示部件为例，具体拆卸步骤为：

1）将指示器上的电线拆去，拆去固定指示器盖（107）的三个螺栓，如图 4-31 所示。

2）拆下指示器盖（107）、指示器盖玻璃（108）、挡圈（109）。注意不要碰碎指示器盖玻璃。

3）拆除相应螺钉即可拆除指针（104）以及指针盘（103）、电位器（101）、微动开关凸轮（95、96）等零件，如图 4-32 所示。

图 4-31 拆卸指示器盖

图 4-32 拆卸指针等

4）拆除指示器座（87）与油活塞缸体盖板（63）固定的螺钉，沿着与油活塞缸体（21）平行的方向拉出其余指示器零件。

5）拆除将微动开关（98）固定于指示器座上（87）的螺钉，即可将微动开关拆下。

16.5.2　能量调节指示器的装配

能量调节指示器的装配步骤与能量指示器的拆卸步骤相反。为保证安装后的压缩机能够正常运转，在安装时需要进行一些检查和定位操作。此处以自动型能量指示部件为例，具体装配步骤为：

1）用螺钉将端子盘（90）、微动开关（98）固定在指示器座上。装上支腿（92）。注意支腿有长短之分，此处安装的为长支腿。注意左侧微动开关下需加装微动开关定位板（97）。

2）将组装好的部件用螺钉安装在油活塞缸体盖板（63）上。

3）安装微动开关凸轮甲（96）、乙（95），甲在外，乙在内。

4）安装电位器（101），电位器上的销需与凸轮槽配合。

5）安装短支腿（93）、指针盘（103）以及指针（104）等。然后将组件用螺钉固定在油活塞缸体（21）上。

6）用高压风分别连接油活塞进油和回油孔。开通一个阀门使压缩机减载，然后关闭。开通另一个阀门使压缩机增载。听滑阀是否达到满载位置。观察指针位置，验证螺旋导杆（31）导程是否正确，如图4-33所示。

7）将压缩机调节到零载位，调整凸轮乙（95）凹槽与靠近底座的微动开关（98）配合，锁紧其上螺钉，保证凸轮乙与传动套（94）没有相对运动。

8）调节压缩机到满载位，调整凸轮甲（96）凹槽与另一微动开关（98）配合，锁紧螺钉，保证两凸轮没有相对运动。

9）装配能量指示器盖（107）。

10）整个安装过程结束后，在阳转子（2）端部拧上一个螺钉，用内六角扳手盘动，看是否灵活，如图4-34所示。

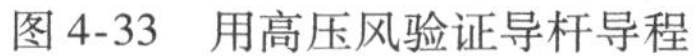

图4-33　用高压风验证导杆导程

图4-34　安装阳转子端螺钉

思考题与练习题

1. 螺杆式制冷压缩机为什么要设置能量调节装置？
2. 螺杆式制冷压缩机常用的能量调节方法有哪几种？
3. 螺杆式制冷压缩机的滑阀能量调节由哪些部分构成？
4. 螺杆式制冷压缩机能量调节指示器的拆卸步骤是怎样的？
5. 螺杆式制冷压缩机能量调节指示器安装时如何验证螺旋导杆导程是否正确？

单元十七　螺杆式制冷压缩机整机的拆卸与装配

一、学习目标

● **终极目标：**能够进行螺杆式制冷压缩机整机的拆卸与装配操作。

● **促成目标：**

1）掌握螺杆式制冷压缩机的整机结构。

2）掌握螺杆式制冷压缩机的拆卸步骤及注意事项。

3）掌握螺杆式制冷压缩机的装配步骤及注意事项。

二、相关知识

17.1　螺杆式制冷压缩机的总体结构

螺杆式制冷压缩机按密封方式不同分为开启式螺杆式制冷压缩机、半封闭式螺杆式制冷压缩机和全封闭式螺杆式制冷压缩机。

17.1.1　开启式单级螺杆式压缩机

1. 开启式单级螺杆式压缩机的应用及优缺点

开启式螺杆式制冷压缩机广泛应用于石油、化工、制药、轻纺、科研方面的低温试验，应用于食品、水产、商业的低温加工贮藏和运输，应用于工厂、医院及公共场所等大型建筑的空气调节等。因为它有自己的特点，所以一般以压缩机组形式出售。

开启式压缩机的优点是：①压缩机与电动机相分离，使压缩机的适用范围更广；②同一台压缩机，可以适应不同制冷剂，除了采用卤代烃制冷剂外，通过更改部分零件的材质，还可采用氨作制冷剂；③可根据不同的制冷剂和使用工况条件，配用不同容量的电动机。

开启式螺杆式制冷压缩机存在噪声大、制冷剂较易泄漏、油路系统复杂等缺点。因此，除了在使用氨工质或电力无法供应的情况下，中小型螺杆式制冷压缩机的发展方向是封闭式机型。

2. 开启式单级螺杆式压缩机的结构（LG20 型）

该机为单级开启式氨压缩机，其主要技术数据如下：

制冷剂为 R717，转子公称直径 D_1 为 200mm，转子长径比（长导程转子）为 1.5，主动转子额定转速为 2960r/min，标准工况制冷量 Q_0 为 581.5kW，配用电动机功率为 220kW。

图 4-35 所示为国产 LG20 型螺杆式制冷压缩机的总体结构。电动机通过压缩机的联轴器与阳转子连接，然后由阳转子带动阴转子转动。机壳为垂直剖分式，中部为机体，前端

（功率输入端）与排气端座及排气端盖相连，后端与吸气端座及吸气端盖相接。

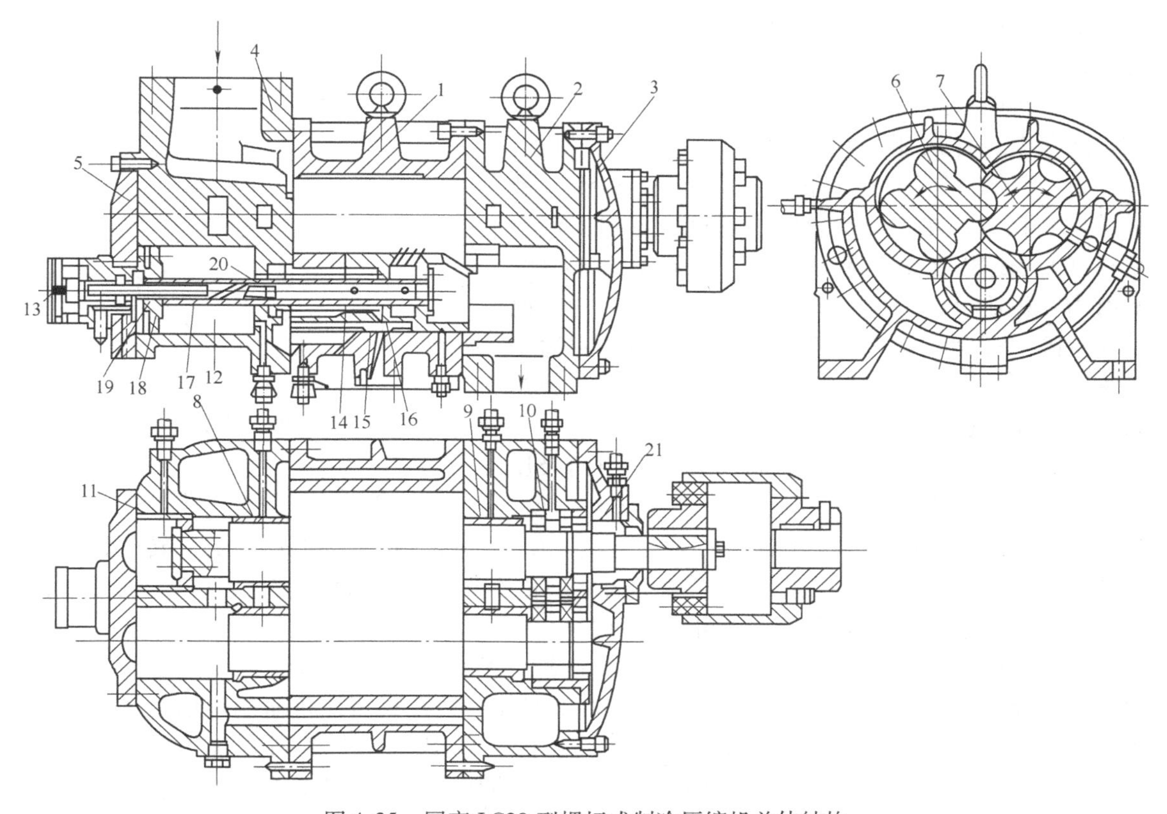

图 4-35　国产 LG20 型螺杆式制冷压缩机总体结构

1—机体　2—排气端座　3—排气端盖　4—吸气端座　5—吸气端盖　6—阳转子　7—阴转子　8、9—主轴承　10—向心推力球轴承　11—平衡活塞　12—油缸　13—能量调节指示器　14—滑阀　15—滑阀导管　16—滑阀导向块　17—套管　18—油活塞　19—喷油管　20—销　21—轴封

转子的齿形为单边不对称摆线圆弧齿形，阳转子与阴转子的齿数配置为4:6。两转子通过主轴承和向心推力球轴承支承在机壳中，径向负荷主要由主轴承承受，阴转子的轴向负荷由向心推力球轴承承担，阳转子的轴向负荷较大，由其前端的向心推力球轴承和后端的平衡活塞共同承受。

压缩机的能量调节采用滑阀式能量调节机构。滑阀的前端开有径向排气孔口，与机壳排气腔连通。滑阀底面开有导向槽，与机体内的滑阀导向块配合，以保证滑阀平稳地移动。滑阀做成中空，阀背上钻有喷油孔。滑阀、滑阀导管、开有螺旋槽的套管和油活塞连成一体，一同做往复运动。

与喷油管固连的销插入套管的螺旋槽内，当滑阀往复移动时，使喷油管转动，滑阀的位移量与喷油管的转角成正比变化，因而由喷油管带动的能量调节指示器可示出能量调节负荷的大小。喷油管、滑阀导管和能量调节滑阀的中空部分构成向转子齿间容积喷油的通道。压缩机的能量调节滑阀有一固定部分，为适应不同的运转工况，采用更换滑阀的方法来调节内容积比。

该压缩机的轴封为摩擦环式轴封装置，装在阳转子轴的功率输入端。

3. 开启式单级螺杆式压缩机的改进

近十几年以来，开启螺杆式压缩机设计制造方面有了很大改进，概括起来有以下几个方面：

（1）普遍采用内容积比调节机构　内容积比可调，能减少螺杆式压缩机的过压缩或欠压缩损失。图4-36所示是按三种内容积比 $\varepsilon_V=2.6$、3.6、5开设的排气孔口，在工况变化时，通过内容积比调节所得到的压缩机在全负荷时轴功率的提高率。因此，具有内容积比可调的螺杆式压缩机能在广阔的工况变化范围内依然高效率地运行，这对于多种用途的冷冻冷藏制冷系统和受外界气温影响的空气热源热泵等机组尤为适用。

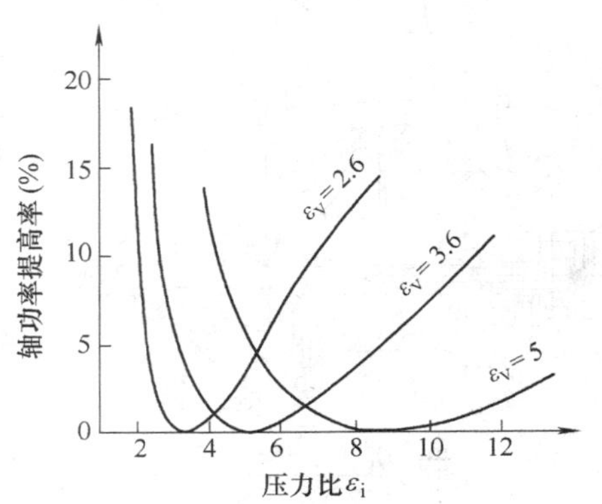

图4-36　满负荷时的轴功率提高率

（2）采用单机双级压缩　制冷装置采用两级压缩系统，设备费用较高，因此，日本日立制作所、瑞典Stals等公司研制了单机双级螺杆式压缩机。用电动机直接驱动低压级的阳转子，通过它驱动高压级的阳转子。一般冷冻冷藏用的压缩机，高、低压级容量比为1:3，也可以为1:2，当然，根据工况运转要求，还可有多种组合。

（3）开启螺杆式压缩机的小型化　目前，制冷装置的单机容量规模趋于缩小，同时为了改善部分负荷性能，朝着多机组化发展，所以小型开启螺杆式压缩机研制也取得了长足进展，如瑞典Stals公司研制了Stals—mini微型开启式RV-53-59系列，输气量为245～412m^3/h。概括地说，螺杆式压缩机向小型化发展能克服小机器性能系数低的缺点，主要取决于下面研究成果：

1）改进齿形。螺杆式压缩机核心部件转子的齿形和阴阳转子齿数比不断地得到了优化，从SRM对称齿形到目前普遍应用的X齿形（6:4）、Sigma齿形（7:5）、CF齿形（6:5），以及SRM-D-α、β齿形等，这些新齿形的应用，使得齿间面积增加，在相同转子直径和长度下，可增加输气量，并且减少泄漏，提高输气系数。

2）优化供油量和油质。喷入螺杆式压缩机各部位的润滑油，通常随高压气体排出，油经油分离器分离，在油冷却器冷却，再次喷入压缩机时的高压油大约溶解15%以上制冷剂。当压力降低时，制冷剂在油中溶解度减少到2%～5%，因而产生大量闪发性气体，导致压缩机性能降低。目前采取的对策是利用机械密封排出的油作为压缩机吸气侧轴承的润滑油，而排气侧轴承排出的油直接返回螺杆转子的基元容积中，这样使润滑油的用量控制在较低的范围。另一方面，开发高品质的润滑油，压缩机内的制冷剂在油中溶解量少，产生闪发气体量小，油的黏度高，密封性好，但在低温的蒸发器里，要求油具有较低的黏度。

3）采用滚动轴承和无液压泵系统。传统的螺杆式压缩机使用滑动轴承，径向间隙达7～100 μm。目前采用高质量的滚动轴承，径向间隙仅为0～10μm，使阴、阳转子齿形间隙缩小，降低了泄漏，同时可减少起密封作用的喷油量，并且使用滚动轴承时它本身的用油量也减少。国产W-LG16 C_F^A 螺杆式压缩机采用瑞典SKF公司的滚动轴承，运转40000h后，转子轴径部位几乎无磨损。

（4）采用水冷式电动机　水冷式电动机是将冷凝器冷却后的部分冷却水通入电动机水

套内对电动机进行冷却。试验表明，用风冷却电动机，风扇功率也要占总功率的2%～3%，因而使用水冷式电动机后，压缩机效率进一步提高。

（5）采用经济器系统　在压缩机气缸的适当位置开设中间补气孔口，与设置在机组上的经济器相连，组成带经济器的螺杆式制冷压缩机系统，节能效率十分明显，尤其是压力比较大的运行工况。

17.1.2　半封闭螺杆式压缩机

由于螺杆式制冷压缩机在中小冷量也具有良好的热力性能，并且有很好的调节性能，能适应苛刻的工况变化。随着空调领域冷水机组及风冷热泵机组需求的急剧增加，螺杆式压缩机很快向半封闭甚至全封闭的结构发展。

半封闭螺杆式制冷压缩机的额定功率一般在10～100kW，在使用R134a工质时，其冷凝温度可达70℃，使用R404A或R407C工质时，单级蒸发温度最低可达－45℃。因此，由于它在冷凝压力和排气温度很高，尤其压差很大的苛刻工况下也能安全可靠地运行，近几年得到了快速的发展。

半封闭螺杆式制冷压缩机的特点是：

1）压缩机的阴、阳转子都采用6:5或7:5齿数，主要提高转子圆周速度和阴、阳转子高速旋转时的速度差。阳转子与电动机共用一根轴，滚动轴承采用圆柱滚子轴承和角接触球轴承，以保持阴、阳转子轴心稳定，从而减少转子啮合间隙，减少泄漏，并且润滑油用量也相应减少，使得容易溶解于油的卤代烃在压缩机内闪发性气体减少，提高输气系数。

2）油分离器与主机可做成一体化。图4-37所示压缩机组的油分离器设置在压缩机机体内，使得机组装置紧凑。

3）图4-37中，低压制冷剂气体进入过滤网，通过电动机再到压缩机吸气孔口，因此，内置电动机靠制冷剂气体冷却，电动机效率大大提高，而且，电动机有较大的过载能力，其尺寸也相应缩小。

4）压差供油。压差供油是利用排气压力和轴承处压力的差值来供油，不设置液压泵，简化了润滑供油系统。由于采用了滚动轴承，在启动时可利用存在于轴承内的油来润滑，故有条件采用压差供油。

5）无油冷却系统。压缩机使用新开发的合成润滑油，即使在较高排气温度下（例如100℃），这种油也能维持润滑和密封所要求的黏度，省去了油冷却器，仅靠机壳散热即可。

6）由于风冷及热泵机组使用工况较恶劣，在高的冷凝压力和低的蒸发压力时，排气和润滑油温度或内置电动机温度会过高，造成保护装置动作，压缩机停机。为了保证压缩机能在工作界限范围内运行，可采用喷射液体制冷剂进行冷却降温。图4-38所示是德国比泽尔公司在半封闭螺杆式压缩机上的一个应用实例，其最高限制温度设定为80～100℃，当排气温度传感器1传来信号达到限制温度时，立即打开温控喷液阀2，让液体制冷剂从喷油入口5喷入，以降低排气温度。

7）为了满足较高精度的环境温度调节要求，压缩机多数采用移动滑阀旁通吸入气体的方法进行输气量无级或有级调节。对于微型半封闭螺杆式压缩机应用变频器调节输气量。同时，除了少量微型半封闭螺杆式压缩机，大多数半封闭螺杆式压缩机都设置内容积比有级调节机构。

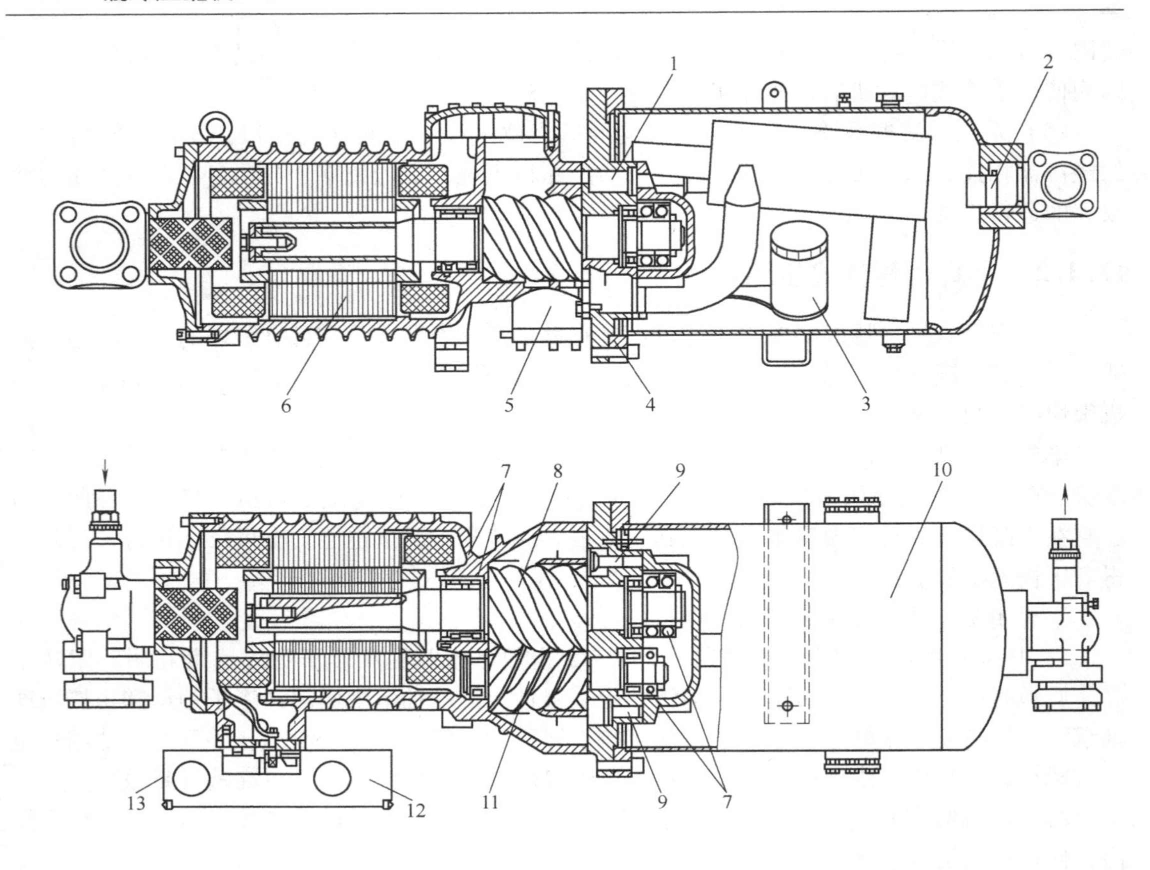

图 4-37　比泽尔（Bitzer）HSKC 型半封闭螺杆式制冷压缩机结构图
1—压差阀　2—止回阀　3—油过滤器　4—排温控制探头　5—内容积比控制机构　6—电动机
7—滚动轴承　8—阳转子　9—输气量控制器　10—油分离器　11—阴转子　12—电动机保护装置　13—接线盒

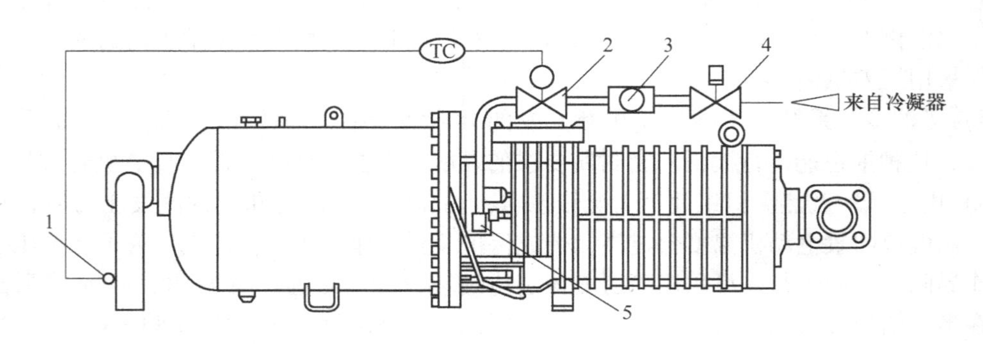

图 4-38　半封闭螺杆式压缩机的喷液冷却
1—排气温度传感器　2—温控喷液阀　3—视镜　4—电磁阀　5—喷油入口

图 4-39 所示为美国开利公司生产的 06T 型半封闭式螺杆压缩机的结构，其特点是使用了增速齿轮，提高了压缩机的转速，缩小了体积，并且电动机是靠经济器系统中间补充的制冷剂气体进行冷却，冷却效果更好。

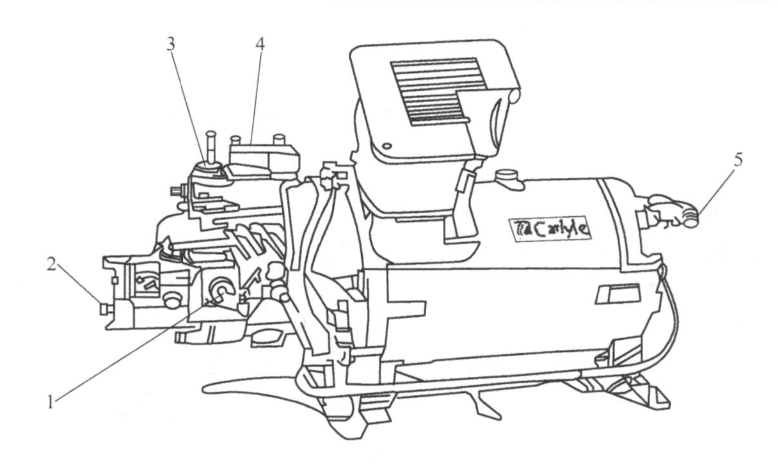

图 4-39　06T 型半封闭式螺杆压缩机的结构
1—内容积比调节阀　2—排气口　3—输气量调节活塞　4—吸气口　5—经济器补气孔口

17.1.3　全封闭螺杆式压缩机

由于制造和安装技术要求高，全封闭螺杆式压缩机是近年才得到开发的。图 4-40 所示为美国顿汉－布什（Dunham-Bush）公司用于储水、冷冻冷藏和空调的全封闭螺杆式制冷压缩机的结构。图中转子为立式布置。为了提高转速，电动机主轴与阴转子直连，整个压缩机全部采用滚动轴承，以保证阴、阳转子间的啮合间隙。轴承采用了特殊材料和工艺，来承受较大载荷与保证足够的使用寿命，使运转可靠。润滑系统采用吸排气压差供油，省去了液压泵。用温度传感器采集压缩机排气温度，当排气温度较高时，用液态制冷剂和少量油组成的混合液喷入压缩腔。输气量调节由微机控制滑阀移动来实现。压缩机内置电动机由排气冷却，采用耐高温电动机，允许压缩机排气温度达 100℃，排出的高温压缩制冷剂气体通过电动机和外壳间的通道，经过油分离器 12，由排气口 1 排出，整个机壳内充满了高压制冷剂气体。目前有单机组成的全封闭式螺杆冷水机组，其制冷量可达到 186kW。

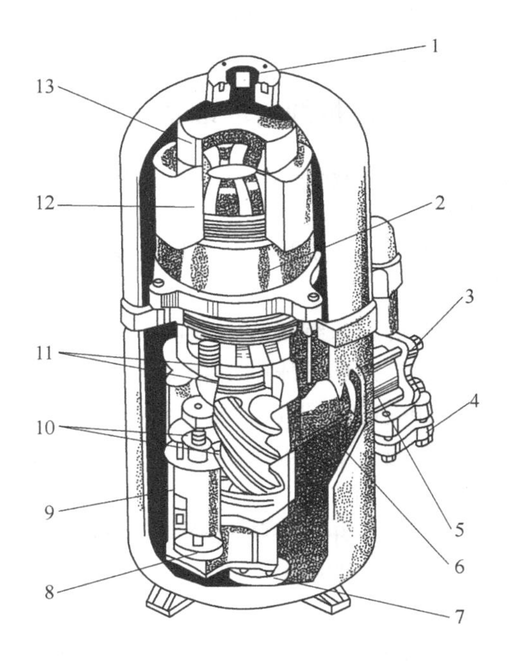

图 4-40　全封闭螺杆式压缩机的结构
1—排气口　2—内置电动机　3—吸气截止阀
4—吸气口　5—吸气止回阀　6—吸气过滤网
7—过滤器　8—输气量调节油活塞　9—调节滑阀
10—阴、阳转子　11—主轴承
12—油分离器　13—挡油板

图 4-41 所示为比泽尔公司 VSK 型全封闭螺杆式压缩机的结构，电动机配用功率为 10～20kW，它的结构特点是卧式布置，输气

量调节不设滑阀，采用电动机变频调节。

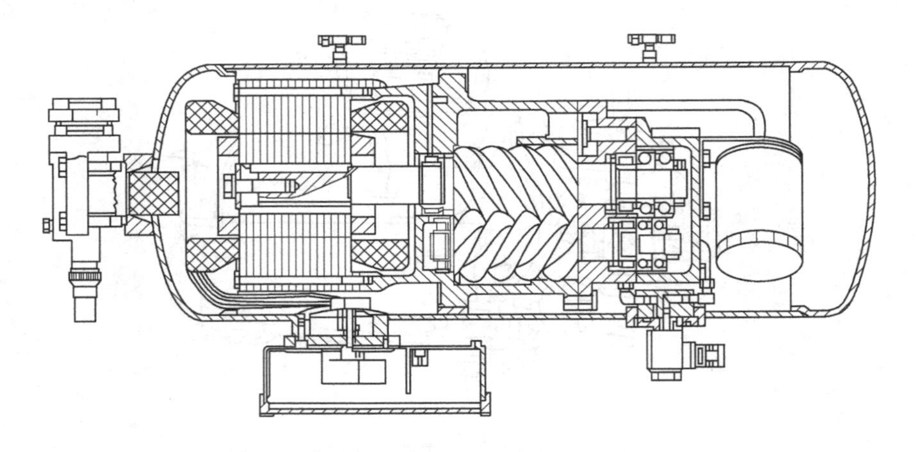

图 4-41 比泽尔公司 VSK 型全封闭螺杆式压缩机的结构

17.2 螺杆式制冷压缩机的整机拆卸

螺杆式制冷压缩机整机的拆装操作以烟台冰轮集团 LG12、LG16、LG20 机型为例，其结构爆炸图如图 4-13 所示。

17.2.1 整机拆卸前的准备工作与注意事项

1）进行设备拆检、维修前，确保与驱动设备的连接已断开、驱动设备已停止运行，并将所有电源切断。

2）进行设备拆检、维修时，必须保证部件内、外无制冷剂和冷冻机油，以免引起火灾和人身伤害。

3）在拆卸压缩机前，确保压缩机内部压力与大气压力相同。

4）螺杆式制冷压缩机除轴封、能量调节指示器之外的其他部件的拆卸及检验，只有当压缩机从机组上拆下，并放置到一个足够大的适于拆卸的地方才能进行。

5）普通的工具如锤、扳钳、锉刀、刮刀、砂纸与压缩机提供的随机工具一样，应在拆卸工作之前准备好。

6）应准备好干净的润滑油、抹布。

7）由于压缩机中有很多较重部件，在吊装这些部件时要注意安全，防止部件掉落造成人身伤害。

8）拆卸与装配工作应该在牢固放置并且足够大的工作台上进行，同时确保工作环境干燥，无灰尘。

9）所有拆卸下的零件全部标记所在位置顺序，妥善收好，否则无法进行组装。

17.2.2 整机拆卸的步骤

螺杆式制冷压缩机整机拆卸的步骤按从整机到部件、从部件到零件的顺序进行。从整机到部件的拆卸步骤为：

1）拆卸轴封部件。

2）拆卸能量指示部件。

3）拆卸油活塞缸体盖板。

4）拆卸油活塞及油活塞缸体。

5）拆卸排气端盖。

6）拆卸平衡活塞。

7）拆卸轴承压盖。

8）拆卸滑阀、转子及机体。

9）拆卸吸气端座及轴承。

10）拆卸推力轴承。

11）拆卸排气端座及主轴承。

轴封部件及能量调节指示部件的拆卸操作已在单元十五和单元十六中介绍，这里省略。

1. 拆卸油活塞缸体盖板

油活塞缸体盖板与螺旋杆压板间有轴承，螺旋杆与螺旋杆压板间有O形圈。轴承及螺旋杆压板安装在油活塞缸体盖板上，位于油活塞缸体的末端。这些部件如果没有异常（如泄漏），不必拆卸。如需拆卸此部件结构，可参考步骤3）~6）。油活塞缸体盖板的拆卸顺序为：

1）拆除固定油活塞缸体盖板的螺钉。

2）沿与油活塞缸中心线平行的方向拉出油活塞缸体盖板。

3）松开内六角 头螺钉，拆去螺旋杆压板。

4）这样，压板A、O形圈、密封垫也一并拆下，拆除压板A相关螺钉即可更换O形圈。

5）拆下挡圈，拆卸球轴承，如图4-42所示。

图4-42　拆卸球轴承

6）检查螺旋杆压板上的沟槽是否有损坏及异常的磨损，必要时应更换。

2. 拆卸油活塞及油活塞缸体

1）将油活塞拉到满负荷位置。将油活塞固定到滑阀导管锁紧螺母上的锁紧垫圈的爪弄直。

2）用随机工具中的锁紧螺母扳手卸去锁紧螺母。

3）将两个吊孔螺钉固定到油活塞的螺钉孔中，利用其拉出油活塞。

4）可以通过拆去螺钉及定位销，将油活塞缸体盖板与油活塞缸体作为一个部件从吸气端座上拆下。

5）记录拆油活塞缸体时拆下的定位销的位置，组装时安装在原有位置。

3. 拆卸排气端盖

1）拆除将排气端盖固定到排气端座上的螺钉，留下一个顶部的螺钉以防压盖突然掉下。

2）拆下最后一个螺栓。如果垫片粘到排气端盖或排气端座上，用小锤轻敲盖的侧面使垫片脱落。

3）记录拆排气端盖时拆下的定位销位置，组装时请安装在原有位置。

4. 拆卸平衡活塞

1）拉出平衡活塞套。由于有间隙，很容易完成。

2）拆去O形圈。

3）将平衡活塞固定到轴上的螺母锁紧垫圈的爪弄直，用随机工具中的螺母扳手卸去螺母。

4）用吊孔螺栓将平衡活塞沿与轴平行的方向拉出，平衡活塞的销将留在键槽中，如图4-43所示。

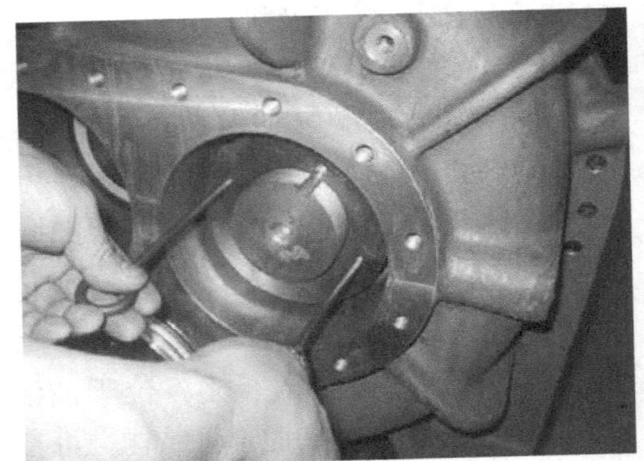

图4-43 用吊孔螺杆拆卸平衡活塞

5）如果还想拆去轴承，这时要拆去内部的挡圈。

5. 拆卸轴承压盖

1）拆去所有的轴承压盖固定螺钉。

2）在轴承压盖上的对称点处攻有盲丝孔。平衡地装上螺钉以便压起轴承压盖。当间隙足够以后，用小铲将垫片从法兰面上剥离，注意不要损坏垫片。

3）取出碟簧以及轴承压套。

6. 拆卸滑阀、转子及机体

1）由于螺杆压缩机的转子很重，当拆卸转子时需要用麻绳或尼龙带。当清洗机体时，用绳子将转子以及排气端座悬挂起来，连同排气端座一起从机体中拉出，如图4-44所示。

图4-44 拆卸转子与机体

2）注意不要碰坏吸气端座内的主轴承。

3）不要将转子直接放在地板上，否则会损坏齿边。将转子轴放在支架上。

4）握住滑阀，将滑阀拉出机体。

5）滑阀导管末端有一个螺母，将它拆下，然后拆下锁紧垫圈。

7. 拆卸吸气端座及滑动轴承

1）拆去将吸气端座固定于机体上的所有螺钉。

2）将一些螺钉装到机体侧的盲丝孔中，以平衡地顶开吸气端座。螺钉应该交替地一点点地拧紧，使吸气端座均匀的压起。

3）定位销拆去后，将吸气端座移离机体。

4）拆去阴转子孔密封盖。

5）要拆滑动轴承，首先要拆去相应挡圈，然后从转子侧推出轴承。如需用小锤来拆下轴承，用木块或类似的东西垫在上面以免损坏。

8. 拆卸推力轴承

推力轴承是压缩机中最重要的部件之一。压缩机性能的良好体现取决于正确的安装及推力轴承的调节，否则将导致操作故障。因此，装配及拆卸轴承时一定要特别地小心。

该轴承在确定转子的排气端面与轴承座之间的间隙方面起着很重要的作用。推力轴承的拆卸步骤如下：

1）将碟簧与轴承压套取出。

2）将固定推力轴承的螺母上的锁紧垫圈的爪弄直，拆去螺母。

3）推力轴承内圈与轴之间为间隙配合。将一段直径为 2mm 左右的带有小勾的钢丝插入轴承外圈与轴承压套之间，勾住轴承压套并将其拉出。

4）轴承隔圈位于轴承之后。零件上都做了标记以区分哪些是阴转子的，哪些是阳转子的。将相关的零件放在一起以免混淆。不正确的装配将导致配合尺寸上的错误，引起压缩机铰死。

9. 拆卸排气端座及主轴承

一般来说，压缩机的这一部分不需要进一步的拆卸，因为排气端座与机体拆开之后基本没有什么零件了，如无需要可保持该状态。

为了拆出主轴承，用钳子先拆去轴承盖侧的挡圈，然后拉出主轴承。如果轴承装得很紧，用小锤垫着木块敲出。不要用木块直接敲击轴承。检查轴承内径及转子轴外径以确定是否有异物附着在轴承上。

17.3　螺杆式制冷压缩机的整机装配

拆卸、检查及其他必要的修理工作结束之后，压缩机就要进行正确的重装。重装本质上与拆卸的工作正好相反。在重装之前所有的工具及零件都要进行彻底地清洗，零件用压缩机油处理。具体装配步骤为：

1）装配排气端座、吸气端座及主轴承。

2）装配吸气端座、机体、滑阀及油活塞。

3）装配转子、排气端座及推力轴承。

4）装配轴承压盖。

5）装配吸气端、机体组件与排气端组件。

6）装配轴封。

7）装配平衡活塞及油缸体。

8）装配油活塞缸体盖板。

9）装配能量调节指示器。

轴封部件及能量调节指示部件的拆卸操作已在单元十五和单元十六中介绍，这里省略。

17.3.1 装配排气端座、吸气端座及主轴承

由于排气端座为较重部件，在吊装时要注意安全，防止部件掉落造成人身伤害。具体装配顺序为：

1）主轴承是过盈配合。用挡圈来固定主轴承。如果轴承需要敲进去，用木块或塑料块垫上。注意排气端主轴承排气口位置与排气端排气口对齐，吸、排气端座主轴承在压装时注意油槽位置，按照设计要求角度压装。

2）装上固定轴承的挡圈。

3）吸气端座主轴承安装与排气端座相同。

17.3.2 装配吸气端座、机体、滑阀以及油活塞

1）将滑阀装入机体，注意与滑阀导块轴及滑阀导块的配合，保证滑阀可以灵活移动，如图 4-45 所示。

2）压装好主轴承的吸气端座加垫片。为了使垫片紧贴吸气端面，可以均匀涂抹一些防锈油，如图 4-46 所示。

图 4-45 装配滑阀

图 4-46 涂抹防锈油

3）将吸气端座和机体装到一起。打紧定位销，对称拧紧周边螺栓。

4）把滑阀装到机体里，从另一头装入滑阀导管，拧紧圆螺母，别紧圆螺母止动垫圈。

5）将卸载弹簧装到滑阀导管上，装入机体里。

6）把密封套套上垫片、O 形圈。装到吸气端座里，并装配密封套螺钉，如图 4-47 所示。

7）滑阀导管头部内孔装配螺旋导杆衬套和螺旋导杆销。

8）把组装完毕的油活塞装到滑阀导管上。装止动垫圈和圆螺母。别紧止动垫圈的齿，如图 4-48 所示。

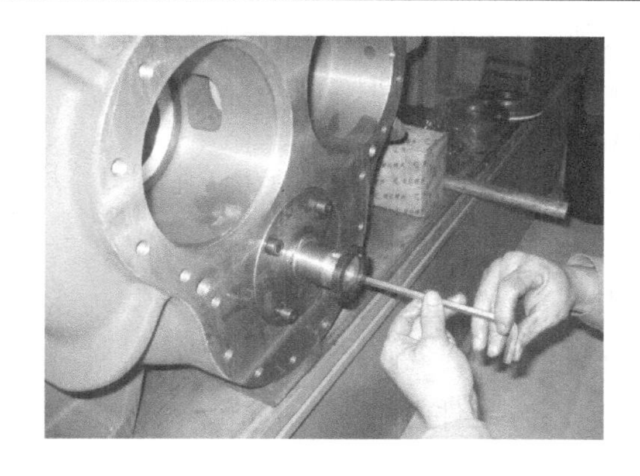

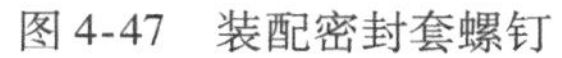

图 4-47　装配密封套螺钉

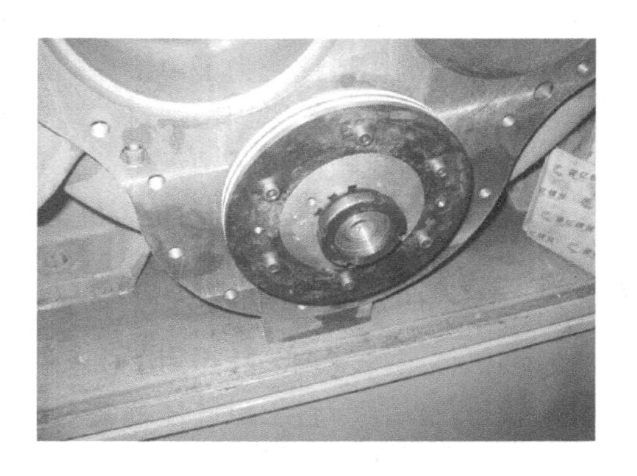

图 4-48　别紧止动垫圈

17.3.3　装配转子、排气端座及推力轴承

1）把阴、阳转子旋到一起，并小心的装入排气端座。注意不得碰撞，并保持转子表面的清洁。

2）装轴承隔圈。

3）装滚动轴承，注意滚动轴承使用时成对使用，背靠背。按轴承标记方向安装。

4）将阴、阳转子滚动轴承外安装圆螺母、止动垫圈拧紧。

5）用工具别起止动垫圈的齿，使其卡紧圆螺母的齿槽。

17.3.4　装配轴承压盖

1）装入阴、阳转子轴承压套。用深度尺量取轴承压套到到排气端小端面的距离，如图 4-49所示。

图 4-49　用深度尺测量尺寸

2）量取轴封盖和垫片以及轴封套的高度。这两个高度加上碟簧的自由高度减去轴承压套到到排气端小端面的距离即为阳转子碟簧的预紧量。

3）量取阴转子轴承压盖的高度。计算碟簧的预紧量。

4）如果碟簧的预紧量大于规定范围，用磨去轴封套高度的方法调整碟簧的预紧量。

5）装排气端座垫片。为了使垫片贴紧排气端，涂一些防锈油。

6）装轴封动环。拧紧固定螺钉。装轴封盖上止动销。

7）装配轴封盖、阴转子轴承压盖，并对称拧紧螺栓。在转子端部拧上一个螺钉，用扳手把住螺栓，盘动转子，看转动是否灵活。

17.3.5 装配吸气端、机体组件与排气端组件

1）装机体与排气端垫片。为了使垫片贴紧机体，可涂一些防锈油。

2）将排气端座与转子组件仔细吊入机体、吸气端座组件内。

3）阴、阳转子进入机体孔后，淋一些冷冻机油，帮助润滑，将转子轻轻推入。

4）找正销孔位置，用铜棒打紧，然后装螺钉，按对角线拧紧。

5）盘动转子，看转动是否灵活。

17.3.6 装配平衡活塞及油缸体

1）装平衡活塞。注意使平衡活塞键槽与转子键槽对齐。

2）装上平衡活塞销。

3）装平衡活塞外止动垫圈和圆螺母，别起止动垫圈的止动齿。

4）装平衡活塞套、止动销。注意 O 形圈不要漏装。

5）装阴转子孔密封盖。注意 O 形圈不要漏装。

6）装油活塞缸体垫片。为了使垫片贴紧吸气端，涂一些防锈油。装油活塞缸体。打入定位销并把紧螺栓。

17.3.7 装配油活塞缸体盖板

1）把滚动轴承装入油缸体盖板孔内，装孔用弹性挡圈。

2）把修研过螺旋槽的螺旋杆穿过轴承内孔，装轴用弹性挡圈。

3）装密封垫。装螺旋杆压板及 O 形圈，用螺钉把紧。

4）装压板 A，用螺钉把紧。装传动套。

思考题与练习题

1. 螺杆式制冷压缩机按密封方式分为哪几种？
2. 开启式螺杆制冷压缩机未来的发展方向是什么？
3. 螺杆式制冷压缩机的拆卸中有哪些注意事项？
4. 螺杆式制冷压缩机的整机拆卸步骤是怎样的？
5. 螺杆式制冷压缩机的整机装配步骤是怎样的？
6. 滑阀组件的装配顺序是怎样的？

单元十八　制冷压缩机组与螺杆式制冷压缩机润滑油循环路线

一、学习目标

● **终极目标**：能够掌握制冷与空调系统中常见机组的工作原理，讲解螺杆式制冷压缩机组中的制冷剂和润滑油的流通。

● **促成目标**：

1）掌握制冷与空调系统常用机组的名称及设备构成。

2）掌握螺杆式制冷压缩机组的设备构成。

3）掌握螺杆式制冷压缩机组的制冷剂与润滑油流通通路。

二、相关知识

随着空调和制冷技术的不断发展，对于为制冷和空调工程提供冷却介质的制冷机组的需求量日益增大，蒸气压缩式制冷系统的机组化已成为现代制冷装置的发展方向。制冷机组是指工厂设计和装配的由一台或多台制冷压缩机、电动机、辅助设备以及附带的连接管和附件组成的整体，配上电气控制系统和能量调节装置，为用户提供所需要的制冷（热）量和冷（热）介质的独立单元。常见的制冷机组形式有压缩冷凝机组、冷水机组和制冷压缩机组等。

制冷机组具有结构紧凑、占地面积小、安装简便、质量可靠、操作简单和管理方便等优点，已被广泛地应用于医学、冶金、机械、旅游、商业、食品加工、化工、民用建筑等领域。

18.1　压缩冷凝机组

把一台或几台活塞式制冷压缩机、冷凝器、风机、油分离器、贮液器、过滤器及必要的辅助设备安装在一个公共底座或机架上，所组成的整体式机组称为活塞式压缩冷凝机组，如图4-50所示。

压缩冷凝机组按使用制冷剂的不同，分为氨压缩机冷凝机组和氟利昂压缩冷凝机组；按采用的冷凝器的冷却方式不同，可分为风冷式压缩冷凝机组和水冷式压缩冷凝机组；按所配的压缩机结构形式不同，可分为开启式、半封闭式和全封闭式。风冷式压缩冷凝机组装有贮液器。水冷式压缩冷凝机组冷凝器通常兼贮液器的作用，少数制冷量大的水冷式压缩冷凝机组装有专用贮液器。

活塞式压缩冷凝机组的制冷量一般为350～580kW，但随着半封闭活塞式制冷压缩机质量的提高，采用多台主机组合成机组，制冷量范围正在扩大。活塞式压缩机冷凝机组系统结构比较简单，维修方便，被广泛应用于冷藏库、冷藏箱、低温箱、陈列冷藏柜等制冷装置中。用户根据不同用途和制冷量选定相应型号机组后，只需配置膨胀阀、蒸发器及其他附件，即可组成完整的制冷系统。

图 4-50 全封闭风冷压缩冷凝机组

对大、中型冷藏库，大、中型集中空调系统，工业用冷水系统一般选配氨压缩冷凝机组。对中、小型冷藏装置以及空调系统大多数选用氟利昂压缩冷凝机组。

图4-51 所示为风冷式氟利昂压缩冷凝机组。该机组由半封闭活塞式制冷压缩机1、风冷式冷凝器2、风机3、贮液器4、管道、阀门等组成。某些产品还配置仪表控制盘。风冷式冷凝器由翅片换热器和风机组合而成，风机 3 的转向使空气先流过冷凝器，再经过压缩机组。

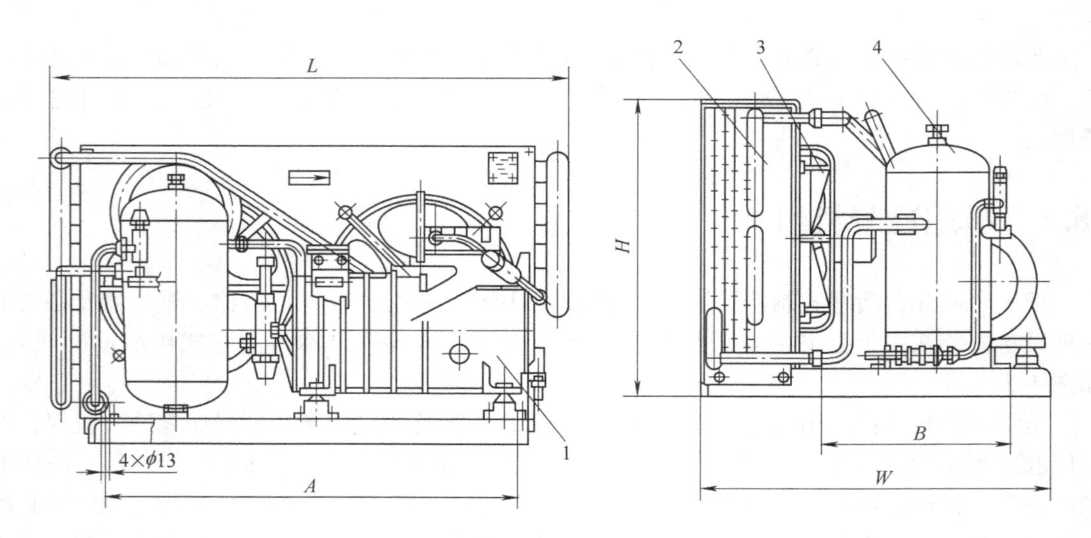

图 4-51 风冷式氟利昂压缩冷凝机组

1—半封闭活塞式制冷压缩机 2—风冷式冷凝器 3—风机 4—贮液器

图4-52所示为水冷式氟利昂压缩冷凝机组。该机组由压缩机（半封闭式或开启式）、电动机（开启式压缩机所配）、油分离器、水冷式冷凝器、仪表控制盘、管道、阀门等组成。水冷式冷凝器通常配置卧式壳管式。这种冷凝器一般放置在下部，除冷凝制冷剂外，还兼做贮液器。

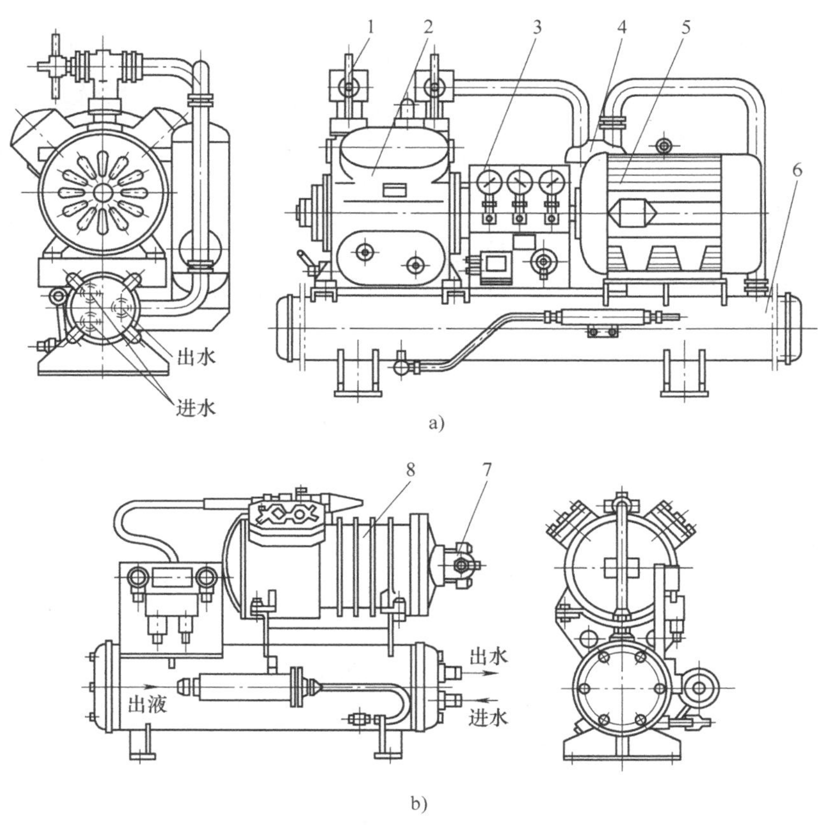

图4-52　水冷式氟利昂压缩冷凝机组

a）410F70（4F10）- LN型　b）B45F40（4F5B）- LN型

1、7—进气阀　2—开启式压缩机　3—仪表盘　4—油分离器

5—电动机　6—水冷式冷凝器　8—半封闭压缩机

图4-53所示为210A70（2AV - 10）型水冷式氨压缩冷凝机组。该机组由水冷壳管式冷凝器1、氨压缩机2、电动机、油分离器3、仪表盘4、阀门5、管道等组成。压缩机气缸和缸盖用冷却水冷却。冷凝器下部兼做贮液器。

18.2　冷水机组

将一台或数台制冷压缩机、电动机、控制台、冷凝器、蒸发器、干燥过滤器、节流装置、配电柜、能量调节机构以及各种安装保护设施，全部组装在一起，可提供5～15℃的低温冷水单元设备，称为冷水机组。冷水机组适用于各种大型建筑物如宾馆、会堂、影剧院、商场、医院等舒适型空调，以及机械、纺织、化工、仪表、电子等行业所需要工业性空调或

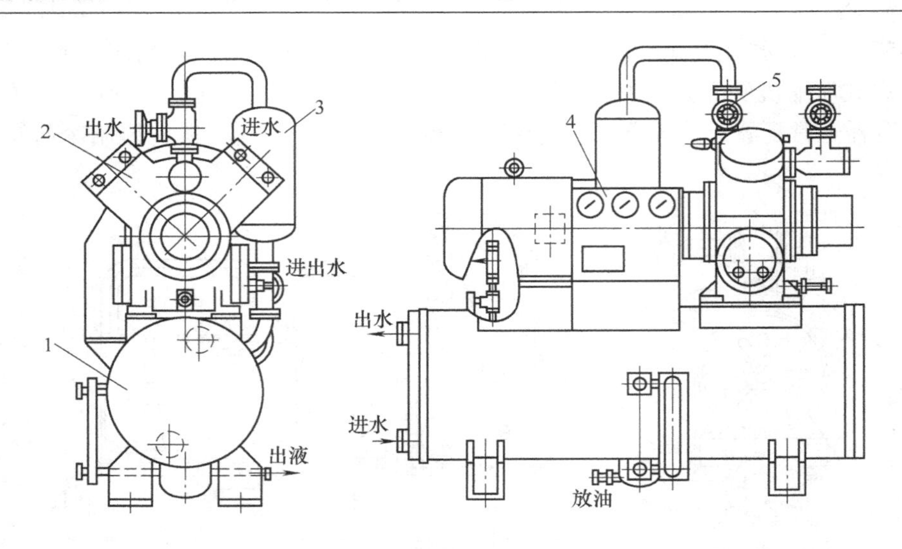

图 4-53 210A70（2AV－10）型水冷式氨压缩冷凝机组

1—水冷壳管式冷凝器 2—氨压缩机 3—油分离器 4—仪表盘 5—阀门

工业用冷水。

冷水机组的特点是：

1）机组设有高低压保护、油压保护、电动机过载保护、冷媒水冻结保护和断水保护，确保机组运行安全可靠。

2）机组可配置多台压缩机，通过起动一台或几台来调节制冷量，适应外界负荷的波动。

3）随着机电一体化程度的提高，机组可实现压力、温度、制冷量、功耗及负荷匹配等参数全部由微计算机智能型控制。

4）用户只需在现场对机组进行电气线路和水管的连接与隔热施工，即可投入运行。

18.2.1 普通型冷水机组

冷水机组按冷凝器冷却方式的不同，可分为水冷式冷水机组和风冷式冷水机组。普通型水冷活塞式冷水机组在结构上的主要特点是冷凝器和蒸发器均为壳管换热器，它们或上下叠置或左右并置，而压缩机或直接置于“两器”上面，或通过钢架置于“两器”之上。由于活塞式制冷压缩机运转时的往复运动会产生较大的往复惯性力，从而限制了压缩机的转速不能太高。故其单位制冷量的质量指标和体积指标较大，因此，单机容量不能过大，否则机器显得笨重，振动也大。普通型活塞式冷水机组的单机容量一般在700kW以下。

活塞式冷水机组由活塞式制冷压缩机、卧式壳管式冷凝器、热力膨胀阀和干式蒸发器组成，并配有自动能量调节和自动安全保护装置。开启式水冷活塞式冷水机组外形如图4-54所示。

活塞式冷水机组的压缩机一般都有卸载装置，当空调负荷变化时，可通过改变工作气缸数目来实现分级调节。

活塞式冷水机组按选配的压缩机形式，可分为开启式、半封闭式和全封闭式。为了扩大

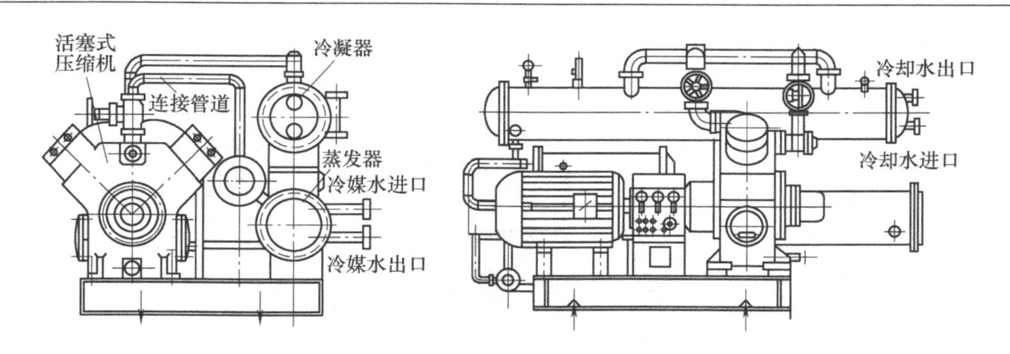

图 4-54　开启式水冷活塞式冷水机组外形

冷量范围，一台冷水机组可以选用一台压缩机，也可以选用多台压缩机组装在一起，分别称为单机头或多机头冷水机组。活塞式冷水机组多采用半封闭或全封闭式小缸径、多台压缩机组合而成。水冷活塞式冷水机组趋向采用小缸径、多机头的形式，主要是为了适应空调负荷的特点，要求制冷机除具有在全负荷下的高运行性能系数外，还应具有优异的部分负荷运行工况下的性能系数。可以根据负荷需要调节运行压缩机台数，从而大大提高部分负荷运行工况下的性能系数。由于绝大多数空调用冷水机组在不同季节、每天不同时间段负荷变化很大，故使用多机头冷水机组可大大节省运行费用。机组的性能系数 COP 值较低，约为 3.6。机组可为空调系统提供 5 ~ 12℃左右的冷媒水，适合于负荷比较分散的建筑群以及制冷量小于 580kW 的中小型空调系统应用。

采用风冷式的活塞冷水机组，是以冷凝器的冷却风机取代水冷式活塞冷水机组中的冷却水系统的设备（冷却水泵、冷却塔、水处理装置、水过滤器和冷却水系统管路等），使庞大的冷水机组变得简单且紧凑。风冷型冷水机组可安装于室外地面或屋顶上，无需建造机房，为空调用户提供需要的冷水，特别适合于干旱地区以及淡水资源匮乏的场合使用。

18.2.2　活塞式多机头冷水机组

多机头式冷水机组由 2 台以上半封闭或全封闭制冷压缩机为主机组成，目前，多机头冷水机组最多可配 8 台压缩机。配置多台压缩机的冷水机组具有明显的节能效果，因为这样的机组在部分负荷时仍有较高的效率。而且，机组起动时，可以实现顺序起动各台压缩机，每台压缩机的功率小，对电网的冲击小，能量损失小。此外，可以任意改变各台压缩机的起动顺序，使各台压缩机的磨损均衡，延长其使用寿命。配置多台压缩机的机组的另一个特点是整个机组分设两个独立的制冷剂回路，这两个独立回路可以同时运行，也可单独运行，这样可以起到互为备用的作用，提高了机组运行的可靠性。

图 4-55 所示的活塞式多机头冷水机组，配有 6 台 6H30 型半封闭制冷压缩机，换热器均采用高效传热管，机组结构紧凑。半封闭压缩机的电动机用吸气冷却，并有一系列的保护措施，在发生压缩机排气压力过高、吸气压力过低、断油、过载、过热、缺相等故障时，保护压缩机。

机组由计算机控制，实行全过程自动化控制，起动时，压缩机逐步投入运行。机组制冷量通过停开部分压缩机来调节，使制冷量能够较好地与所需要的冷负荷相互匹配。这种调节方法比用顶开吸气阀片调节输气量或用旁通法调节输气量更加节能，因为用后两种调节方法时，部分气缸虽被卸载，但相应的活塞、连杆仍在运动，产生机械摩擦损失，且气体仍不断流经气阀及流道，产生流动阻力损失。

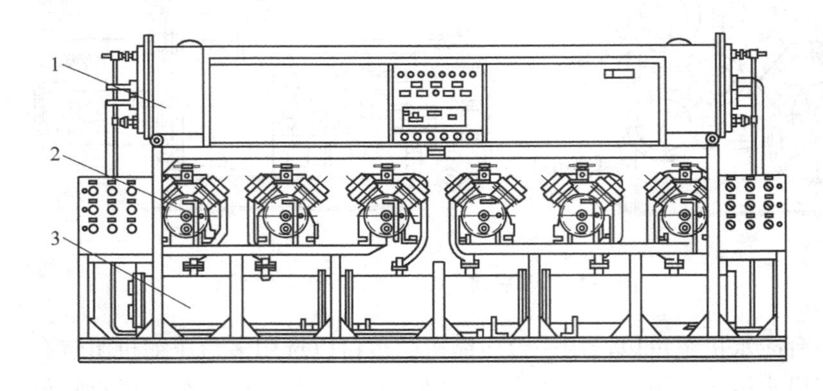

图 4-55 LS600 型冷水机组

1—蒸发器 2—压缩机 3—冷凝器

LS 系列冷水机组的几台压缩机排成一排。增加压缩机台数时，只在长度方向延伸，这有利于组织生产；但台数太多时，机组太长，占地面积较大。LSB－700 型冷水机组的布置对此作了改进（见图 4-56），此时每两台压缩机与相应的蒸发器、冷凝器构成一个相对独立的系统，两个相对独立系统平等布置，使该冷水机组长度与宽度之比接近，占地面积减少。

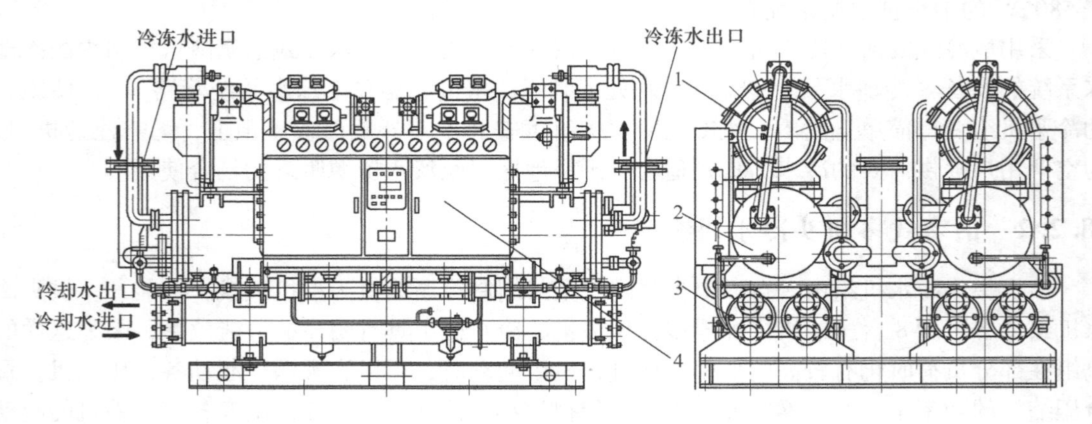

图 4-56 LSB－700 型冷水机组

1—压缩机 2—蒸发器 3—冷凝器 4－控制柜

压缩机置于机组顶部（见图 4-56）或中部（见图 4-55），也有置于底部的。置于机组顶部或中部的压缩机，采用高转速封闭式压缩机，它们体积小，振动小，且无轴封处的泄漏。开启式压缩机因需外置一台电动机，体积大，且轴封容易损坏，故常装在底部，便于安装、维修。

18.2.3 模块化冷水机组

模块化冷水机组由多台模块冷水机单元并联组合而成，各模块冷水机单元的结构、性能完全相同，其结构如图 4-57 所示。RC130 型模块化冷水机组的每一个单元中含两台压缩机及相应的两个制冷系统。各单元之间的连接只有冷冻水管与冷却水管。将多个单元相连时，只要连接四根管道，接上电源，插上控制件即可。在模块化机组中，用多台独立的制冷系统满足冷负荷的要求。机组内设置的计算机控制系统按空调负荷的大小决定各台压缩机的开停，从而智能地控制整台冷水机组的运行。使冷水机组能在高能效比下运行。模块化冷水机组起动时由计算机控制压缩机依次起动，因而在任何时刻的最大电流只是一台压缩机的起动电流加上正在运行的各台压缩机的工作电流，使电器装置的容量减少。为了使每台压缩机的磨损一致，计算机控制每台压缩机 24h 轮换运行一次，从而使整机的平均无故障运行时间大幅度提高。机组运行时，若某一单元的压缩机发生故障，计算机会命令它停机，并命令另一台压缩机投入运行，使整个制冷系统继续运行，同时可对故障机进行检修或更换。

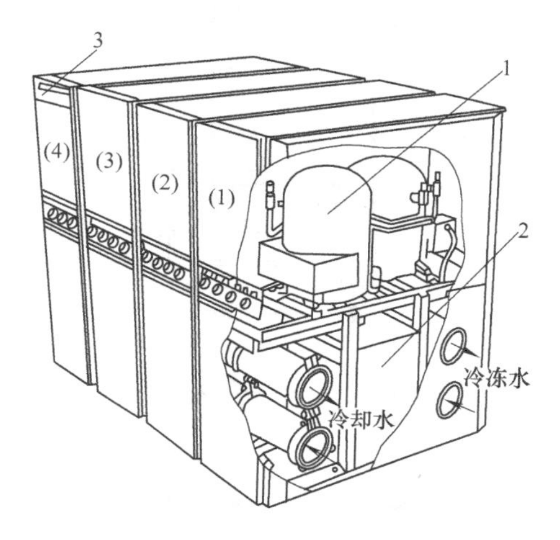

图 4-57　RC130 模块化冷水机组
1—压缩机　2—换热器　3—控制器

为使结构紧凑，模块化冷水机组高转速的全封闭式制冷压缩机的蒸发器和冷凝器为板式换热器，结构材料为不锈钢板，表面压制成人字形波纹，以强化换热。钢板钎焊，有良好的密封性和高的承压能力。板式换热器需要的 R22 充灌量少。

模块化冷水机组占用的空间较小，大约是常规冷水机组的 40%，而且不需要管道、蒸发器、冷凝器的拆卸空间；亦可不设专用机房，将其安装在方便的地方。

模块化冷水机组还可与常规机组结合运行，此时模块化冷水机组用于部分负荷运行，常规机组在额定负荷下运行，两者均有高的能效比，使总能耗降低。

18.2.4　冷、热水机组

冷、热水机组装有一台半封闭制冷压缩机、两台空气换热器和一台蒸发器（供应冷冻水）外，还装有一台辅助换热器，利用它可以向用户供应热水。制冷剂在各个设备和管路中的流动由感温元件和电磁阀自动控制，活塞式冷、热水机组在各种不同要求下的运行工况如图 4-58 ~ 图 4-63 所示。

图 4-58 中所示的工况为活塞式冷、热水机组的制冷运行工况。在该工况下运行时，机组向用户提供额定冷量，即供应一定温度和流量的冷冻水，制冷剂在两台空气换热器中向室

外空气放出全部热量（此时空气换热器作冷凝器用）。显然，用户此时并不需要使用热量，所以辅助换热器也不需要回收热量。

图4-59所示为机组的制冷和全部热回收运行工况。在该工况下运行时，机组既能向用户提供冷量，又能在辅助换热器中回收制冷剂在冷凝过程中放出的全部热量，向用户供应一定温度的热水。显然，此时室外两台换热器停止工作。

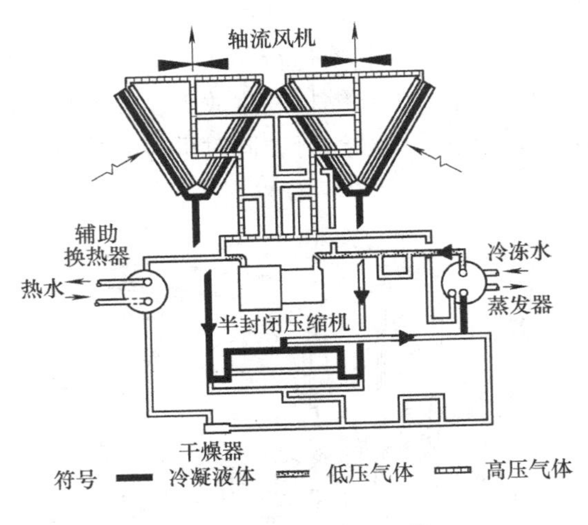

图4-58　制冷运行工况

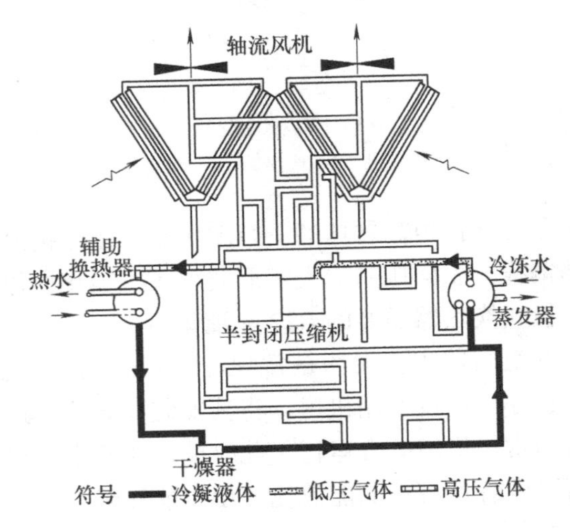

图4-59　制冷和全部热回收运行工况

图4-60所示为机组的制冷和部分热回收运行工况。机组在该工况下运行时能向用户供应冷冻水，而且可以根据用户要求，在辅助换热器中回收部分热量，向用户供应热水。此时将有部分制冷剂在空气换热器中向室外放出多余的热量。显然，在该工况下辅助换热器和空气换热器均作为冷凝器在工作。

图4-61所示为机组的热泵和部分制冷运行工况。此时在辅助换热器中能回收热量并向用户供应热水。部分制冷剂在蒸发器中吸热、制冷，而另一部分制冷剂在室外空气换热器中

蒸发，室外空气换热器作为蒸发器使用，用户获得全部热量和部分冷量。

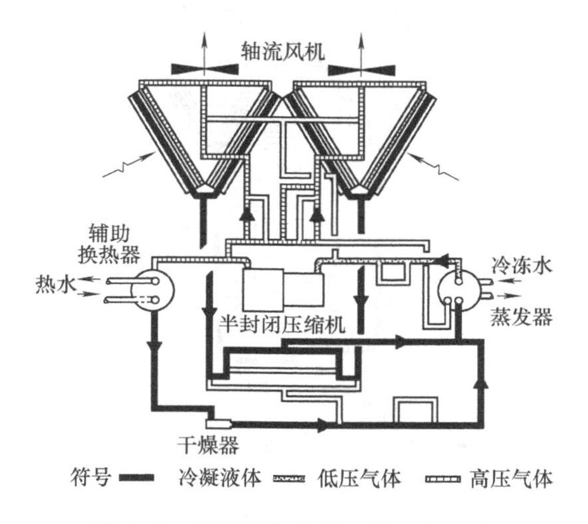

图 4-60　制冷和部分热回收运行工况

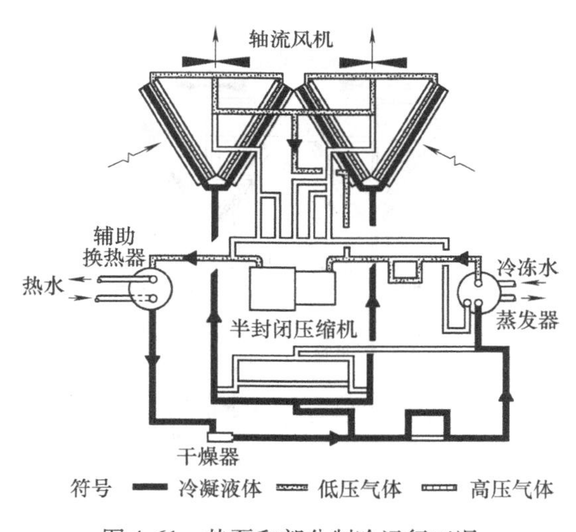

图 4-61　热泵和部分制冷运行工况

图 4-62 所示为热泵运行工况。此时全部制冷剂在空气换热器中蒸发，并从室外空气换热器中吸取热量，在辅助换热器中冷凝时放出，向用户供应热水。显然，此时蒸发器停止工作也不向用户供应冷冻水。在该工况下运行时，室外空气换热器作为蒸发器使用。

图 4-63 所示为冲霜运行工况。当机组以热泵工况运行时，由于室外空气换热器作蒸发器使用，若室外空气温度较低，则换热器表面会产生霜层。霜层过厚不但会使辅助换热器的供热效果下降，而且会影响机组的正常运行。为此，当机组运行一段时间后，根据空气换热器的结霜情况，有时需要进行冲霜。当冲霜运行时，压缩机排出的部分高温高压制冷剂蒸气先进入一台空气换热器（此时作冷凝器用），利用制冷剂在冷凝过程中放出的热量使霜层溶化（冲霜），然后通过制冷系统有关阀门的切换，使压缩机排出的蒸气进入另一台空气换热器中冲霜。显然，当机组进行冲霜时，辅助换热器中的热水暂停供应。

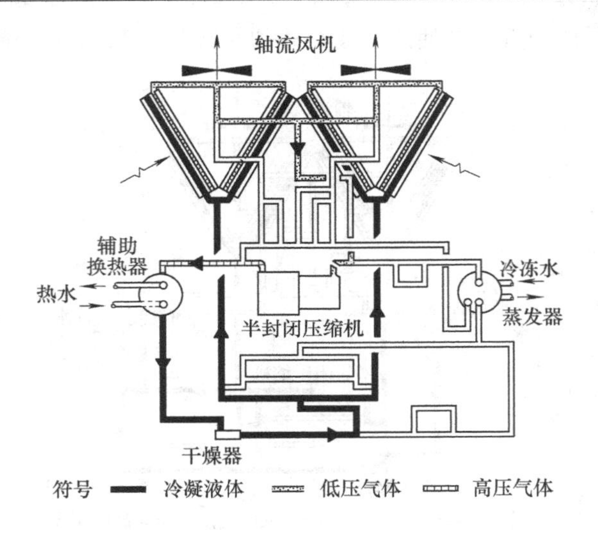

图 4-62　热泵运行工况

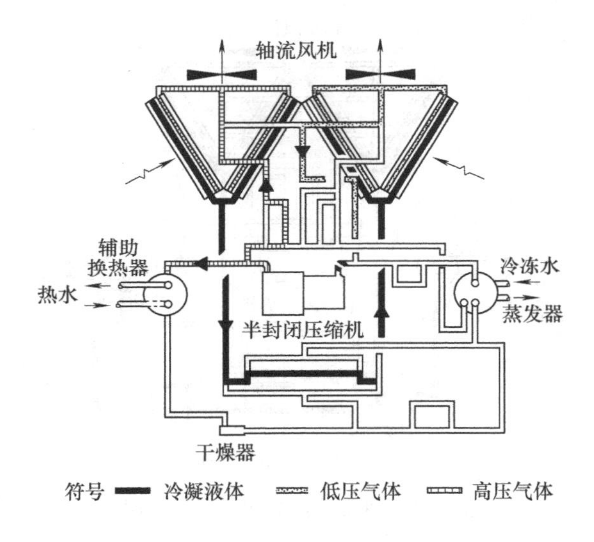

图 4-63　冲霜运行工况

18.3　螺杆式制冷压缩机组

螺杆式制冷压缩机的机头内部没有贮存润滑油的空间，为了保证螺杆式制冷压缩机的正常运转，必须配置相应的润滑系统、安全保护装置和监控仪表等。通常，生产厂多将螺杆式制冷压缩机、驱动电动机、冷却润滑油系统、能量调节的控制装置、安全保护装置和监控仪表等，组装成机组的形式，称为螺杆式制冷压缩机组，如图 4-64 所示。图 4-65 所示为开启式螺杆式制冷压缩机组系统图。

图 4-64　螺杆式制冷压缩机组

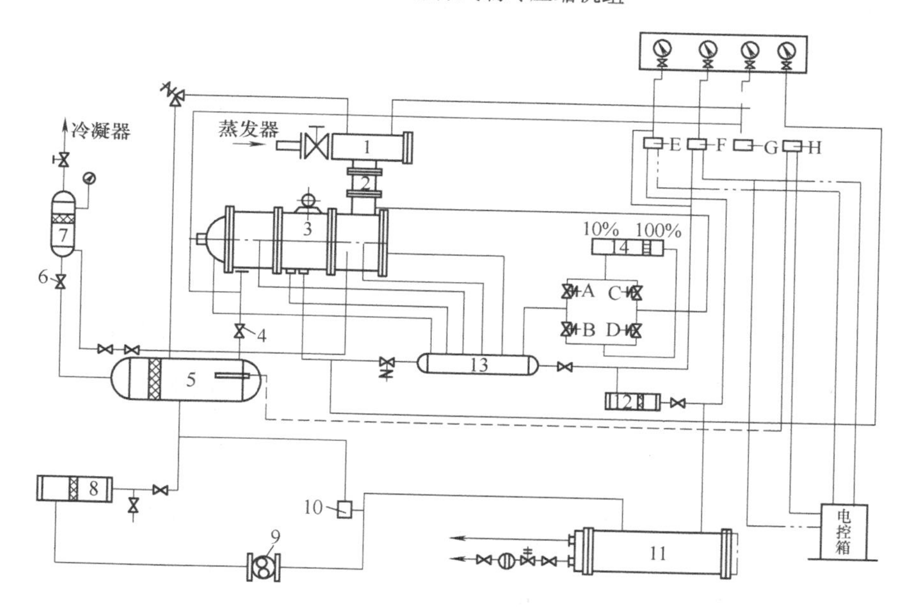

图 4-65　开启式螺杆式制冷压缩机组系统图

1—过滤器　2—吸气止回阀　3—螺杆式制冷压缩机　4—排气止回阀
5—一次油分离器　6—阀　7—二次油分离器　8—粗过滤器　9—液压泵
10—油压调节阀　11—油冷却器　12—粗过滤器　13—油分配总管　14—液压缸
——油路　—··—电路　—·—气路　------温度控制

18.3.1　螺杆式制冷压缩机组的辅助设备

1. 油分离器

喷油螺杆式制冷压缩机排出的制冷剂气体中，有大量的润滑油呈雾状混入。若油气混合物进入冷凝器和蒸发器等换热器后，由于油不蒸发，就会在换热器的传热面上形成一层油膜，使传热效果降低，从而降低制冷效率。因此，对制冷剂中的油，必须在进入系统之前在油分离器中进行分离。

对于大中型开启式螺杆式制冷压缩机，为了提高分离效果，通常设置一次油分离器后，再增设二次油分离器。图 4-66 所示为三种常见的油分离器结构。一次油分离器常采用惯性、洗涤、离心、填料和过滤等方法。二次油分离器利用特制的充填物，将细小雾状油滴通过捕集作用，使油滴凝聚变大，在流经填充物时被进一步分离下来，分离效果以质量计可达 $(5\sim50)\times10^{-6}$kg/kg。目前填充物有不锈钢丝网、玻璃纤维、聚酯纤维和微孔陶瓷等。一般气体流经滤网的流速控制在 1～2m/s，过高流速会影响分离效果。

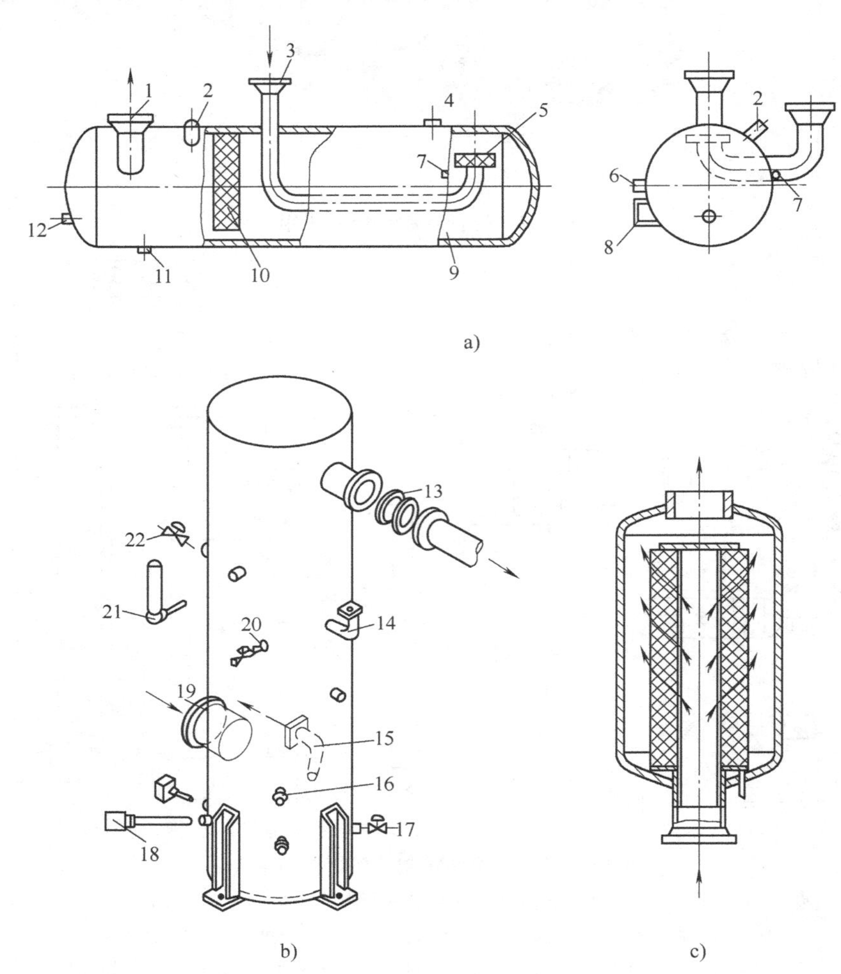

图 4-66　螺杆式制冷压缩机组用油分离器

a）卧式油分离器　b）立式油分离器　c）二次油分离器

1—出口接管　2—安全阀接管　3—进口接管　4—感温包连接处　5—消声器
6—液压泵回油接管　7—油压调节阀回油接管　8、16—油位计　9—储油器　10—油过滤器
11、15—出油口　12—电加热器连接处　13—排气止回阀　14—安全阀接管　17—排油阀
18—油加热器　19—进气接口　20—排空阀　21—排气温度计　22—压力阀接管

图 4-67 所示为卧式高效多级油分离器。筛网垫将排气中的油组分减少到 50×10^{-6}kg/kg 吸入气体左右，这对大多场合已经适用。在只允许更少油损失的场合，可进一步安装组合过

滤器，以减少含油量，此时可将油含量减少至 5×10^{-6}kg/kg 吸入气体左右。由于安装了专用的排油阀，过滤器能够自动回油。分离下来的油聚集在分离器的底部，通过玻璃视镜可以观察到油位。油位传感器用于防止失油。内装式电加热器在停机时会自动加热以防止制冷剂冷凝。

此高效多级油分离器工作原理如下：①在第一级，由于混合物的方向和速度发生快速变化，引起大的油液滴分离；②在第二级，混合物通过编织成的金属筛网垫时，绝大多数油雾聚集成油滴，然后滴入分离器底部的贮油器；③在第三级，是最彻底分离混合气体的一步，通过组合过滤器几乎可以分离出所有的润滑油。

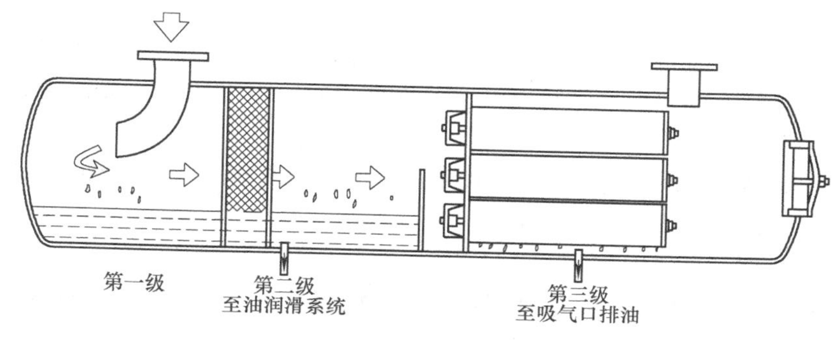

图 4-67　卧式高效多级油分离器

2. 油冷却器

被油分离器分离后的油，其温度接近排气温度，因此大中型的螺杆式压缩机必须设置油冷却器，降低油温，使油具有合适的黏度，以便再次循环使用。油冷却器有两种，包括水冷却型（见图 4-68a）和制冷剂冷却型（见图 4-68b）。对于封闭式压缩机，由于系统采用喷液冷却，加上高温润滑油的使用，一般可以省去油冷却器。

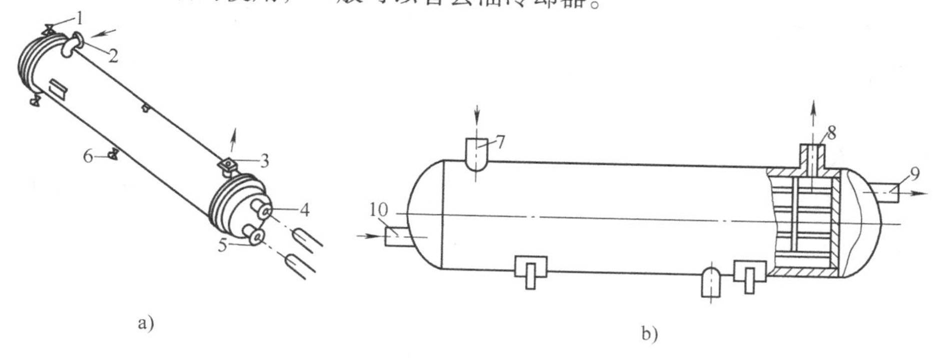

图 4-68　油冷却器

a）水冷却型油冷却器　b）制冷剂冷却型油冷却器

1—排空阀　2、7—进油口　3、8—出油口　4—冷却水出口　5—冷却水入口

6—排油阀　9—制冷剂出口　10—制冷剂进口

3. 油过滤器

为了保护制冷压缩机的润滑部分和液压泵，在油系统的两个地方设置过滤器。在向压缩机供油前要仔细检查并列的两个过滤器。用截止阀控制轮换使用。在一个过滤器使用时，清

洗另一个过滤器，而不必停止制冷机运行。

有的压缩机在过滤器上装有油压保护装置，当过滤器堵塞、供油压力下降至一定限度时，油压保护装置动作使压缩机停车。

在液压泵吸入侧设置的过滤器，滤网稍粗，一般不易堵塞，但若堵塞就会引起液压泵气蚀，油压力表指针抖动剧烈。

4. 液压泵和油压调节阀

液压泵是螺杆式压缩机不可缺少的重要辅助设备，可以由电动机直接驱动，也可与压缩机联动，主要有齿轮泵、螺杆泵等几种形式。用油压进行输气量调节的螺杆式压缩机，大部分采用由电动机直接带动的齿轮液压泵。

为了使供给压缩机的润滑油保持一定的油压，装有油压调节阀。调节弹簧至适合运行的压力（排气压力+147kPa）向压缩机供油，长期使用时，由于油垢和沉积物等会造成动作不良，要进行定期的拆洗。

试车运行阶段油压会因过滤器的堵塞而下降，此时用调整油压调节阀的方法来提高压力是不妥当的，而应该进行清洗。

5. 油加热器

为了防止在环境温度较低时由于油温过低影响机组起动，一般都装有油加热器。对于氨制冷机组，由于氨不溶于油，在低温情况下，油的黏度增大，这时液压泵若起动，管道阻力将增加，吸油困难。对于卤代烃类制冷机组，在某一压力下，温度越低，工质越容易溶于油，因此油被稀释而导致黏度下降，在压力稍有变化时，油箱内可能起泡，这时液压泵不能正常工作，机组也就无法起动。因此，如果环境温度较低，则首先起动油加热器加热油。对于氨制冷剂应保持在20℃左右，对于卤代烃类制冷剂应保持在30℃左右，然后起动预润滑液压泵，以达到冷水机组正常运行。

6. 吸、排气止回阀

螺杆式制冷压缩机组的吸、排气管道上分别装有吸气止回阀和排气止回阀。吸气止回阀的主要作用是防止压缩机停机时，高压气体向低压系统回流造成压缩机内螺杆反转。排气止回阀的作用是防止停机时气体从高压系统倒流，以保证主机内处于蒸发压力范围。

7. 控制仪表

压缩机组配有各种监控仪表（见图4-65）。这些仪表是：油压表24，指示精过滤器前后的油压；高压表25，指示排气压力；低压表26，指示吸气压力；排气温度表27，指示排气温度；油压压差控制器28，当精过滤器前、后油压差超过98kPa时起作用，自动停机；油压压差控制器29，当油分配器内油压与排气压力的差值超出允许值时起作用，自动停机；高低压压力控制器30，当吸气压力或排气压力超过调定值起作用，自动停机；温度控制器31，当油分配器内的油温超高（高于60℃）时起作用，自动停机。

18.3.2 螺杆式制冷压缩机组的制冷剂流动

由蒸发器来的制冷剂气体，经过滤器、吸气止回阀进入螺杆式制冷压缩机的吸入口，压缩机的气体压缩过程中，油在滑阀或机体的适当位置喷入，然后油气混合物经过压缩后，由排气口排出，通过排气止回阀进入一次油分离器，油气分离后，气体通过阀进入二次油分离器，再次经过油气分离后，气体排入冷凝器。

18.3.3　螺杆式制冷压缩机组的润滑油循环

存储在一次油分离器下部的较高温度的润滑油，经粗过滤器被液压泵吸入，由液压泵升压后经过油压调节阀，若油压合适，此路不通，若油压过高，一部分润滑油经油压调节阀回到一次油分离器，剩余合适油压的润滑油再排至油冷却器，在油冷却器中油被水（或制冷剂）冷却后进入精过滤器，再进入油分配总管，将油分别送入轴封装置、滑阀喷油孔、前后主轴承、平衡活塞及四通电磁换向阀（A、B、C、D）和输气量调节装置液压缸等。二次油分离器的油一般定期放入压缩机低压侧。

在一次油分离器与油冷却器之间通常设置油压调节阀，目的是保持供油压力较排气压力高 100～300kPa，多余的油返回一次油分离器出油管。

18.3.4　带经济器的螺杆式制冷压缩机组

螺杆式制冷压缩机的特点之一是单级压缩比大。但随着压缩比的增大，循环的节流损失增加，压缩机的泄漏损失也增加，效率急剧下降。为了提高效率、改善性能，常利用螺杆压缩机吸气、压缩、排气为单方向进行的特点，在压缩机的中部设置一个中间补气口，吸入从经济器来的闪发蒸气。带经济器的螺杆压缩制冷循环系统常用的有两种：一种是两次节流的系统；另一种是一次节流，使液体过冷的系统。

1. *两次节流的螺杆式压缩机制冷循环*

图 4-69 所示为两次节流的螺杆式压缩机制冷循环系统。从压缩机 A 排出的气、油混合物，经油分离器 B 将油分离后，制冷剂蒸气进入冷凝器 C 和贮液器 D。从贮液器出来的高压液体经节流阀 E 后，进入经济器 F。在经济器中部分液体蒸发，使其余液体降温至中间压力下的饱和温度。降温后的制冷剂液体经过第二次节流后，进入蒸发器 G。在蒸发器中，蒸发后的气体回到螺杆压缩机，而在经济器中闪发的气体，经螺杆压缩机的中间补气孔进入，在基元容积（接触线封闭后的气腔）内继续被压缩。由于闪发的制冷剂液体吸收了其余液体的热量而使其过冷，因此制冷量增加。由于在蒸发器内蒸发的气体和闪发气体一起在基元容积内被压缩，所以压缩功也略有增加。试验证明，当用 R22 为制冷剂时，在冷凝温度 t_k = 30～40℃，蒸发温度 t_0 = −40～−15℃范围内，制冷量可增大 19%～44%，单位功率制冷量提高了 7%～30%，节能效果十分明显。

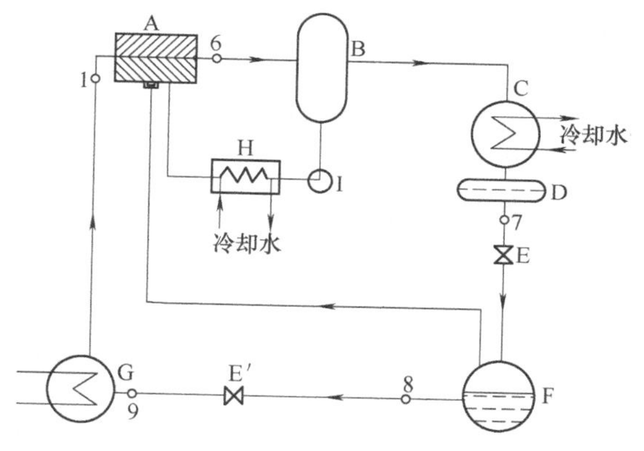

图 4-69　两次节流的螺杆式压缩机制冷循环系统
A—螺杆压缩机　B—油分离器　C—冷凝器
D—贮液器　E、E′—节流阀　F—经济器
G—蒸发器　H—油冷却器　I—油泵

螺杆式压缩机增设中间补气口后，单级螺杆压缩机变成为双级压缩，在同一压缩腔内进行“准二级压缩”。图 4-70 所示为压缩过程在压焓图上的表示。压缩机先吸入 1 点状态的气体，吸气终了该齿槽与吸气口脱离，基元容积封闭，随即与中间补气口连通。理论上，由经济器 F 来的气体（压力为 p_m、质量为 α）立刻充进来，使齿槽内压

力瞬时升高到 p_m。但实际上，中间补气口先随着螺杆的旋转逐步开大，充气量逐步增加，腔内压力逐步升高。随着腔内压力的升高，补气量也减少，直到补气过程结束，腔内压力也达不到 p_m，而是在点 3 的状态（$p_3 < p_c$）。因此，中间补气过程是一个既旋转增压，又绝热充气混合的联合作用过程，图中 1-3所示。其次是高压级的压缩过程，当中间补气口与该齿槽脱离后，开始了第二级的压缩过程，在第二级压缩的初期，由于喷入的油温仍高于制冷剂气体的温度，因此该压缩过程是油加热气体的多变压缩过程，在图 4-70 中以 3—4 表示。点 4 状态的温度等于油温，过了点 4 后，则是油冷却气体的压缩过程，即过程 4—5。如果螺杆压缩机的内压力比小于外压力比，则最后的排气过程接近等容压缩过程。

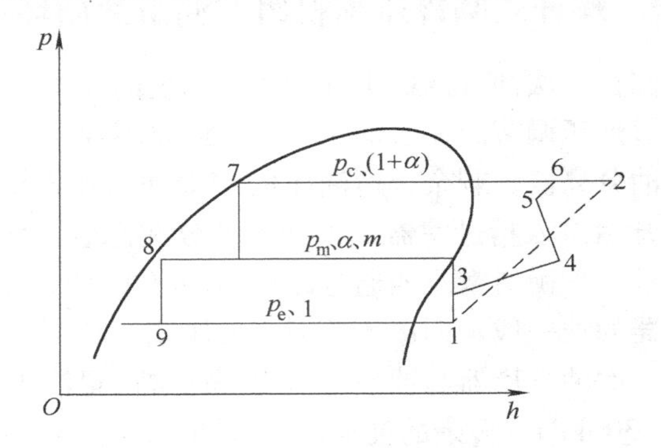

图 4-70 两次节流的螺杆式压缩循环在 lg$p$ – h 图上的表示

2. 一次节流的螺杆式压缩机制冷循环

图 4-71 所示为一次节流的螺杆式压缩机制冷循环系统。它与两次节流循环的区别，仅是经济器的结构不同而已。一次节流循环是用中间压力下蒸发的制冷剂液体来冷却盘管内的高压液体，使之过冷。所以，一次节流循环有利于制冷剂的远距离输送，其节能效果与两次节流循环相同。一次节流循环在压焓图上的表示如图 4-72 所示。由于带经济器的螺杆式压缩机中的中间补气是在吸气结束后进行的，因此对吸气量没有影响，制冷量增加是由于单位制冷量的增加，同样由于被压缩的气体量增加，所以压缩功也略有增加。从图 4-72 中可以看出：蒸发温度越低，带经济器螺杆比单级螺杆的制冷量增加得越多，而功率则增加得很少。也就是说，蒸发温度越低，单位轴功率制冷量越大。

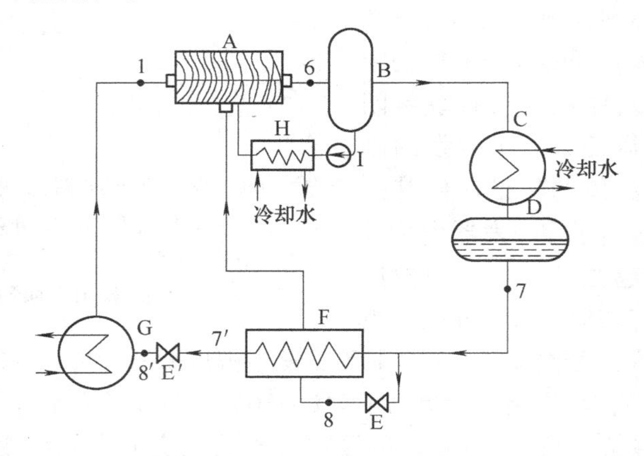

图 4-71 一次节流的螺杆式压缩机制冷循环系统

A—螺杆式压缩机 B—油分离器 C—冷凝器 D—贮液器 E、E′—节流阀

F—经济器 G—蒸发器 H—油冷却器 I—油泵

带经济器的螺杆式压缩机与双级压缩的螺杆式系统相比，占地面积小、操作简单、容易控制。从压缩机的性能分析，带经济器的螺杆式系统在 -30℃ 低温工况下，几乎与双级压缩螺杆式循环系统的制冷效果相同。因此，在 -30℃ 低温工况下，带经济器的螺杆式压缩循环，完全可以取代双级的螺杆式压缩循环。螺杆式压缩机增加经济器后，由于经济器中液体过冷，使制冷量增大。液体过冷产生的效果与制冷剂的性质有关，在相同工况下，对那些液体比热容小、气化热也比较小的制冷剂，液体过冷的效果最好。如带经济器的螺杆式压缩机与不带经济器的螺杆式压缩机的制冷量比以 A 表示，则

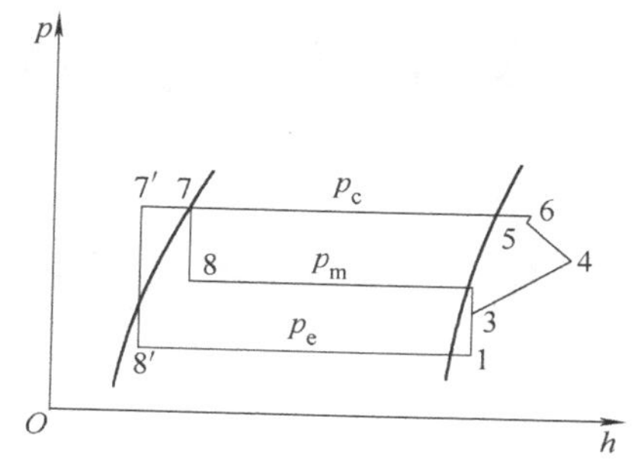

图 4-72　一次节流的螺杆式压缩循环在 $\lg p-h$ 图上的表示

$$A=\frac{Q_{oe}}{Q_o}=1+\alpha \tag{4-1}$$

式中　α——中间补气量（kg/kg）。

在 $t_k=30$℃，中间温度 $t_m=-15$℃ 的情况下，R717 为 $\alpha=0.191$，R22 为 $\alpha=0.362$，R502 为 $\alpha=0.506$。由此可见，带经济器的效果用 R502 最好，其次是 R22，而 R717 最小。实际试验也得出同样结果。例如，在 35℃/-35℃ 工况下，用 R22 时，单位功率制冷量提高了 24%，而用 R717 时仅提高了 16.7%。

在蒸发温度要求低于 -30℃，而且连续运行的条件下，带经济器螺杆式压缩机由于内容积比过大和排气温度过高等原因，从节能的观点考虑，应采用双级压缩的螺杆式压缩机制冷循环。

思考题与练习题

1. 制冷与空调系统常用的机组有哪些？
2. 常见的冷水机组有哪些？多机头冷水机组有何优点？
3. 螺杆式制冷压缩机组有哪些辅助设备？
4. 螺杆式制冷压缩机润滑系统由哪些部件组成？
5. 带经济器的螺杆式压缩机组为什么能效比高？

项目五　离心式制冷压缩机

单元十九　离心式压缩机的工作原理与基本结构

一、学习目标

- **终极目标：** 熟悉离心式压缩机的工作原理，能够通过外形分辨离心式压缩机的主要零部件。
- **促成目标：**

1）掌握离心式制冷压缩机的基本组成与工作原理。

2）掌握离心式压缩机主要零部件的结构与作用。

二、相关知识

离心式制冷压缩机属于速度型压缩机，它通过改变气体的流动速度实现对气体的压缩。按气体在一个循环过程中的压缩次数不同，可分为单级离心式压缩机和多级离心式压缩机。目前，离心式压缩机多应用在大型制冷空调装置中。

19.1　离心式压缩机的工作原理

离心式制冷压缩机有单级、双级和多级等多种结构形式。单级压缩机主要由吸气室、叶轮、扩压器、蜗壳及密封等组成，如图 5-1 所示。对于多级压缩机，还设有弯道和回流器等部件。一个叶轮和与其相配合的固定元件（如吸气室、扩压室、弯道、回流器或蜗壳等）组成压缩机的一个级。级是离心式制冷压缩机的基本工作单元，单级离心式压缩机只有一个叶轮，多级离心式制冷压缩机的主轴上设置着几个叶轮串联工作，以达到较高的压力比。为了节省压缩功耗和不

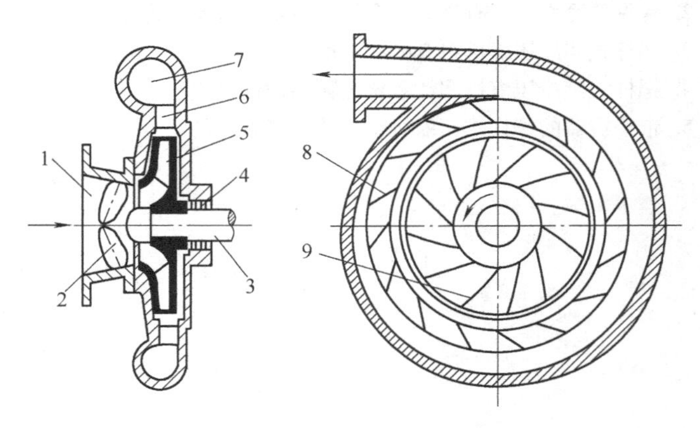

图 5-1　单级离心式制冷压缩机简图

1—吸气室　2—进口可调导流叶片　3—主轴　4—轴封　5—叶轮　6—扩压器　7—蜗壳　8—扩压器叶片　9—叶轮叶片

使排气温度过高，级数较多的离心式制冷压缩机中可分为几段，每段包括一到几级。低压段的排气需经中间冷却后再输往高压段。在空调中，由于压力增高较少，所以一般都是采用单级，其他方面所用的离心式压缩机大都是多级的。

图5-1所示的单级离心式制冷压缩机的工作原理是：压缩机叶轮5旋转时，制冷剂气体由吸气室1通过进口可调导流叶片2进入叶轮流道，在叶轮叶片9的推动下气体随着叶轮一起旋转。由于离心力的作用，气体沿着叶轮流道径向流出叶轮，同时，叶轮进口处形成低压，气体由吸气管不断吸入。在此过程中，叶轮对气体做功，使其动能和压力能增加，气体的压力和流速得到提高。接着，气体以高速进入截面逐渐扩大的扩压器6和蜗壳7，流速逐渐下降，大部分气体动能转变为压力能，压力进一步提高，然后引出压缩机外。

多级离心式制冷压缩机与单级离心式压缩机相比，不同之处在于有多个叶轮及相应的弯道和回流器，而蜗室只设在最后一个叶轮的后面。为了使制冷剂气体压力继续提高，利用弯道和回流器将气体引入下一级叶轮进行压缩，如图5-2a所示，最后由末级引出机外，如图5-2b所示。

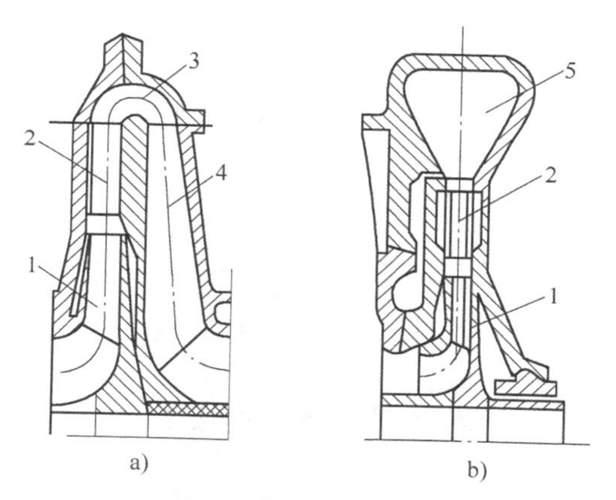

图5-2　离心式制冷压缩机的中间级和末级

a）中间级　b）末级

1—叶轮　2—扩压器　3—弯道　4—回流器　5—蜗壳

19.2　离心式压缩机的基本结构

由于使用场合的蒸发温度、制冷剂的不同，离心式制冷压缩机的缸数、段数和级数相差很大，总体结构上也有差异，但其基本组成零部件是相同的。单级离心式制冷压缩机的结构决定了不可能获得很大的压力比，因此单级离心式压缩机多用于冷水机组中。

图5-3所示为一台制冷量为2800kW的单级离心式制冷压缩机纵剖面图。它由叶轮、增速齿轮、电动机和进口导叶等部件组成。气缸为垂直剖分型。采用低压制冷剂R123作为工质。压缩机采用半封闭的结构形式，其驱动电动机、增速器和压缩机组装在一个机壳内。叶轮为半开式铝合金叶轮。制冷量的调节由进口导叶进行连续控制。齿轮采用斜齿轮，在增速箱上部设置有油槽。电动机置于封闭壳体中，电动机定子和转子的线圈都用制冷剂直接喷液冷却。

由于单级离心式制冷压缩机不可能获得很大的压力比，为改善离心式制冷压缩机的低温工况性能，在低温机组中采用多级离心式压缩机。图 5-4 所示为一种四级离心式制冷压缩机的剖视图。由蒸发器来的制冷剂蒸气由吸入口 8 吸入，流经进口导叶 7 进入第一级叶轮 18，经无叶扩压器 17、弯道 16、回流器 15 进入第二级叶轮 14，以此类推，最后经蜗壳 11 把气体排至冷凝器。

离心式制冷压缩机主要零部件的结构与作用简述如下。

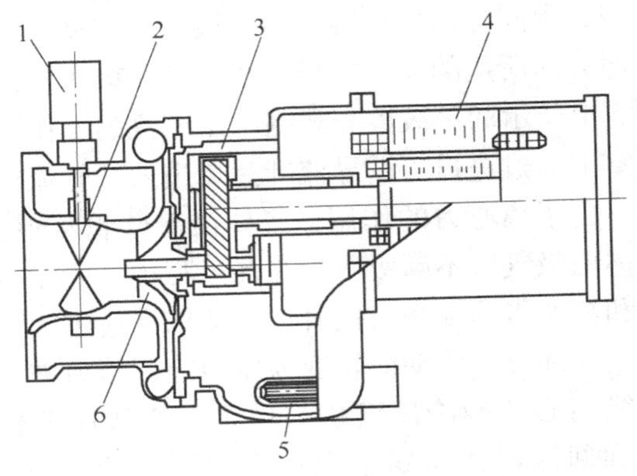

图 5-3 单级离心式制冷压缩机纵剖面图
1—导叶电动机 2—进口导叶叶轮 3—增速齿轮
4—电动机 5—油加热器 6—叶轮

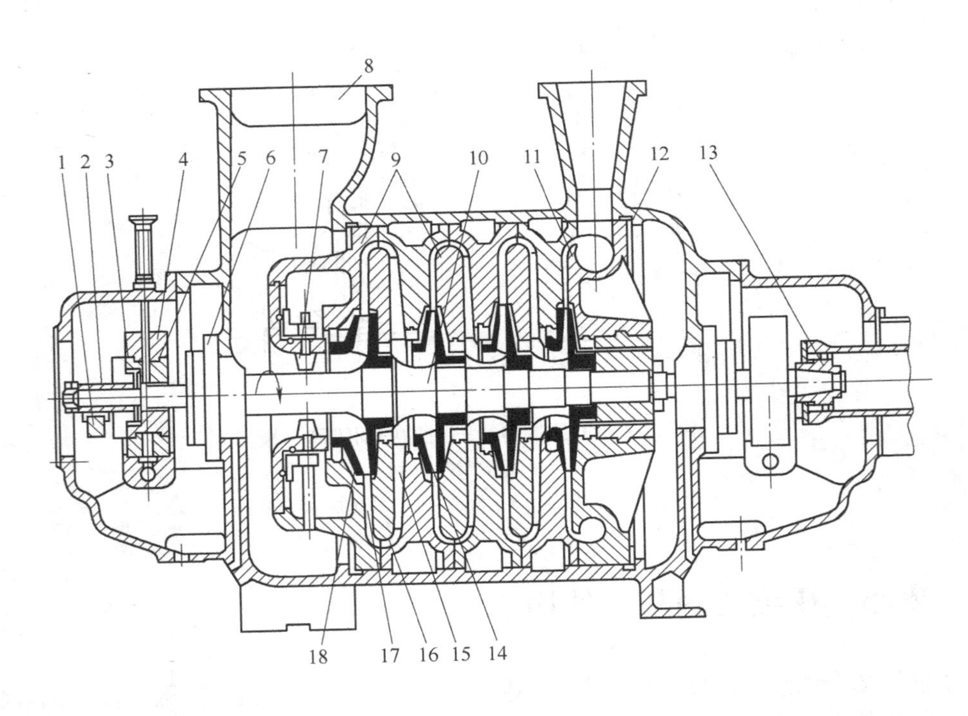

图 5-4 四级离心式制冷压缩机的剖视图
1—顶轴器 2—套筒 3—推力轴承 4—轴承 5—调整块 6—轴封 7—进口导叶 8—吸入口
9—隔板 10—轴 11—蜗壳 12—调整环 13—联轴器 14—第二级叶轮
15—回流器 16—弯道 17—无叶扩压器 18—第一级叶轮

1. 吸气室

吸气室的作用是将从蒸发器或级间冷却器来的气体均匀地引导至叶轮的进口。为减少气流的扰动和分离损失，吸气室沿气体流动方向的截面一般做成渐缩形，使气流略有加速。吸气室的结构比较简单，有轴向进气和径向进气两种形式，如图5-5所示。对单级悬臂压缩机，压缩机放在蒸发器和冷凝器之上的组装式空调机组中，常用径向进气肘管式吸气室，如图5-5b所示。由于叶轮的吸入口为轴向的，径向进气的吸气室需设置导流弯道，为了使气流在转弯后能均匀地流入叶轮，吸气室转弯处有时还加有导流板。图5-5c所示的吸气室常用于具有双支承轴承且第一级叶轮有贯穿轴时的多级压缩机中。

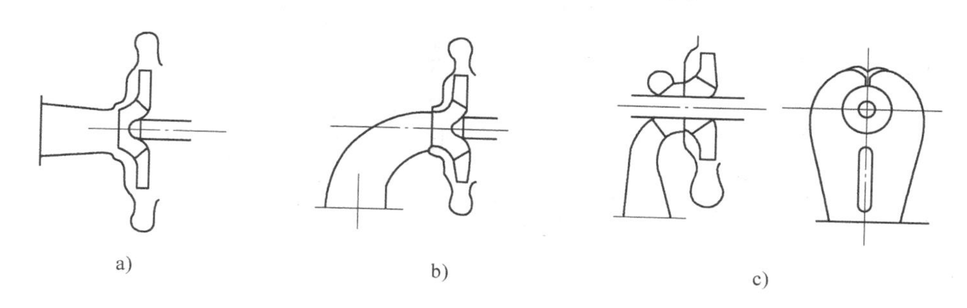

图5-5　吸气室

a）轴向进气吸气室　b）径向进气肘管式吸气室　c）径向进气半蜗壳式

2. 进口导流叶片

在压缩机第一级叶轮进口前的机壳上装有进口导流叶片，当导流叶片旋转时，改变了进入叶轮的气体流动方向和流量的大小，达到了调节制冷量的目的。转动导叶时可采用杠杆式或钢丝绳式调节机构。杠杆式进口可转导叶机构如图5-6所示，进口导叶实际上是一个由若干可转动叶片3组成的菊形阀，每个叶片根部均有一个小齿轮1，由大齿圈2带动，大齿圈2通过杠杆7和连杆6由伺服电动机4传动，也可用手轮8进行操作。

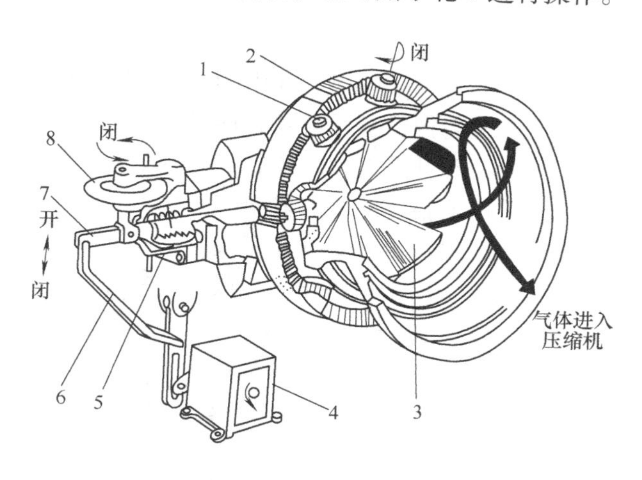

图5-6　杠杆式进口可转导叶机构

1—小齿轮　2—大齿圈　3—转动叶片　4—伺服电动机　5—波纹管　6—连杆　7—杠杆　8—手轮

钢丝绳式进口可转导叶机构如图5-7所示，由一个主动齿轮5通过钢丝绳3带动6个从动齿轮2转动，从而带动7个导叶1开启。为了使钢丝绳在固定轨道上运动，防止它从主动齿轮和从动齿轮上滑出，又安装有7个过渡轮4。主动齿轮根据制冷机组的调节信号，由导叶调节执行机构带动链式执行机构转动主动齿轮。

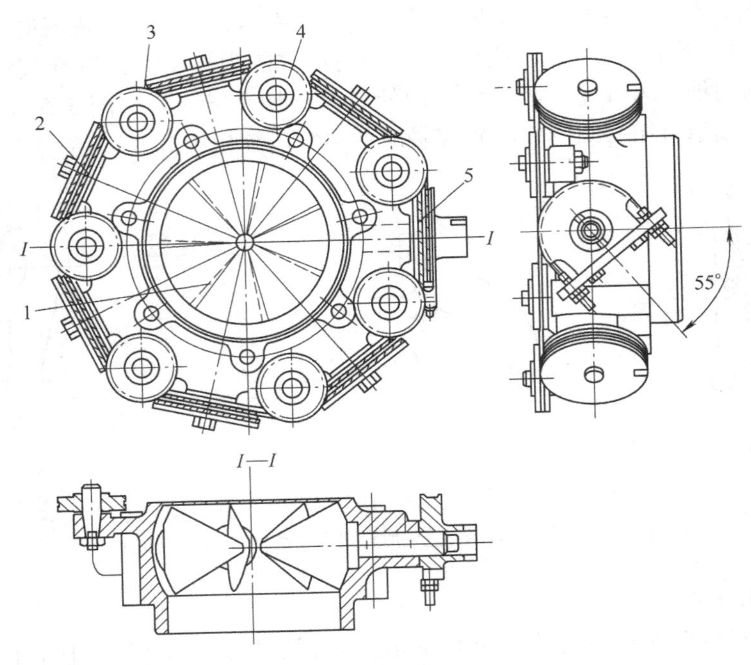

图 5-7 钢丝绳式进口可转导叶机构

1—导叶 2—从动齿轮 3—钢丝绳 4—过渡轮 5—主动齿轮

进口导叶的材料为铸铜或铸铝，叶片具有机翼形与对称机翼形的叶形剖面，由人工修磨选配。

3. 叶轮

叶轮是压缩机中对气体做功的唯一部件。叶轮随主轴高速旋转后，利用叶片对气体做功，气体受离心力的作用以及在叶轮内的扩压流动，通过叶轮后的压力和速度都得到提高。叶轮按结构形式分为闭式、半开式和开式三种，离心式制冷压缩机中通常采用闭式和半开式两种，如图 5-8 所示。闭式叶轮由轮盖、叶片和轮盘组成，空调用制冷压缩机大多采用闭式。半开式叶轮不设轮盖，一侧敞开，仅有叶片和轮盘，用于单级压力比较大的场合。有轮盖时，可减少内漏气损失，提高效率，但在叶轮旋转时，轮盖的应力较大，因此叶轮的圆周速度不能太大，限制了单级压力比的提高。半开式叶轮没有轮盖，适宜承受离心惯性力，因而对叶轮强度有利，使叶轮圆周速度可以较高。钢制半开式叶轮圆周速度目前可达 450 ~ 540m/s，单级压力比可达 6.5。

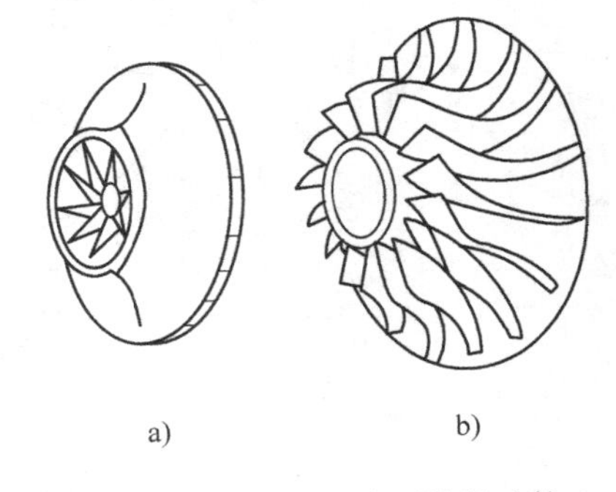

图 5-8 离心式制冷压缩机叶轮

a) 闭式叶轮 b) 半开式叶轮

离心式制冷压缩机叶轮的叶片按形状可分为单圆弧、双圆弧、直叶片和三元叶片四种。空调用压缩机的单级叶轮多采用形状既弯曲又扭曲的三元叶片，加工比较复杂，精度要求高。当使用氟利昂制冷剂时，通常用铸铝叶轮，可降低加工要求。

4. 扩压器

气体从叶轮流出时具有很高的流动速度，一般可达200～300m/s，占叶轮对气体做功的很大比例。为了将这部分动能充分地转变为压力能，同时为了使气体在进入下一级时有较低的合理的流动速度，在叶轮后面设置了扩压器，如图5-1所示。扩压器通常由两个与叶轮轴相垂直的平行壁面组成。如果在两平行壁面之间不装叶片，称为无叶扩压器。如果设置叶片，则称为叶片扩压器。扩压器内环形通道截面是逐渐扩大的，当气体流过时，速度逐渐降低，压力逐渐升高。无叶扩压器结构简单，制造方便，由于流道内没有叶片阻挡，无冲击损失。在空调离心式制冷压缩机中，为了适应其较宽的工况范围，一般采用无叶扩压器。叶片扩压器常用于低温机组中的多级压缩机中。

5. 弯道和回流器

在多级离心式制冷压缩机中，弯道和回流器的作用是把由扩压器流出的气体引导至下一级叶轮。其结构如图5-2a所示，弯道是将扩压器出口的气流引导至回流器进口，使气流从离心方向变为向心方向。回流器则是把气流均匀地导向下一级叶轮的进口，为此，在回流器流道中设有叶片，使气体按叶片弯曲方向流动，沿轴向进入下一级叶轮。

在采用多级节流中间补气制冷循环中，段与段之间有中间加气，因此在离心式制冷压缩机的回流器中，还有级间加气的结构。图5-9给出了三种加气形式。图5-9a所示的形式对下一级叶轮入口气流均匀性有利，图5-9b和图5-9c所示形式对下一级叶轮入口气流均匀性不利，但可以减少轴向距离。

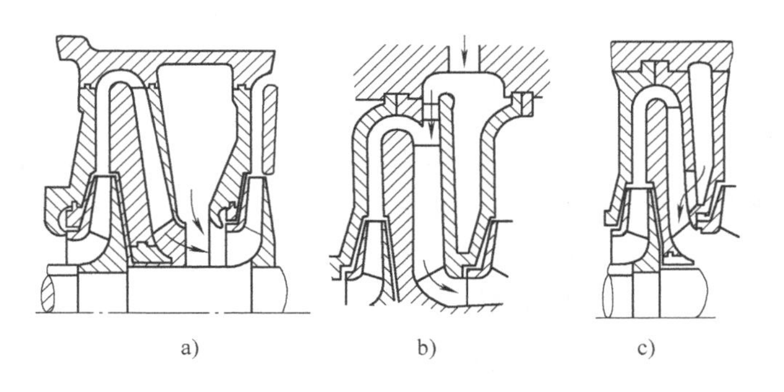

图5-9　级间加气型回流器

6. 蜗壳

蜗壳的作用是把从扩压器或叶轮中（没有扩压器时）流出的气体汇集起来，排至冷凝器或中间冷却器。图5-10所示为离心式制冷压缩机中常用的一种蜗壳形式，其流通截面沿叶轮转向（即进入气流的旋转方向）逐渐增大，以适应流量沿圆周不均匀的情况，同时也起到使气流减速和扩压的作用。蜗壳一般是装在每段最后一级的扩压器之后，也有的最后级不用扩压器而将蜗壳直接装在叶轮之后，如图5-11所示。图5-11a所示为蜗壳前装有扩压器。图5-11b所示为蜗

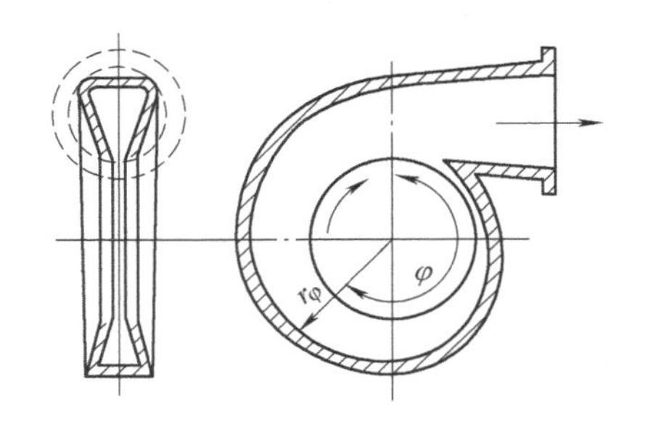

图5-10　蜗壳

壳直接装在叶轮之后，蜗壳中气流速度较大，一般在蜗壳后设扩压管。由于叶轮后直接是蜗壳，所以对叶轮的工作影响较大，增加了叶轮出口气流的不均匀性。图 5-11c 所示为不对称内蜗壳，是空调用单级机组中常用的形式，这种蜗壳安置在叶轮的一侧，蜗壳的外径保持不变，其流通截面的增加是由减小内半径来达到的。蜗壳的横截面常见的有圆形、梯形等。

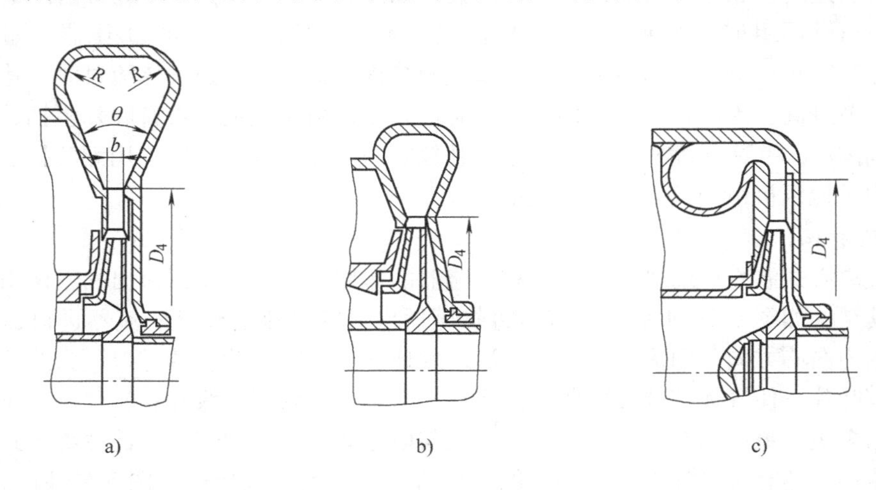

图 5-11　蜗壳的几种布置形式

a）蜗壳前为扩压器　b）蜗壳前为叶轮　c）不对称内蜗壳

在氟利昂冷水机组的蜗壳底部有泄油孔，水平位置设有与油引射器相连的高压气引管。各处用充气密封的高压气体均由蜗壳内引出。

除上述主要零部件外，离心式制冷压缩机还有其他一些零部件。如减少气体从叶轮出口倒流至叶轮入口的轮盖密封，减少级间漏气的轴套密封。开启式机组还有轴端密封，减少轴向推力的平衡盘，承受转子剩余轴向推力的推力轴承以及支承转子的径向轴承等。为了使压缩机持续、安全、高效地运行，还需设置一些辅助设备和系统，如增速器、润滑系统、冷却系统、自动控制和监测及安全保护系统等。

思考题与练习题

1. 简述离心式制冷压缩机的基本结构与工作原理。
2. 离心式制冷压缩机由哪些主要零部件组成？各主要零部件的作用是什么？
3. 简述单级离心式制冷压缩机的基本结构。
4. 简述多级离心式制冷压缩机的基本结构。
5. 离心式压缩机的叶轮按结构形式分为哪三种？各用于什么场合？

单元二十　离心式制冷装置

一、学习目标

- **终极目标**：熟悉离心式制冷装置的组成及制冷循环原理。
- **促成目标**：

1）掌握离心式制冷装置的主要组成及制冷循环原理。

2）掌握离心式制冷装置润滑系统的组成及作用。

3）掌握离心式制冷装置抽气回收装置的作用及类型。

二、相关知识

20.1　离心式制冷装置及制冷循环

离心式制冷装置主要由离心式制冷压缩机、冷凝器、节流装置、蒸发器、润滑系统、抽气回收装置（进口处气压低于大气压时用）、泵出系统（进口处气压高于大气压时用）、能量调节机构及安全保护装置等组成。

一般空调用离心式制冷机组制取4～9℃冷媒水时，采用单级、双级或三级离心式制冷压缩机，而蒸发器和冷凝器往往做成单筒式或双筒式置于压缩机下面，作为压缩机的基础，以组装形式出厂。节流装置常用浮球阀、节流孔板（或称节流孔口）、线性浮阀及提升阀等，在有些机组中，还有用涡轮膨胀机作为节流装置的。

和其他蒸汽压缩式制冷机组一样，离心式制冷循环也是由蒸发、压缩、冷凝和节流四个热力状态过程组成。图5-12所示为单级半封闭离心式制冷机组的制冷循环。压缩机4从蒸发器6中吸入气态制冷剂，经压缩后的高压气体进入冷凝器5进行冷凝。冷凝后的制冷剂液体经除污后，通过节流阀7节流后进入蒸发器，在蒸发器内吸收列管中冷媒水的热量，成为气态而被压缩机再次吸入进行循环工作。冷媒水被冷却降温后，由循环水泵送到需要降温的场所进行降温。另外，在通过节流阀节流前，用管路引出一部分液体制冷剂，进入蒸发器中的过冷盘管，使其过冷，然后经过滤器9进入电动机转子端部的喷嘴，喷入电动机，使电动机得到冷却，再流回冷凝器再次冷却。

20.2　润滑油路

离心式制冷压缩机一般是在高转速下运行的，其叶轮与机壳无直接接触摩擦，无需润滑。但轴承、增速齿轮等其他运动摩擦部位则不然，即使短暂缺油，也将导致烧坏，因此，

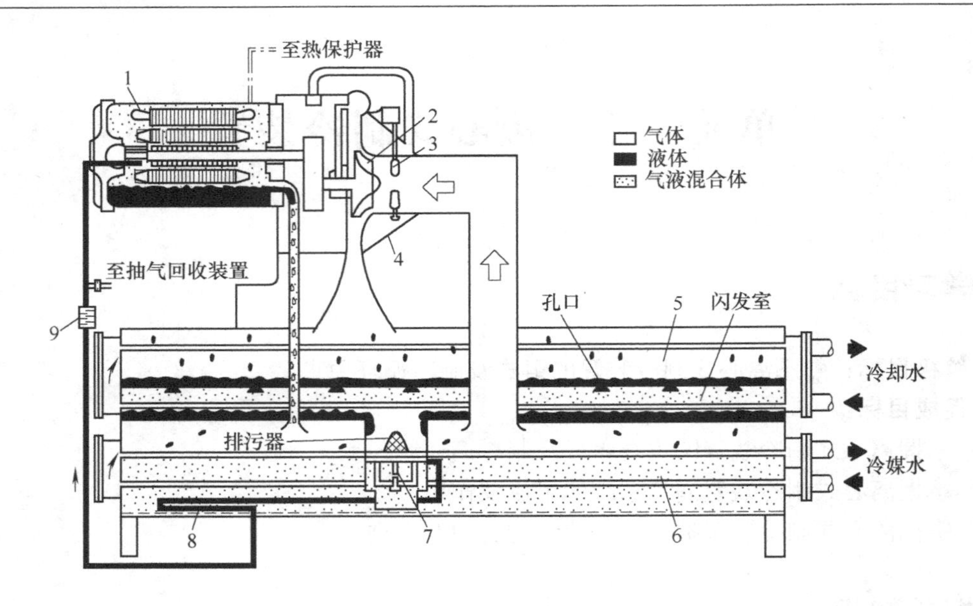

图 5-12 单级半封闭离心式制冷机组的制冷循环

1—电动机 2—叶轮 3—进口导流叶片 4—离心式制冷压缩机
5—冷凝器 6—蒸发器 7—节流阀 8—过冷盘管 9—过滤器

离心式制冷机组必须带有润滑系统。开启式离心机组的润滑系统为独立的装置，半封闭式则放在压缩机机组内。图 5-13 所示为半封闭离心式制冷压缩机的强制润滑系统。润滑油自液压泵 6 经油压调节阀 10、油冷却器 11 和过滤器 13，送至各轴承和增速齿轮进行强制润滑、冷却循环。

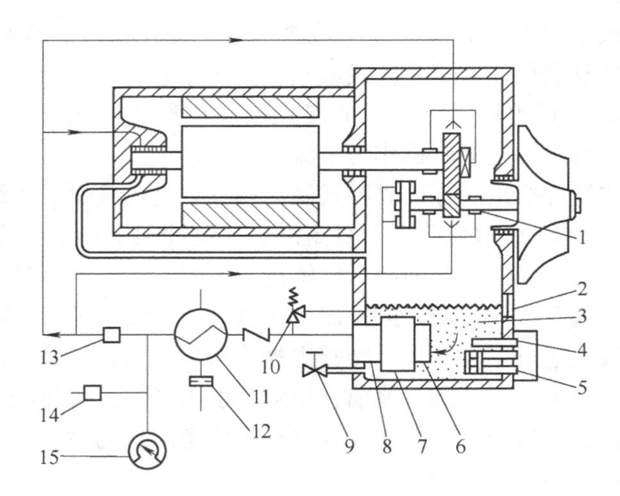

图 5-13 半封闭离心式制冷压缩机的强制润滑系统

1—轴承 2—油位计 3—油箱 4—温度传感器 5—油加热器 6—液压泵 7—液压泵电动机 8—油过滤器
9—注、排油阀 10—油压调节阀 11—油冷却器 12—喷嘴 13—过滤器 14—油压开关 15—压力真空表

由于制冷剂中含油，在运转中就应不断把油回收到油箱。一般情况下，经压缩后的含油

制冷剂的油滴会落到蜗壳底部，可通过喷油嘴回收入油箱。进入油箱的制冷剂闪发成气体再次被压缩机吸入。

油箱中设有带恒温装置的油加热器，在压缩机起动前或停机期间通电工作，以加热润滑油。油加热器的作用是使润滑油黏度降低，以利于高速轴承的润滑。另外，在较高的温度下，易使溶解在润滑油中的制冷剂蒸发，以保持润滑油原有的性能。

为了保证压缩机润滑良好，液压泵在压缩机起动前30s先起动，在压缩机停机后40s内仍连续运转。当油压差小于69kPa时，低油压保护开关使压缩机停机。

空调用离心式制冷压缩机由于使用不同的制冷剂，对润滑油的要求也不同。R22机组的专用油要求为烷基苯基合成的冷冻机油。用于R134a机组中润滑齿轮传动时，一般采用多元醇基质合成冷冻机油。

20.3　抽气回收装置

空调机组采用低压制冷剂（如R123）时，压缩机进口处于真空状态。当机组运行、维修和停机时，不可避免地有空气、水分或其他不凝性气体渗透到机组中。若这些气体过量而又不及时排出，会引起冷凝器内部压力急剧升高，使制冷量减少，制冷效果下降，功耗增加，甚至会使压缩机停机。因此，需采用抽气回收装置，随时排除机内的不凝性气体和水分，并把混入气体中的制冷剂回收。抽气回收装置一般有“有泵”和“无泵”两种型式。

20.3.1　有泵型抽气回收装置

图5-14所示为有泵型抽气回收装置。它由抽气泵（小型活塞式压缩机）、油分离器、回收冷凝器、再冷器、压差控制器、干燥过滤器、节流器、电磁阀等组成。不仅可自动排除不凝性气体、水分、回收制冷剂，还可为机组抽真空或加压。

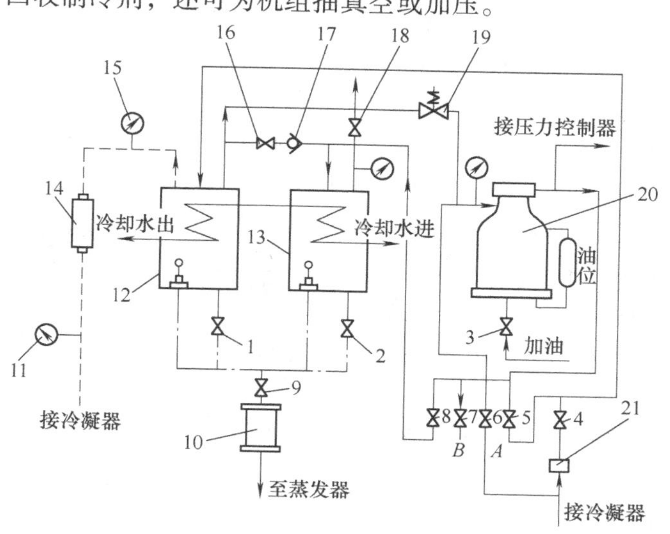

图5-14　有泵型抽气回收装置

1~9—阀　10—干燥过滤器　11—冷凝器压力表　12—回收冷凝器　13—再冷器　14—压差控制器　15—回收冷凝器压力表　16、18—减压阀　17—单向阀　19—电磁阀　20—抽气泵　21—节流器

积存于冷凝器顶部的不凝性气体和制冷剂气体的混合气体，通过节流器 21，经阀 4 进入回收冷凝器 12 上部。在此被冷却后，其中制冷剂蒸气在一定饱和压力下冷凝为液体并流至下部。当下部聚集的制冷剂液位达到一定高度时，浮球阀打开，液体通过阀 9 进入干燥过滤器 10，被回收到蒸发器内。积存于上部的空气和不凝性气体逐渐增多，使回收冷凝器内压力升高。当回收冷凝器内压力低于机组冷凝器顶部压力达 14kPa 时，压差控制器 14 动作，电磁阀 19 接通开启，并同时自动启动抽气泵 20，将回收冷凝器上部的空气及不凝性气体和残存的制冷剂蒸气排出，经阀 8 进入再冷器 13，再经浮球阀、阀 9、干燥过滤器 10 流入蒸发器内。再冷器 13 上部仍积存的空气及不凝性气体，经减压阀 18（调压至等于或大于大气压）放入大气。由于废气的排出，回收冷凝器 12 内压力降低，与机组冷凝器内压力的差值上升到 27kPa 时，压差控制器再次动作，使抽气泵 20 停止运行，关闭电磁阀 19，这时只有回收冷凝器继续工作。如此周而复始地自动运行。阀 1 和阀 2 是准备在浮球阀失灵时，以手动操作排放液体制冷剂。若放在手动操作位置时，无论排气操作开关是否闭合，抽气泵 20 都会连续不断地运转。在对机组内抽真空或进行充压时，均采用手动操作。

20.3.2 无泵型抽气回收装置

无泵型抽气回收装置不用抽气泵，而采用新的控制流程，自动排放冷凝器中积存的空气和不凝性气体，达到与有泵装置等同的效果。无泵型抽气回收装置结构简单，操作方便，并且节能，应用日渐增多。目前使用的无泵抽气回收装置控制方式有差压式和油压式两种。

图 5-15 所示为差压式无泵型抽气回收装置示意图。该装置主要由回收冷凝器、干燥器、过滤器、压差控制器、压力控制器及若干操作阀等组成。从冷凝器 17 上部通过波纹管阀 6、过滤器 16 进入回收冷凝器 11 的混合气体，经双层盘管冷却后，混合气体中的制冷剂在一定的饱和压力下被冷凝液化，经波纹管阀 2 进入干燥器 10 吸水后，通过波纹管阀 7 回到蒸发器 18。废气则通过波纹管阀 4 由排气口排至大气。由此可见，它是利用冷凝器和蒸发器的压差来实现抽气回收的。冷却液是从机组内的浮球阀 19 前抽出的高温高压的制冷剂液体，经蒸发器底部过冷段过冷，通过波纹管阀 8、过滤器 9 后，一路去冷却主电动机，另一路经波纹管阀 1 后分两路进入回收冷凝器 11 中的双层盘管，冷却不凝性气体，然后制冷剂再回到蒸发器 18。

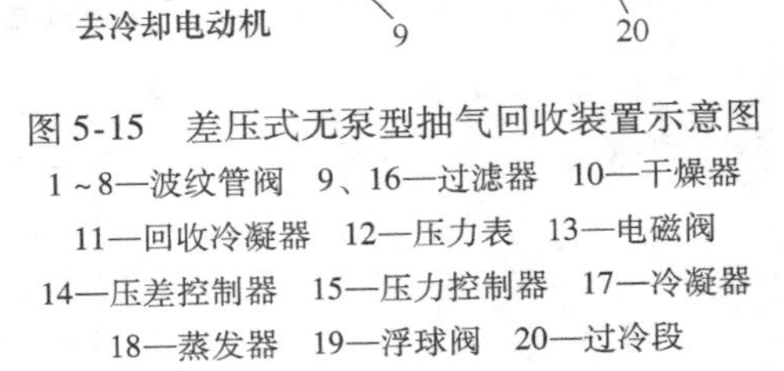

图 5-15 差压式无泵型抽气回收装置示意图
1～8—波纹管阀 9、16—过滤器 10—干燥器
11—回收冷凝器 12—压力表 13—电磁阀
14—压差控制器 15—压力控制器 17—冷凝器
18—蒸发器 19—浮球阀 20—过冷段

图 5-16 所示为油压式无泵型抽气回收装置示意图。这种装置在使用时必须需要油压，一般取自高位油箱。来自高位油箱的油，经三通电磁阀 1、干燥过滤器 2 进入回收冷凝器 9，由于油压的作用，油面上升，压缩上部的不凝性气体，并借助这个压力推动压力开关，打开排气电磁阀 5，经单向阀 6 把不凝性气体

排入大气。排气后压力降低，电磁阀关闭。不凝性气体是从冷凝器上部经单向阀 11 和节流口 10 进入的，此气体通过油层时，所含制冷剂一部分被油吸收，另一部分经冷却盘管 7 冷凝后溶入油中，这时大部分制冷剂从混合气体中分离出来，回收在油中。当油面上升至上浮球阀 4 的限位高度后，三通电磁阀 1 动作，使油和制冷剂的混合物流回到机壳底部的油槽内，油面降至下浮球阀 3 时，三通电磁阀再次动作，切断回油，向回收冷凝器内注油，再次重复上述过程，达到抽气回收目的。

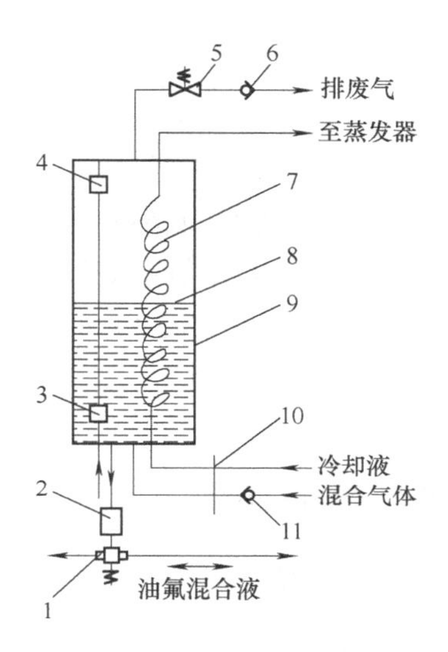

图 5-16　油压式无泵型抽气回收装置示意图

1—三通电磁阀　2—干燥过滤器　3—下浮球阀　4—上浮球阀　5—排气电磁阀
6、11—单向阀　7—冷却盘管　8—润滑油油位　9—回收冷凝器　10—节流口

另外，对于采用高压制冷剂（如 R22、R134a）的机组，必须设置泵出系统。它用于充灌制冷剂、制冷剂在蒸发器和冷凝器之间的转换以及机组抽真空等场合。泵出系统是由小型半封闭活塞式制冷压缩机及小型冷凝器等组成的水冷冷凝机组。

思考题与练习题

1. 离心式制冷装置由哪些设备组成？
2. 试述离心式制冷循环的原理。
3. 简述半封闭离心式制冷压缩机润滑系统的组成及工作过程。
4. 抽气回收装置的作用是什么？常用的类型有哪些？

单元二十一　离心式制冷压缩机的性能曲线及喘振

一、学习目标

- **终极目标：**能够分析离心机组工作工况点的稳定性。
- **促成目标：**

1）掌握离心式制冷压缩机性能曲线的组成及特点。

2）掌握离心式制冷压缩机的喘振现象及其防喘振措施。

二、相关知识

21.1　离心式制冷压缩机的性能曲线

21.1.1　离心式制冷压缩机的特性曲线

对于一般离心式压缩机，为了较清晰地反映其特性，通常在某一转速情况下，将排气压力和气体流量的关系用曲线表示。对于离心式制冷压缩机，冷凝压力对应于一定的冷凝温度，气体流量对应于一定的制冷量。因此，制冷压缩机的特性可用制冷量与冷凝温度（或冷凝温度与蒸发温度的温差）的关系曲线表示。即制冷压缩机的特性曲线与一般压缩机的区别，在于它和冷凝器、蒸发器的运行情况有关。图5-17所示为某空调用离心式制冷压缩机在一定转速下的特性曲线。它表示了在不同蒸发温度 t_0（$t_0=2$、4、6℃）时，温差（$\Delta t=t_k-t_0$）及压缩机的轴功率 P_e 与制冷量 Q_0 的关系。

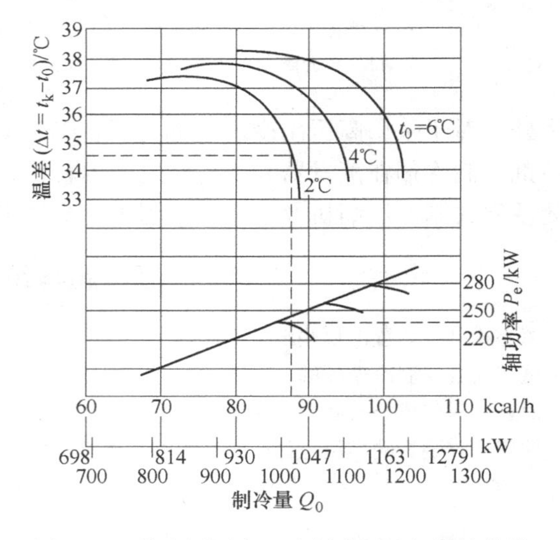

图5-17　某空调用离心式制冷压缩机特性曲线

由图可见，蒸发温度和冷凝温度的变化对制冷量都有较大的影响。当冷凝温度不变时，制冷量 Q_0 随蒸发温度 t_0 的升高而增大。当蒸发温度不变时，制冷量 Q_0 随冷凝温度 t_k 的升高而下降。压缩机的轴功率 P_e 一般情况下随制冷量的增大而增大，但当制冷量增大到某一最大值后发生陡降。

21.1.2　冷凝器和蒸发器的特性曲线

在离心式制冷机组中，压缩机与制冷设备是密切相关的，因此需要讨论冷凝器和蒸发器两个主要设备的特性曲线。

由冷凝器换热方程与机组的热平衡方程的综合，可得冷凝器的冷凝温度 t_k 与制冷量 Q_0 之间的关系式：

$$t_k = t_{w1} + \frac{1+\frac{P_e}{Q_0}}{(1+e^{-\alpha_k})\ q_{mw}c_w}Q_0 \tag{5-1}$$

$$\alpha_k = \frac{K_k A_k}{q_{mw}c_w}$$

式中　t_k——冷凝器的冷凝温度（℃）。

t_{w1}——冷凝器的冷却水进水温度（℃）。

P_e——轴功率（kW）。

Q_0 ——制冷量（kW）。

K_k——冷凝器的传热系数［kW/（m^2·K)］。

A_k——冷凝器的传热面积（m^2）。

q_{mw}——冷却水的质量流量（kg/h）。

c_w——冷却水的质量热容［kJ/（kg·K)］。

式（5-1）中，P_e/Q_0 即离心式制冷机的比轴功率，此值随制冷量 Q_0 的增大而减小，严格地说，冷凝器的特性曲线 t_k-Q_0 是一条稍微向上凸起的曲线。为分析工况方便，可不考虑 Q_0 的变化，而认为冷凝器的特性曲线是一条斜率与冷却水量 q_{mw} 成反比的直线，如图5-18中的Ⅰ、Ⅰ′、Ⅱ、Ⅱ′所示。当制冷量为0时，$t_k=t_{w1}$（冷却水进水温度）。由图5-18中的冷凝器特性曲线可以看出，冷凝温度随着 Q_0 的增加而升高。当冷却水进水温度 t_{w1} 改变时，冷凝器的特性曲线 t_k-Q_0 在纵坐标上的初始点位置也随之改变。当进入冷凝器的冷却水量减少时，冷凝器的特性曲线 t_k-Q_0 斜率增大。当冷却水量增大时，斜率减小。

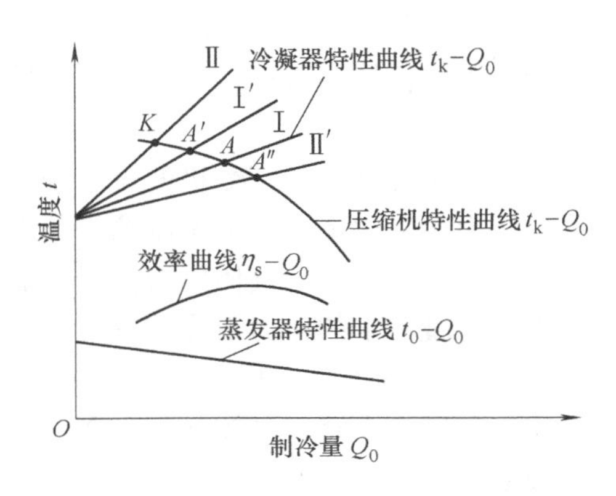

图5-18　压缩机和制冷设备的联合特性曲线

和冷凝器的方程转换类似，可推导出蒸发器的蒸发温度 t_0 与制冷量 Q_0 的关系为

$$t_0 = t_{s1} - \frac{Q_0}{(1 - e^{-\alpha_0})\ q_{ms} c_s} \tag{5-2}$$

$$\alpha_0 = \frac{K_0 A_0}{q_{ms} c_s}$$

式中 t_0——蒸发器的蒸发温度（℃）。

t_{s1}——蒸发器中载冷剂的进口温度（℃）。

K_0——蒸发器的传热系数［kW/（m^2·K）］。

A_0——蒸发器的传热面积（m^2）。

q_{ms}——载冷剂的质量流量（kg/h）。

c_s——载冷剂的质量热容［kJ/（kg·K）］。

由式（5-2）可见，当载冷剂质量流量 q_{ms} 及进入蒸发器的载冷剂温度 t_{s1} 恒定时，蒸发温度 t_0 随制冷量 Q_0 的增加而降低。若不考虑蒸发器的传热系数 K_0 的变化，则 t_0 与 Q_0 将成直线关系，如图 5-18 所示。

21.1.3 压缩机与制冷设备的联合工作特性

当通过压缩机的流量与通过制冷设备的流量相等，压缩机产生的压差（排气口压力与吸气口压力的差值）等于制冷设备的阻力时，整个制冷系统才能保持在平衡状况下工作。这样制冷机组的平衡工况应该是压缩机运行特性曲线与冷凝器特性曲线的交点。

图 5-18 中压缩机特性曲线与冷凝器特性曲线的交点 A 为压缩机的稳定工作点。当冷凝器冷却水进水量变化时，冷凝器的特性曲线将改变，这时交点 A 也随之而改变，从而改变了压缩机的制冷量。如果冷凝器进水量减少，则冷凝器特性曲线斜率增大，曲线Ⅰ移至Ⅰ′的位置，压缩机工作点移到 A' 点，制冷量减少。反之，如果冷凝器冷却水进水量增大，则冷凝器特性曲线斜率减小，曲线Ⅰ移至Ⅱ′的位置，则压缩机工作点移至 A'' 点，制冷量增大。

21.2 离心式制冷压缩机的喘振

离心式制冷压缩机的特性是安全操作所必须掌握的。保持冷凝器、蒸发器与压缩机良好的匹配，对充分发挥冷水机组的能力，保持正常运转是非常重要的。在冷凝压力过高或制冷量过低的情况下离心机会发生喘振现象。

当冷凝器冷却水进水量减小到一定程度时，压缩机的流量变得很小，压缩机流道中出现严重的气体脱流，压缩机的出口压力会突然下降。由于压缩机和冷凝器联合工作，而冷凝器中气体的压力并不同时降低，会引起冷凝器中的气体压力大于压缩机出口处的压力，造成冷凝器中的气体倒流回压缩机，直至冷凝器中的压力下降到等于压缩机出口压力为止。这时压缩机开始向冷凝器送气，压缩机恢复正常工作。但当冷凝器中的压力也恢复到原来的压力时，压缩机的流量减小，压缩机出口压力下降，气体又产生倒流。如此周而复始，产生周期性的气流振荡现象，称为喘振现象。

如图 5-18 所示，当冷凝器冷却水进水量减小，冷凝器的特性曲线移至位置Ⅱ时，压缩机的工作点移至点 K。这时，制冷机组就出现喘振现象。点 K 即为压缩机运行的最小流量处，称为喘振工况点，其左侧区域为喘振区域，压缩机不能在此区域工作。

喘振时撞击周期一般为2s左右，小型装置的频率较高。喘振时，压缩机周期性地发生间断的吼响声，整个机组出现强烈的振动。冷凝压力、主电动机电流发生大幅度的波动，轴承温度很快上升，严重时甚至破坏整台机组。因此，在运行中必须采取一定的措施，防止喘振现象的发生。

由于季节的变化，冷水机组工况范围变化的幅度较大。扩大工况范围，特别是减小喘振工况点的流量，是目前改善离心式制冷机组性能的关键之一。

思考题与练习题

1. 试述离心式制冷压缩机的特性曲线及其特点。
2. 试分析压缩机与制冷设备联合工作时工况点的稳定性。
3. 什么是离心式制冷机组的喘振？它有什么危害？
4. 如何防止离心式制冷压缩机喘振的发生？

参考文献

[1] 匡奕珍．制冷压缩机［M］．北京：中国商业出版社，2003.
[2] 朱立．制冷压缩机与设备［M］．北京：机械工业出版社，2005.
[3] 李玉春．制冷装置制造工艺［M］．北京：人民邮电出版社，2003.
[4] 缪道平，吴业正．制冷压缩机［M］．北京：机械工业出版社，2001.
[5] 戈兴中．制冷与空调装置安装、维修及管理［M］．北京：化学工业出版社，2002.
[6] 何贡．常用量具手册［M］．北京：中国计量出版社，1999.
[7] 李晓东．制冷基本操作技能实训［M］．北京：化学工业出版社，2007.
[8] 郑国伟．空调制冷设备维修问答［M］．北京：机械工业出版社，2002.
[9] 周邦宁．空调用螺杆式制冷机（结构 操作 维护）［M］．北京：中国建筑工业出版社，2003.
[10] 小原淳平．百万人的空调技术［M］．刘军，王春生，译．北京：科学出版社，2011.
[11] 羊爱平．制冷空调技能实训［M］．广州：暨南大学出版社，2005.
[12] 韩宝琦，李树林．制冷空调原理及应用［M］．北京：机械工业出版社，2002.
[13] 陈金顺．空调制冷设备维修问答［M］．北京：机械工业出版社，2002.
[14] 涂文义．泵类设备维修问答［M］．北京：机械工业出版社，2007.
[15] 郑梦海．泵测试实用技术［M］．北京：机械工业出版社，2006.
[16] 郁永章．容积式压缩机技术手册［M］．北京：机械工业出版社，2000.
[17] 陈金顺．空调制冷设备维修问答［M］．北京：机械工业出版社，2002.